KB049631

박영훈 선생님의

생각하는 초등연산

◇ 당신은 언제나 옳습니다. 그대의 삶을 응원합니다. – 라의눈출판그룹

박영훈 선생님의

생각하는 초등연산 3권

초판 1쇄 | 2023년 2월 21일

지은이 | 박영훈
펴낸이 | 설응도　　편집주간 | 안은주
영업책임 | 민경업　　디자인 | 박성진

펴낸곳 | 라의눈

출판등록 | 2014년 1월 13일(제2019-000228호)
주소 | 서울시 강남구 테헤란로78길 14-12(대치동) 동영빌딩 4층
전화 | 02-466-1283　　팩스 | 02-466-1301

문의(e-mail)　편집 | editor@eyeofra.co.kr
영업마케팅 | marketing@eyeofra.co.kr
경영지원 | management@eyeofra.co.kr

ISBN 979-11-92151-48-9 64410
ISBN 979-11-92151-06-9 64410(세트)

박영훈 선생님의

생각하는 초등연산

★ 박영훈 지음 ★

3권

2학년

라의눈

박영훈 선생님의

생각하는 초등연산

머리말

<생각하는 연산>을 지도하는 선생님과 학부모님께

수학의 기초는 '계산'일까요, 아니면 '연산'일까요?
계산과 연산은 어떻게 다를까요?

54+39=93

이 덧셈의 답만 구하는 것은 계산입니다. 단순화된 계산절차를 기계적으로 따르면 쉽게 답을 얻습니다.
반면 '연산'은 93이라는 답이 나오는 과정에 주목합니다. 4와 9를 더한 13에서 1과 3을 왜 각각 구별해야 하는지, 왜 올려 쓰고 내려 써야 하는지 이해하는 것입니다. 절차를 무작정 따르지 않고, 그 절차를 스스로 생각하여 만드는 것이 바로 연산입니다.

$$\begin{array}{r} 1 \\ 54 \\ +\,39 \\ \hline 93 \end{array}$$

덧셈의 원리를 이렇게 이해하면 뺄셈과 곱셈으로 그리고 나눗셈까지 차례로 확장할 수 있습니다. 수학 공부의 참모습은 이런 것입니다. 형성된 개념을 토대로 새로운 개념을 하나씩 쌓아가는 것이 수학의 본질이니까요. 당연히 생각할 시간이 필요하고, 그래서 '느린 수학'입니다. 그렇게 얻은 수학의 지식과 개념은 완벽하게 내면화되어 다음 단계로 이어지거나 쉽게 응용할 수 있습니다.

$$\begin{array}{r} 1 \\ 13 \\ \times\,5 \\ \hline 65 \end{array}$$

그러나 왜 그런지 모른 채 절차 외우기에만 열중했다면, 그 후에도 계속 외워야 하고 응용도 별개로 외워야 합니다. 그러다 지치거나 기억의 한계 때문에 잊어버릴 수밖에 없어 포기하는 상황에 놓이게 되겠죠.

아이가 연산문제에서 자꾸 실수를 하나요? 그래서 각 페이지마다 숫자만 빼곡히 이삼십 개의 계산 문제를 늘어놓은 문제지를 풀게 하고, 심지어 시계까지 동원해 아이들을 압박하는 것은 아닌가요? 그것은 교육(education)이 아닌 훈련(training)입니다. 빨리 정확하게 계산하는 것을 목표로 하는 숨 막히는 훈련의 결과는 다음과 같은 심각한 부작용을 가져옵니다.

첫째, 아이가 스스로 생각할 수 있는 능력을 포기하게 됩니다.

둘째, 의미도 모른 채 제시된 절차를 기계적으로 따르기만 하였기에 수학에서 가장 중요한 연결하는 사고를 할 수 없게 됩니다.
셋째. 결국 다른 사람에게 의존하는 수동적 존재로 전락합니다.

빨리 정확하게 계산하는 것보다 중요한 것은 왜 그런지 원리를 이해하는 것이고, 그것이 바로 연산입니다. 계산기는 있지만 연산기가 없는 이유를 이해하시겠죠. 계산은 기계가 할 수 있지만, 생각하고 이해해야 하는 연산은 사람만 할 수 있습니다. 그래서 연산은 수학입니다. 계산이 아닌 연산 학습은 왜 그런지에 대한 이해가 핵심이므로 굳이 외우지 않아도 헷갈리는 법이 없고 틀릴 수가 없습니다.

수학의 기초는 '계산'이 아니라 '연산'입니다

'연산'이라 쓰고 '계산'만 반복하는 지루하고 재미없는 훈련은 이제 멈추어야 합니다.
태어날 때부터 자적 호기심이 충만한 아이들은 당연히 생각하는 것을 즐거워합니다. 타고난 아이들의 생각이 계속 무럭무럭 자라날 수 있도록 『생각하는 초등연산』은 처음부터 끝까지 세심하게 설계되어 있습니다. 각각의 문제마다 아이가 '생각'할 수 있게끔 자극을 주기 위해 나름의 깊은 의도가 들어 있습니다. 아이 스스로 하나씩 원리를 깨우칠 수 있도록 문제의 구성이 정교하게 이루어졌다는 것입니다. 이를 위해서는 앞의 문제가 그 다음 문제의 단서가 되어야겠기에, 밑바탕에는 자연스럽게 인지학습심리학 이론으로 무장했습니다.

이렇게 구성된 『생각하는 초등연산』의 문제 하나를 풀이하는 것은 등산로에 놓여 있는 계단 하나를 오르는 것에 비유할 수 있습니다. 계단 하나를 오르면 스스로 다음 계단을 오를 수 있고, 그렇게 계단을 하나씩 올라설 때마다 새로운 것이 보이고 더 멀리 보이듯, 마침내는 꼭대기에 올라서면 거대한 연산의 맥락을 이해할 수 있게 됩니다. 높은 산의 정상에 올라 사칙연산의 개념을 한눈에 조망할 수 있게 되는 것이죠. 그렇게 아이 스스로 연산의 원리를 발견하고 규칙을 만들 수 있는 능력을 기르는 것이 『생각하는 초등연산』이 추구하는 교육입니다.

연산의 중요성은 아무리 강조해도 지나치지 않습니다. 연산은 이후에 펼쳐지는 수학의 맥락과 개념을 이해하는 기초이며 동시에 사고가 본질이자 핵심인 수학의 한 분야입니다. 이제 계산은 빠르고 정확해야 한다는 구시대적 고정관념에서 벗어나서, 아이가 혼자 생각하고 스스로 답을 찾아내도록 기다려 주세요. 처음엔 느린 듯하지만, 스스로 찾아낸 해답은 고등학교 수학 학습을 마무리할 때까지 흔들리지 않는 튼튼한 기반이 되어줄 겁니다. 그것이 느린 것처럼 보이지만 오히려 빠른 길임을 우리 어른들은 경험적으로 잘 알고 있습니다.

시험문제 풀이에서 빠른 계산이 필요하다는 주장은 수학에 대한 무지에서 비롯되었으니, 이에 현혹되는 선생님과 학생들이 더 이상 나오지 않았으면 하는 바람을 담아 『생각하는 초등연산』을 세상에 내놓았습니다. 인스턴트가 아닌 유기농 식품과 같다고나 할까요. 아무쪼록 산수가 아닌 수학을 배우고자 하는 아이들에게 『생각하는 초등연산』이 진정한 의미의 연산 학습 도우미가 되기를 바랍니다.

박영훈

박영훈 선생님의

생각하는 초등연산

이 책만의 특징과 구성

이 책만의 특징 01

'계산' 말고 '연산'!

수학을 잘하려면 '계산' 말고 '연산'을 잘해야 합니다. 많은 사람들이 오해하는 것처럼 빨리 정확히 계산하기 위해 연산을 배우는 것이 아닙니다. 연산은 수학의 구조와 원리를 이해하는 시작점입니다. 연산 학습에도 이해력, 문제해결능력, 추론능력이 핵심요소입니다. 계산을 빨리 정확하게 하기 위한 기능의 습득은 수학이 아니고, 연산 그 자체가 수학입니다. 그래서 『생각하는 초등연산』은 '계산'이 아니라 '연산'을 가르칩니다.

이 책만의 특징 02

스스로 원리를 발견하고, 개념을 확장하는 연산

다른 계산학습서와 다르지 않게 보인다고요? 제시된 절차를 외워 생각하지 않고 기계적으로 반복하여 빠른 답을 구하도록 강요하는 계산 학습서와는 비교할 수 없습니다.

이 책으로 공부할 땐 절대로 문제 순서를 바꾸면 안 됩니다. 생각의 흐름에는 순서가 있고, 이 책의 문제 배열은 그 흐름에 맞추었기 때문이죠. 문제마다 깊은 의도가 숨어 있고, 앞의 문제는 다음 문제의 단서이기도 합니다. 순서대로 문제풀이를 하다보면 스스로 원리를 깨우쳐 자연스럽게 이해하고 개념을 확장할 수 있습니다. 인지학습심리학은 그래서 필요합니다. 1번부터 차례로 차근차근 풀게 해주세요.

이 책만의 특징 03

게임처럼 재미있는 연산

게임도 결국 문제를 해결하는 것입니다. 시간 가는 줄 모르고 게임에 몰두하는 것은 재미있기 때문이죠. 왜 재미있을까요? 화면에 펼쳐진 게임 장면을 자신이 스스로 해결할 수 있다고 여겨 도전하고 성취감을 맛보기 때문입니다. 타고난 지적 호기심을 충족시킬 만큼 생각하게 만드는 것이죠. 그렇게 아이는 원래 생각할 수 있고 능동적으로 문제 해결을 좋아하는 지적인 존재입니다.

아이들이 연산공부를 하기 싫어하나요? 그것은 아이들 잘못이 아닙니다. 빠른 속도로 정확한 답을 위해 기계적인 반복을 강요하는 계산연습이 지루하고 재미없는 것은 당연합니다. 인지심리학을 토대로 구성한『생각하는 초등연산』의 문제들은 게임과 같습니다. 한 문제 안에서도 조금씩 다른 변화를 넣어 호기심을 자극하고 생각하도록 하였습니다. 게임처럼 스스로 발견하는 재미를 만끽할 수 있는 연산 교육 프로그램입니다.

이 책만의 특징 04

교사와 학부모를 위한 '교사용 해설'

이 문제를 통해 무엇을 가르치려 할까요? 문제와 문제 사이에는 어떤 연관이 있을까요? 아이는 이 문제를 해결하며 어떤 생각을 할까요? 교사와 학부모는 이 문제에서 어떤 것을 강조하고 아이의 어떤 반응을 기대할까요?

이 모든 질문에 대한 전문가의 답이 각 챕터별로 '교사용 해설'에 들어 있습니다. 또한 각 문제의 하단에 문제의 출제 의도와 교수법을 담았습니다. 수학전공자가 아닌 학부모 혹은 교사가 전문가처럼 아이를 지도할 수 있는 친절하고도 흥미진진한 안내서 역할을 해줄 것입니다.

이 책만의 특징 05

선생님을 가르치는 선생님, 박영훈!

이 책을 집필한 박영훈 선생님은 2만 명의 초등교사를 가르친 '선생님의 선생님'입니다. 180만 부라는 경이로운 판매를 기록한 베스트셀러『기적의 유아수학』의 저자이기도 합니다. 이 책은, 잘못된 연산 공부가 수학을 재미없는 학문으로 인식하게 하고 마침내 수포자를 만드는 현실에서, 연산의 참모습을 보여주고 진정한 의미의 연산학습 도우미가 되기를 바라는 마음으로, 12년간 현장의 선생님들과 함께 양팔을 걷어붙이고 심혈을 기울여 집필한 책입니다.

박영훈 선생님의

생각하는 초등연산

차 례

1 받아올림이 있는 **두 자리 수와 한 자리 수의 덧셈**

2 받아내림이 있는 **두 자리 수와 한 자리 수의 뺄셈**

3 받아올림이 있는 **두 자리 수 덧셈**

4
받아내림이 있는 **두 자리 수 뺄셈**

박영훈 선생님의
생각하는 초등연산

박영훈의 생각하는 연산이란?

계산 문제집과 『박영훈의 생각하는 연산』의 차이

	기존 계산 문제집	박영훈의 생각하는 연산
수학 vs. 산수	수학이 없다. 계산 기능만 있다.	연산도 수학이다. 생각해야 한다.
교육 vs. 훈련	교육이 없다. 훈련만 있다.	연산은 훈련이 아닌 교육이다.
교육원리 vs, 맹목적 반복	교육원리가 없다. 기계적인 반복 연습만 있다.	교육적 원리에 따라 사고를 자극하는 활동이 제시되어 있다.
사람 vs. 기계	사람이 없다. 싸구려 계산기로 만든다.	우리 아이는 생각할 수 있는 지적인 존재다.
한국인 필자 vs. 일본 계산문제집 모방	필자가 없다. 옛날 일본에서 수입된 학습지 형태 그대로이다.	수학교육 전문가와 초등교사들의 연구모임에서 집필했다.

계산문제집의 역사

초등학교에서 계산이 중시되었던 유래는 백여 년 전 일제 강점기로 거슬러 올라갑니다. 당시 일제의 교육목표는, 국민학교(당시 초등학교)를 졸업하자마자 상점이나 공장에서 취업할 수 있도록 간단한 계산능력을 기르는 것이었습니다.
이후 보통교육이 중등학교까지 확대되지만, 경쟁률이 높아지면서 시험을 위한 계산 기능이 강조될 수밖에 없었습니다. 이에 발맞추어 구몬과 같은 일본의 계산 문제집들이 수입되었고, 우리 아이들은 무한히 반복되는 기계적인 계산 훈련을 지금까지 강요당하게 된 것입니다. 빠르고 정확한 '계산'과 '수학'이 무관함에도 어른들의 무지로 인해 21세기인 지금도 계속되는 안타까운 현실이 아닐 수 없습니다.
이제는 이런 악습에서 벗어나 OECD 회원국의 자녀로 태어난 우리 아이들에게 계산 기능의 훈련이 아닌 수학으로서의 연산 교육을 제공해야 하지 않을까요?

박영훈 선생님의

생각하는 초등연산 개념 MAP

수 세기
- 5까지의 수 세기
- 9까지의 수 세기
- 10 이상의 수 세기

유치원

덧셈기호와 뺄셈기호의 도입

『생각하는 초등연산』 1권

수 세기에 의한 덧셈과 뺄셈
받아올림과 받아내림을 수 세기로 도입

『생각하는 초등연산』 2권

두 자리 수의 덧셈과 뺄셈 1
세로셈 도입

『생각하는 초등연산』 2권

두 자리 수의 덧셈과 뺄셈 2
받아올림과 받아내림을 세로셈으로 도입

『생각하는 초등연산』 3권

세 자리 수의 덧셈과 뺄셈 (덧셈과 뺄셈의 완성)

『생각하는 초등연산』 5권

곱셈기호의 도입
동수누가에 의한 덧셈의 확장으로 곱셈 도입

『생각하는 초등연산』 4권

곱셈구구의 완성
동수누가에 의한 덧셈의 확장으로 곱셈 도입

『생각하는 초등연산』 4권

두 자리수의 곱셈
분배법칙의 적용

『생각하는 초등연산』 6권

두 자리수 곱셈의 완성

『생각하는 초등연산』 7권

나눗셈기호의 도입
곱셈구구에서 곱셈의 역에 의한 나눗셈 도입

『생각하는 초등연산』 6권

나머지가 있는 나눗셈

『생각하는 초등연산』 6권

몫이 두 자리 수인 나눗셈

『생각하는 초등연산』 7권

곱셈과 나눗셈의 완성

『생각하는 초등연산』 8권

사칙연산의 완성
혼합계산

『생각하는 초등연산』 8권

1 받아올림이 있는 두 자리 수와 한 자리 수의 덧셈

1 일차 받아올림이 있는 (몇십 몇)+(몇) 수 배열표와 수직선

공부한 날짜 월 일

문제 1 | 다음을 계산하시오.

(1) $33+4$

	십	일
	3	3
+		4

(2) $51+5$

	십	일
	5	1
+		5

(3) $72+6$

	십	일
	7	2
+		6

(4) $94+5=\square$

(5) $81+3=\square$

(6) $46+2=\square$

(7) $24+2=\square$

(8) $37+3=\square$

(9) $51+9=\square$

(10) $64+\square=70$

(11) $73+\square=80$

선생님만 보세요

문제 1 1학년에서 배웠던 받아올림이 없는 두 자리 수와 한 자리 수의 덧셈을 복습한다. 일의 자리 숫자끼리 더하며 받아올림이 있는 덧셈을 본격적으로 준비하는 단계다.

문제 2 | 보기와 같이 화살표를 그리고 □ 안에 알맞은 수를 넣으시오.

보기

21	22	23	24	25	26	27	28	29	30
31	12	13	14	15	16	17	18	19	20

2　1

28+3=28+2+1

=30+1

=31

(1)

11	12	13	14	15	16	17	18	19	20
21	22	23	24	25	26	27	28	29	30

□　□

18+5=18+□+□

=20+□

=□

(2)

31	32	33	34	35	36	37	38	39	40
41	42	43	44	45	46	47	48	49	50

□　□

39+3=39+□+□

=40+□

=□

선생님만 보세요

문제 2 받아올림이 있는 두 자리 수와 한 자리 수의 덧셈을 익힌다. 먼저 수 배열표에서 더하는 수의 가르기에 의한 몇십 만들기를 눈으로 확인한다. 알고리즘만 익히는 선행학습을 하였을 때, 더하는 수를 가르기 하는 이유를 이해하지 못해 어려워하는 아이가 나타난다. 이때는 수식보다는 수 배열표 완성에 집중할 것을 권한다. 수 배열표에서 몇십까지 이동한 다음, 다시 일의 자리 덧셈이 진행되는 것을 눈으로 확인한 후에 이를 수식으로 나타내는 것이 이 활동의 본래 의도다.

(3)

61	62	63	64	65	66	67	68	69	70
71	72	73	74	75	76	77	78	79	80

$67+5=67+\square+\square$

$=70+\square$

$=\square$

(4)

21	22	23	24	25	26	27	28	29	30
31	32	33	34	35	36	37	38	39	40

$26+7=26+\square+\square$

$=30+\square$

$=\square$

(5)

41	42	43	44	45	46	47	48	49	50
51	52	53	54	55	56	57	58	59	60

$44+9=44+\square+\square$

$=50+\square$

$=\square$

(6)

71	72	73	74	75	76	77	78	79	80
81	82	83	84	85	86	87	88	89	90

$78+6=78+\square+\square$

$=80+\square$

$=\square$

문제 3 | 보기와 같이 □ 안에 알맞은 수를 넣으시오.

보기

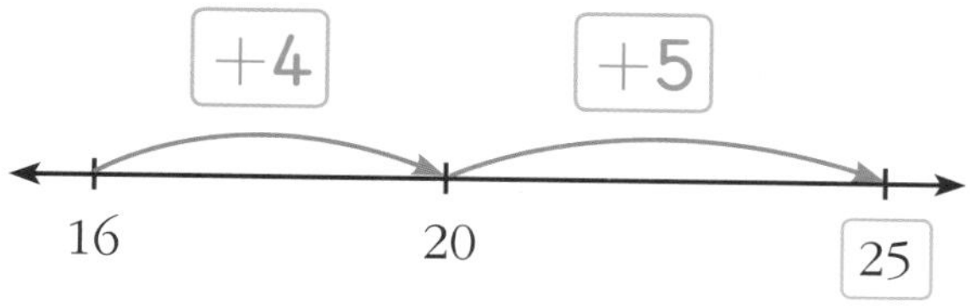

4 5

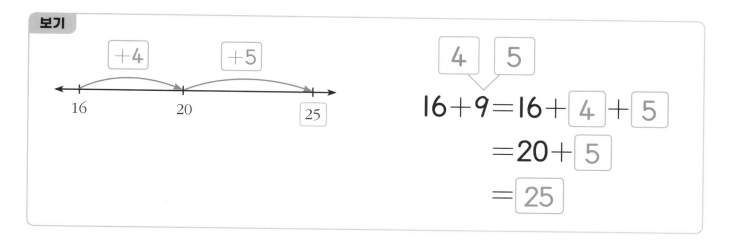

$16+9=16+\boxed{4}+\boxed{5}$

$=20+\boxed{5}$

$=\boxed{25}$

(1)

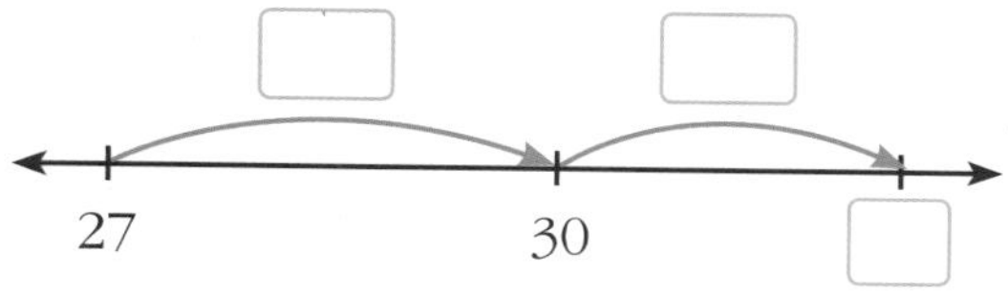

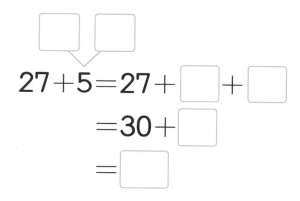

□ □

$27+5=27+\square+\square$

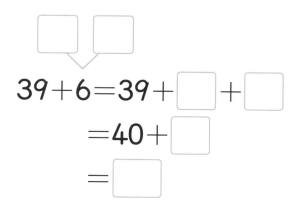

$=30+\square$

$=\square$

(2)

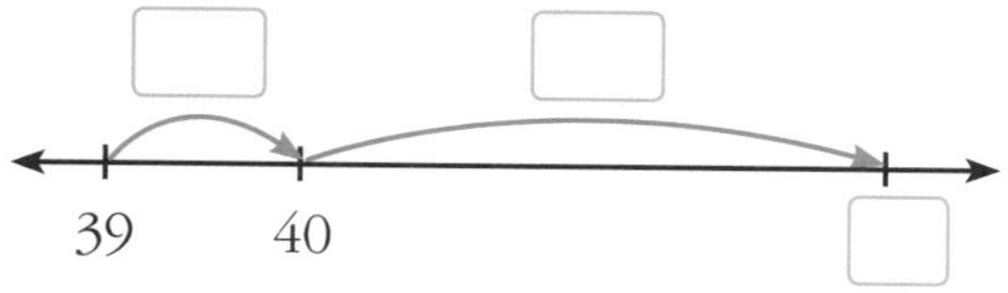

□ □

$39+6=39+\square+\square$

$=40+\square$

$=\square$

선생님만 보세요

문제 3 수직선을 활용하여 받아올림이 있는 덧셈 문제를 해결한다. 더하는 수의 가르기 활동에 초점을 둔다. 즉, 덧셈식의 더해지는 수에서 출발하여 더하는 수의 가르기에 의하여 '몇십'이 되게 하는 것이 중요하며, 이를 수직선에서 직접 확인할 수 있다. 처음에는 수직선에서 한 칸씩 이동하는, 즉 1씩 커지는 이어 세기를 하겠지만, 익숙해지면 한 번에 '몇십'까지 이동하고 추가로 일의 자리를 이동하는 전략을 구사하게 된다.

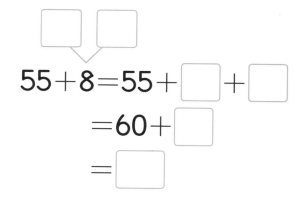

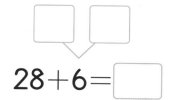

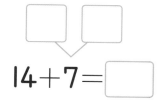

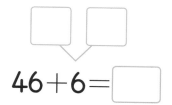

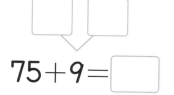

(3)

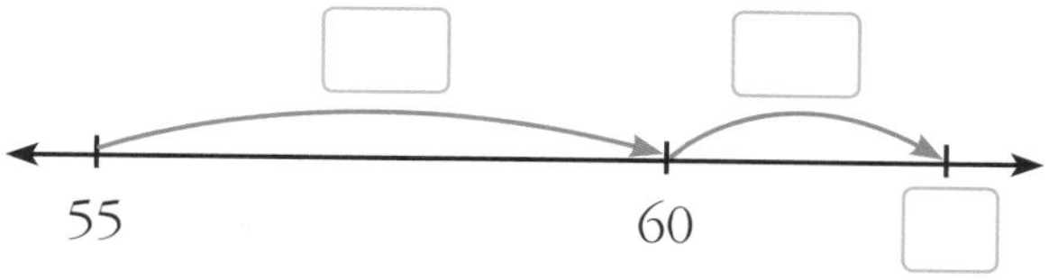

$55+8=55+\square+\square$

$=60+\square$

$=\square$

(4)

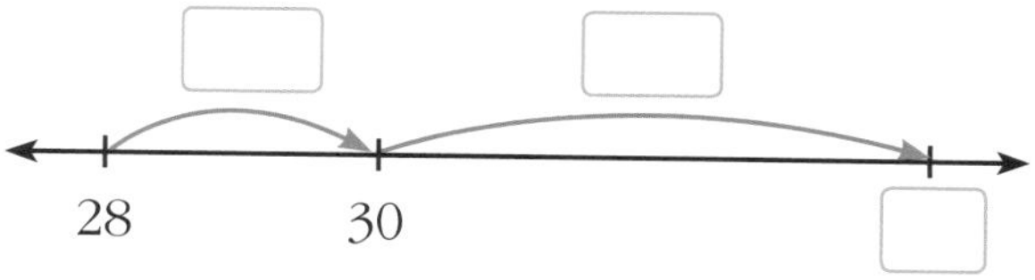

$28+6=\square$

(5)

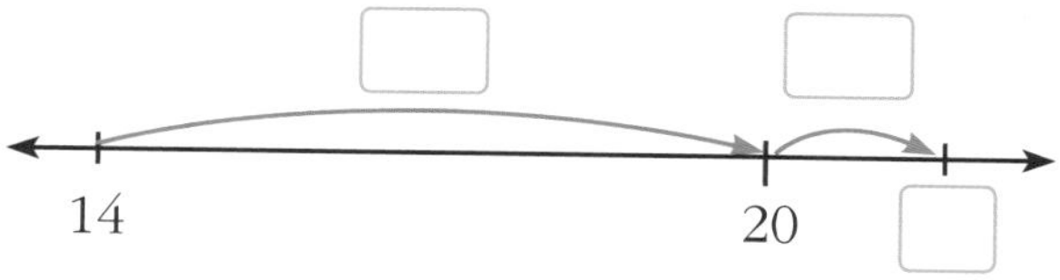

$14+7=\square$

(6)

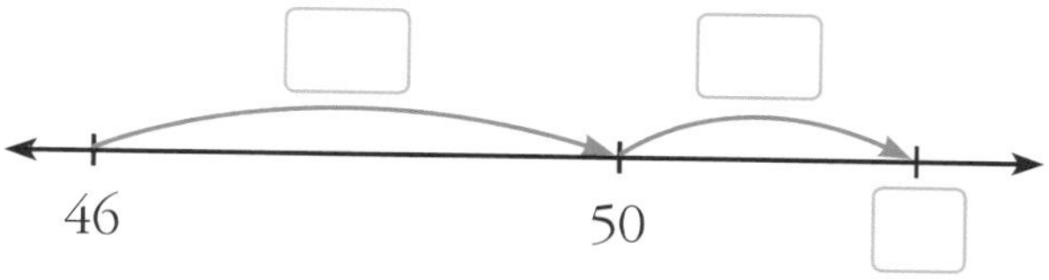

$46+6=\square$

(7)

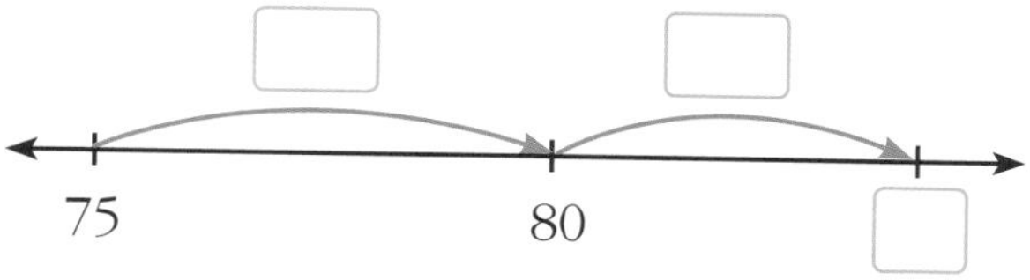

$75+9=\square$

선생님만 보세요

문제 3 주의 여기서도 먼저 수직선에서 덧셈을 실행한 후에 이를 덧셈식으로 나타내도록 한다. 알고리즘만 익히는 선행학습을 하였을 때, 수직선과 계산식이 같은 문제라는 것을 인식하지 못하는 경우가 나타난다. 오른쪽의 덧셈식을 먼저 계산하더라도 이를 수직선에 나타내며 수직선과 덧셈식을 관련해 생각하도록 지도한다.

2 일차 받아올림이 있는 (몇십 몇)+(몇) 가로식과 세로식

공부한 날짜 월 일

문제 1 | 화살표를 그리고 수직선에 표시를 하고 □ 안에 알맞은 수를 넣으시오.

(1)

31	32	33	34	35	36	37	38	39	40
41	42	43	44	45	46	47	48	49	50

$39+8=39+\square+\square$

$=40+\square$

$=\square$

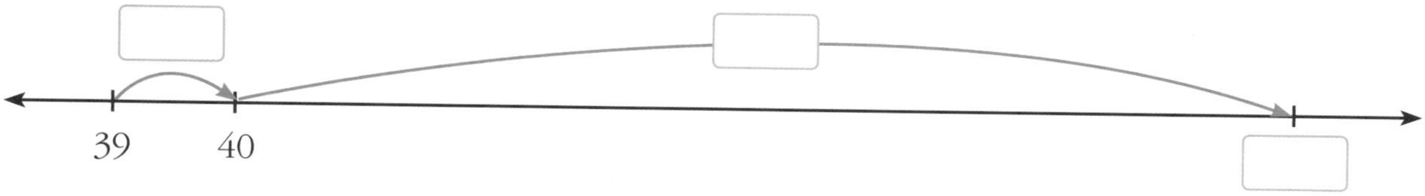

(2)

51	52	53	54	55	56	57	58	59	60
61	62	63	64	65	66	67	68	69	70

$55+6=55+\square+\square$

$=60+\square$

$=\square$

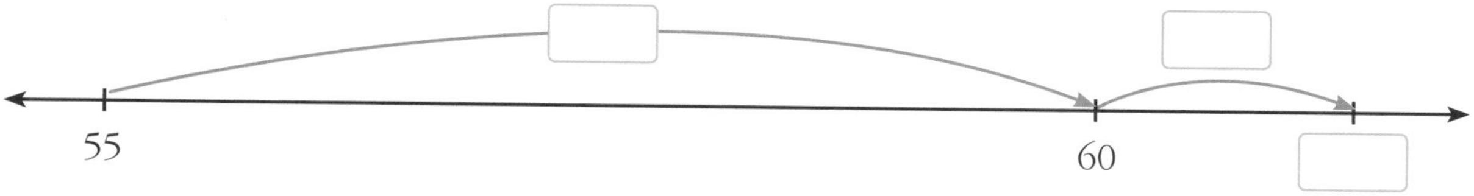

선생님만 보세요

문제 1 이전 차시 내용, 즉 수 배열표와 수직선에서 더하는 수의 가르기에 의한 받아올림이 있는 덧셈을 복습한다. 똑같은 덧셈을 수 배열표와 수직선이라는 두 개의 모델에서 같은 결과가 얻어진다는 사실을 발견하도록 한다.

(3)

61	62	63	64	65	66	67	68	69	70
71	72	73	74	75	76	77	78	79	80

$67+9=67+\square+\square$

$=70+\square$

$=\square$

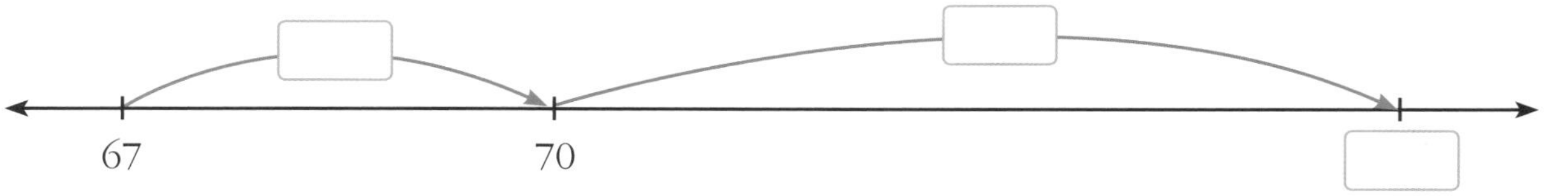

문제 2 | 다음을 계산하시오.

보기

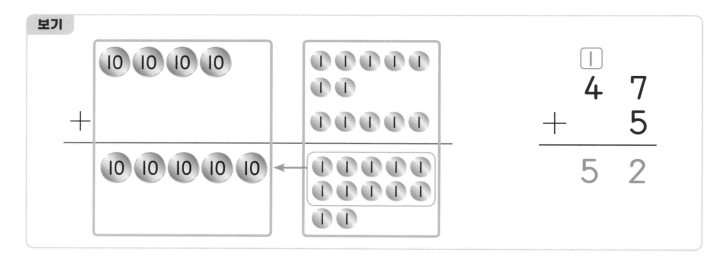

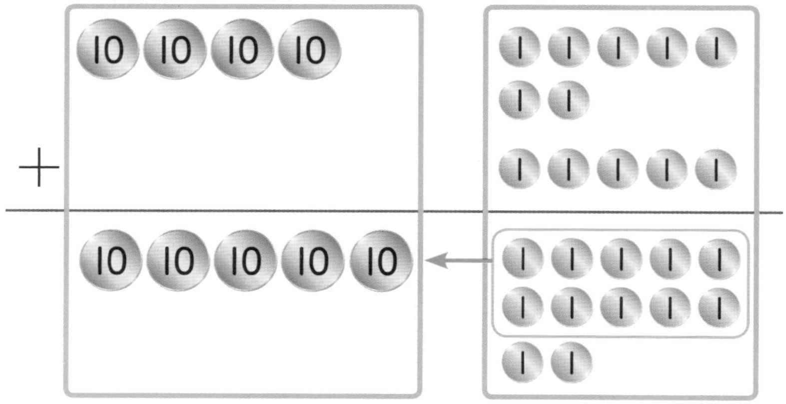

$$\begin{array}{r} {\scriptstyle\boxed{1}} \\ 4\ 7 \\ +\ \ \ 5 \\ \hline 5\ 2 \end{array}$$

(1) $\begin{array}{r} \square \\ 1\ 5 \\ +\ \ \ 6 \\ \hline \end{array}$

(2) $\begin{array}{r} \square \\ 2\ 4 \\ +\ \ \ 8 \\ \hline \end{array}$

(3) $\begin{array}{r} \square \\ 5\ 8 \\ +\ \ \ 7 \\ \hline \end{array}$

선생님만 보세요

문제 2 받아올림이 있는 덧셈을 세로식에서 익힌다. 동전을 세로식과 유사한 형태로 보기에 제시하였다. 세로식에서 받아올림을 실행할 때 이러한 동전 모형을 떠올리라는 의도지만 강요할 필요는 없다. 일 원짜리 동전을 더하는 방식으로 머릿속에서 받아올림을 할 수 있으면 충분하다. 이때 중요한 것은 받아올림 결과를 십의 자리 숫자 위에 표시하는 것을 잊지 않도록 하는 것이다.

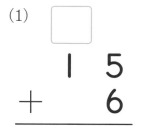

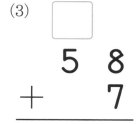

(4) □
$$\begin{array}{r} 4\ 9 \\ +\ \ \ 2 \\ \hline \end{array}$$

(5) □
$$\begin{array}{r} 7\ 7 \\ +\ \ \ 5 \\ \hline \end{array}$$

(6) □
$$\begin{array}{r} 3\ 6 \\ +\ \ \ 8 \\ \hline \end{array}$$

(7) □
$$\begin{array}{r} 5\ 5 \\ +\ \ \ 9 \\ \hline \end{array}$$

(8) □
$$\begin{array}{r} 8\ 4 \\ +\ \ \ 7 \\ \hline \end{array}$$

(9) □
$$\begin{array}{r} 6\ 3 \\ +\ \ \ 9 \\ \hline \end{array}$$

문제 3 | 다음을 계산하시오.

(1) [1] 87+6=□

(2) [1] 74+8=□

(3) [1] 65+9=□

(4) [1] 27+7=□

(5) 46+5=□

(6) 53+8=□

(7) 55+6=□

(8) 17+9=□

선생님만 보세요

문제 3 세로식과 연계하여 가로식으로 제시된 덧셈을 실행한다. (5)번부터 십의 자리에 네모 빈칸이 주어지지 않았지만 받아올림을 적용하여 답을 해야 한다.

3 일차 받아올림이 있는 (몇십 몇)+(몇) 연습(1)

공부한 날짜 월 일

문제 1 | 다음을 계산하시오.

(1)
$$\begin{array}{r} 45 \\ +\ \ 8 \\ \hline \end{array}$$

(2)
$$\begin{array}{r} 56 \\ +\ \ 6 \\ \hline \end{array}$$

(3)
$$\begin{array}{r} 17 \\ +\ \ 7 \\ \hline \end{array}$$

(4)
$$\begin{array}{r} 89 \\ +\ \ 6 \\ \hline \end{array}$$

(5)
$$\begin{array}{r} 63 \\ +\ \ 9 \\ \hline \end{array}$$

(6)
$$\begin{array}{r} 26 \\ +\ \ 5 \\ \hline \end{array}$$

(7) $39+4=\square$

(8) $57+5=\square$

(9) $63+7=\square$

(10) $44+7=\square$

(11) $79+6=\square$

(12) $76+8=\square$

(13) $27+9=\square$

(14) $68+2=\square$

(15) $59+8=\square$

선생님만 보세요

문제 1 지금까지 배운 받아올림이 있는 두 자리수와 한 자리 수의 덧셈을 복습한다.

문제 2 | 보기와 같이 □ 안에 알맞은 수를 넣으시오.

보기

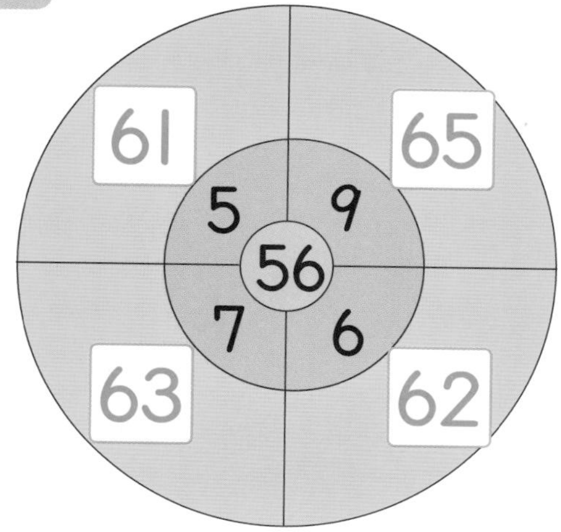

(1)

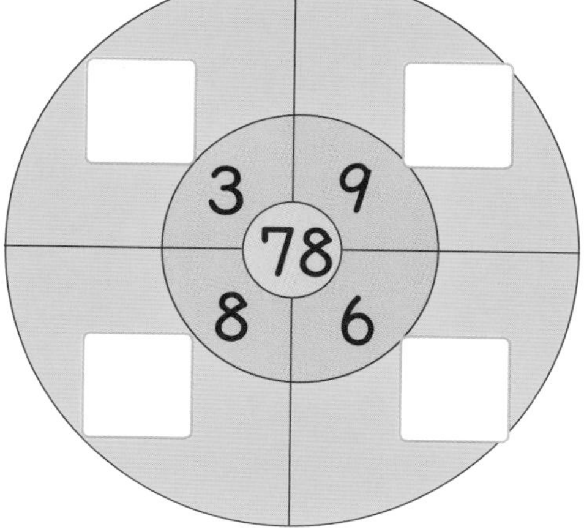

(2)

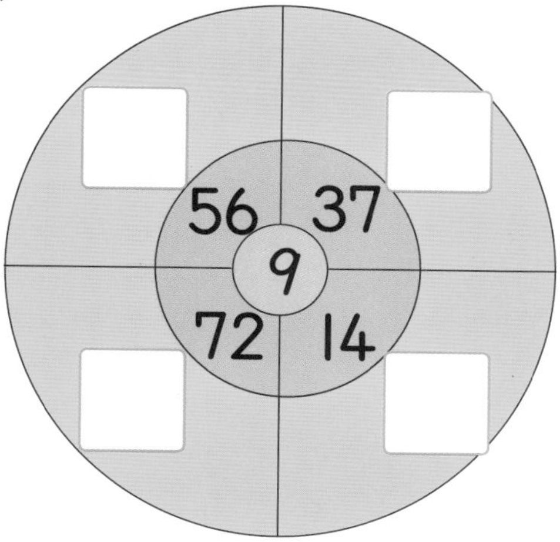

(3)

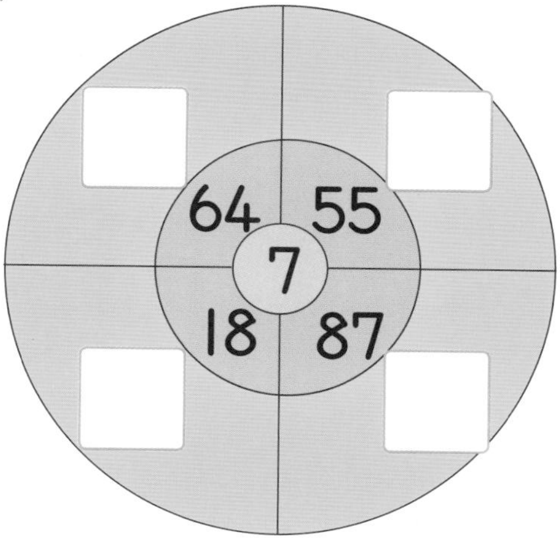

(4)

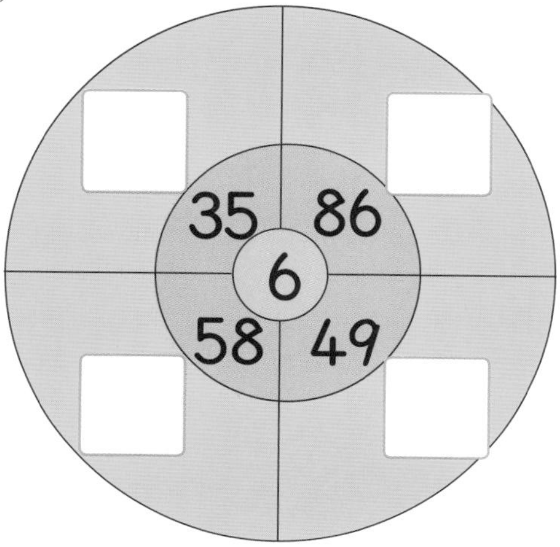

(5)

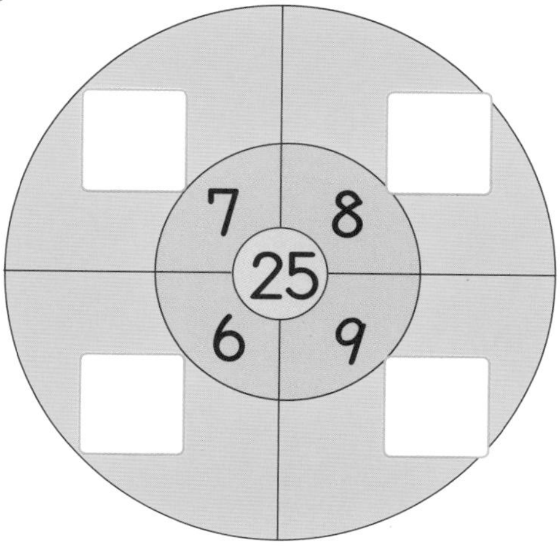

선생님만 보세요

문제 2 받아올림이 있는 덧셈의 연습을 위한 심화 문제다. 보기에 제시된 것과 같이, 더해지는 수(피가수)는 일정하고 더하는 수(가수)가 다른 덧셈 문제다. 더하는 수(가수)의 크기 변화에 따라 결과가 어떻게 달라지는지 패턴을 발견할 수도 있다. 물론 덧셈 결과를 꼭 비교하도록 강요할 필요는 없지만 각 문제 풀이 이후에 이를 언급하며 속도를 조절할 수도 있다.

4 일차 받아올림이 있는 (몇십 몇)+(몇) 연습(2)

공부한 날짜 월 일

문제 1 | 다음을 계산하시오.

(1)
$$\begin{array}{r} 79 \\ +\ \ 2 \\ \hline \end{array}$$

(2)
$$\begin{array}{r} 18 \\ +\ \ 9 \\ \hline \end{array}$$

(3)
$$\begin{array}{r} 47 \\ +\ \ 6 \\ \hline \end{array}$$

(4)
$$\begin{array}{r} 29 \\ +\ \ 6 \\ \hline \end{array}$$

(5)
$$\begin{array}{r} 68 \\ +\ \ 8 \\ \hline \end{array}$$

(6)
$$\begin{array}{r} 83 \\ +\ \ 7 \\ \hline \end{array}$$

(7)
$$\begin{array}{r} 46 \\ +\ \ 8 \\ \hline \end{array}$$

(8)
$$\begin{array}{r} 59 \\ +\ \ 3 \\ \hline \end{array}$$

(9)
$$\begin{array}{r} 36 \\ +\ \ 5 \\ \hline \end{array}$$

선생님만 보세요

문제 1 세로식으로 주어진 덧셈을 다시 연습한다. 받아올림 결과를 십의 자리 숫자 위에 표시하는 것을 한 번 더 강조한다.

(10)

$$\begin{array}{r} 59 \\ +\ \ 9 \\ \hline \end{array}$$

(11)

$$\begin{array}{r} 32 \\ +\ \ 8 \\ \hline \end{array}$$

(12)

$$\begin{array}{r} 14 \\ +\ \ 8 \\ \hline \end{array}$$

문제 2 | 보기와 같이 계산하시오.

보기

39	+9 →	48	+6 →	54	+9 →	63	+8 →	71

(1)	18	+8 →		+9 →		+7 →		+9 →	
(2)	27	+9 →		+9 →		+8 →		+8 →	
(3)	49	+8 →		+7 →		+9 →		+9 →	
(4)	58	+9 →		+8 →		+8 →		+7 →	

선생님만 보세요

문제 2 받아올림이 있는 두 자리 수와 한 자리 수의 덧셈 연습 문제다. 덧셈이 연속으로 이어진다.

문제 3 | 직접 채점하고, 틀린 답은 바르게 고치시오.

(1) 15+9=23 24 (2) 29+5=34 (3) 59+4=63

(4) 34+7=47 (5) 79+4=83 (6) 67+7=74

(7) 56+5=61 (8) 42+9=41 (9) 85+6=96

(10) 83+9=92 (11) 55+8=83 (12) 76+7=73

(13) 74+9=81 (14) 67+8=75 (15) 25+6=85

선생님만 보세요

문제 3 누군가의 풀이를 직접 채점하고 수정하는 활동을 요구하는 연습 문제다. 제시된 풀이에 어떤 오류가 있었는지 이야기해볼 수도 있다.

두 자리 수의 덧셈과 뺄셈은 알고리즘?

초등학교에서 두 자리 자연수의 덧셈과 뺄셈은 궁극적으로 다음과 같은 계산 절차의 원리를 이해하고 이를 능숙하게 실행하는 것을 목표로 한다.

받아올림

$$\begin{array}{rcc} & 1 & \\ & 2 & 5 \\ + & 1 & 7 \\ \hline & & \boxed{2} \end{array} \quad \rightarrow \quad \begin{array}{rcc} & 1 & \\ & 2 & 5 \\ + & 1 & 7 \\ \hline & \boxed{4} & 2 \end{array}$$

① 일의 자리 수 5와 7을 더하면 12다.
② 십의 자리에 1을 올려주고, 일의 자리에는 2만 쓴다. (받아올림)
③ 십의 자리에 올린 1과, 십의 자리 수 2와 1을 더하여 아래로 내려쓰면 답은 42다.

받아내림

$$\begin{array}{rcc} & 2 & 10 \\ & \not{3} & 1 \\ - & 1 & 3 \\ \hline & & 8 \end{array} \quad \rightarrow \quad \begin{array}{rcc} & 2 & 10 \\ & \not{3} & 1 \\ - & 1 & 3 \\ \hline & 1 & 8 \end{array}$$

① 일의 자리 1에서 3을 뺄 수 없으므로, 십의 자리 3에서 10을 가져온다. 십의 자리3은 10을 주었으므로 2가 된다.
② 11에서 3을 뺀 8을 일의 자리에 쓴다. (받아내림)
③ 십의 자리 수 2에서 1을 빼어 아래로 내려쓰면 답은 18이다.

이러한 덧셈과 뺄셈의 표준적인 계산 절차를 수학에서는 '알고리즘(algorithm)'이라고 한다. 알고리즘이란 용어는 현재 컴퓨터를 비롯해 다양한 분야에서 사용되고 있지만, 원래는 몇 개의 단계를 거쳐 정답에 이르는 절차나 방법을 뜻하는 수학 용어다. 즉, 수학에서의 알고리즘은 바둑의 정석처럼 수학적 문제 해결을 위해 반드시 따라야 하는 일련의 절차를 말한다.

그러므로 초등학교, 아니 중고등학교까지 포함하는 학교 수학의 목표를 뭉뚱그려 거칠게 표현하면, 결국 알고리즘의 습득이라고 해도 틀리지 않을 것이다. 특히 시험 준비를 위해서는 반드시 알고리즘을 익혀야 한다.

알고리즘은 어떻게 학습하는 것일까?

『생각하는 초등연산』의 연산 프로그램을 통해 우리가 학교 수학에서 이루고자 하는 목표는 단지 알고리즘의 습득만이 아니다. 궁극적으로 아이들 스스로 알고리즘의 원리를 스스로 발견하여 자연스럽게 이해하는 것을 강조한다. 그렇다면 '자연수의 덧셈과 뺄셈에서 알고리즘의 재발견'이란 무엇을 뜻하는 것일까? 아이들은 과연 그 알고리즘을 발견할 수 있을까?

『생각하는 초등연산』의 연산 프로그램은 당연히 이런 의문에 대한 답을 제시해줄 수 있어야 하며, 바로 그것이 기존의 수학 가르침과 차별되는 대표적인 특성이라고 자부한다.

앞에서 언급했듯 수학 학습은 결국 알고리즘을 익히는 것이다. 그래서인지 기존의 수학 교육에서는 먼

교사용 해설

저 공식이나 풀이 과정을 제시하고 학습자가 이를 따르는 것을 전제로 한다. 따라서 상세한 풀이나 설명을 제시하거나, 문제를 유형별로 분류하는 등에 중점을 둔다. 그 결과 해답집에나 나올 만한 풀이과정의 해설을 수학 가르치는 행위로 여기게 된다.

나는 이와 같은 수학교육(사실 교육이 아니라 훈련이지만)을 '내비게이션 수학'이라 명명한 바 있다. 내비게이션의 지시에 따라 운전하는 것에 비유한 것으로, 내비게이션에 의존하면 목적지에는 정확하게 도착할 수 있지만 운전자는 정작 자신이 어떤 경로로 왔는지 전혀 알지 못하는 현상을 수학 가르침과 학습에 비유한 것이다. 지시하는 대로 따라 풀면 정답은 얻을 수 있지만, 정작 학습자는 문제에 적용된 개념을 이해하지 못하기 때문이다.

수학 학습이 알고리즘을 익히는 것임은 분명하지만, 알고리즘을 무작정 따라하는 것이 수학 학습은 아니다. 수학의 알고리즘은 머리에 집어넣는 것이 아니라, 작동원리를 완전히 이해하여 스스로 발견해내고 결국 스스로 만들 수 있어야 하기 때문이다.

이러한 수학 학습에 대한 관점을 초등학교 연산 학습에도 적용할 수 있다. 『생각하는 초등연산』의 연산 프로그램은 연산 훈련이 아닌 연산 교육, 즉 학습자 스스로 알고리즘을 발견하는 것을 목표로 한다. 그러므로 『생각하는 초등연산』의 연산 프로그램은 생각하며 학습하도록, 다시 말하면 수학적 사고의 흐름에 맞추어 학습 활동들이 제시되어 있다.

수학은 사고하는 학문이다. 연산도 수학의 한 분야다. 따라서 연산도 수학적 사고를 요구하는 것은 지극히 당연하다. 이제 두 자리 수의 덧셈과 뺄셈의 학습에 어떤 수학적 사고를 요구하며 이를 위해 어떤 다양한 모델이 필요한지 차례로 살펴보자.

알고리즘에 의한 덧셈은 1학년의 덧셈과 어떻게 다른가?

두 자리 수 덧셈은, 25+17의 예에서와 같이 '받아올림이 있는 알고리즘'으로 이어진다. 이 덧셈이 이전에 배운 8+7과 같은 한 자리 수 덧셈과는 어떻게 다를까? 단지 자릿수의 차이만 있는 것일까?

『생각하는 초등연산』에서 제시했던 한 자리 수의 학습은 '수 배열표'와 '수직선 모델'을 토대로 이루어졌다.

문제 6 **보기와 같이 계산하시오.**

보기

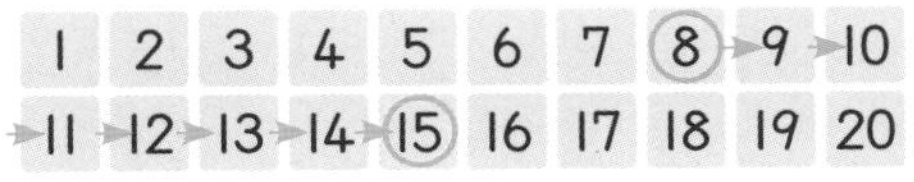

$8+7=$ 15

20까지의 수 배열표에서 8+7을 계산할 때 더해지는 수 8에 더하는 수 7을 이어 세기로 세는데, 먼저 십까지 세어 십의 숫자가 1이 되는 것을 확인하였다. 그리고 나머지 5가 더한 결과가 일의 자리 수임을 역시 눈으로 확인하였다.

문제 4 **보기와 같이 계산하시오.**

보기

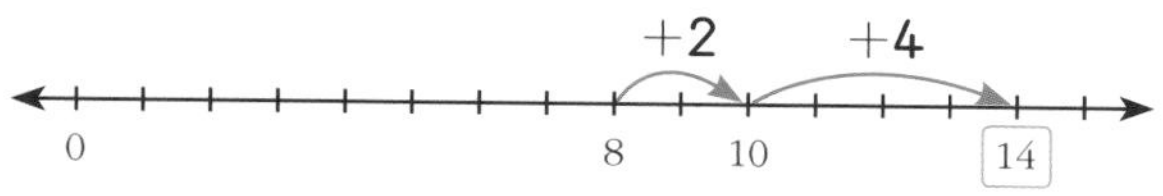

$8+6=\boxed{14}$

수 배열표에 이어 수직선 모델을 도입하였다. 수 배열표 윗줄의 10 옆에 아랫줄의 11부터 20까지의 수를 배열한 것이 수직선이므로, 이 두 모델은 실질적으로 다르지 않다. 수직선 모델에서는 더하는 수의 가르기에만 초점을 두는데, 더해지는 수가 '10'이 되도록 하는 것을 직접 수직선에서 확인할 수 있다. 어쨌든 수직선에서의 덧셈도 결국 이어세기에 의해 실행되는 것이다.

그렇다. 1학년 덧셈의 받아올림은 모두 이어세기였고 이는 두 자리 수 덧셈 알고리즘의 토대가 된다. 이제부터는 본격적으로 알고리즘이 도입되는데, 이어세기와 서로 연계되어 있으며, 수 배열표와 수직선 모델은 이어세기와 받아올림이 있는 덧셈 알고리즘 사이의 가교역할을 담당할 것이다. 이제 두 자리 수와 한 자리 수의 덧셈 학습을 위한 활동을 차례로 살펴보자.

① 몇십 만들기

받아올림을 도입하기 이전에 다음과 같은 '몇십 만들기'부터 시작한다.

(1) $14+6=\square$ (2) $47+3=\square$

(3) $38+\square=40$ (4) $82+\square=90$

이 문제를 제시하기 전에 다음과 같이 수 배열표와 수직선에서 '몇십 만들기'를 눈으로 확인하는 활동을 제시하였다.

$27+3=\boxed{30}$

21	22	23	24	25	26	27	28	29	30
31	32	33	34	35	36	37	38	39	40
41	42	43	44	45	46	47	48	49	50
51	52	53	54	55	56	57	58	59	60
61	62	63	64	65	66	67	68	69	70
71	72	73	74	75	76	77	78	79	80

교사용 해설

보기

$$27+3=30$$

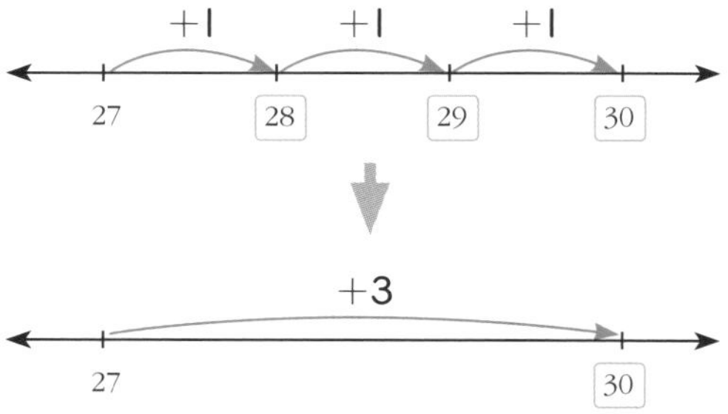

단순하고 쉬운 활동이지만 더하여 몇십이 되기 위해 일의 자리가 어떻게 변하는지 확인하는 기회를 가지며 받아올림의 덧셈 알고리즘 학습을 시작한다.

② 받아올림이 적용되는 덧셈

이제 받아올림이 있는 두 자리 수와 한 자리 수의 덧셈을 수 배열표와 수직선 모델을 이용하여 다음과 같이 실행한다.

보기

$$45+7=\boxed{52}$$

41	42	43	44	45	46	47	48	49	50
51	52	53	54	55	56	57	58	59	60
61	62	63	64	65	66	67	68	69	70
71	72	73	74	75	76	77	78	79	80
81	82	83	84	85	86	87	88	89	90
91	92	93	94	95	96	97	98	99	100

일의 자리 수의 덧셈이 오른쪽으로의 이동이고, 받아올림에 의한 십의 자리 수의 변화가 아랫줄로의 이동이라는 것을 눈으로 확인할 수 있다. 그 과정에서 몇십 만들기로 이어지게끔 '더하는 수의 가르기'가 실행되는 것도 볼 수 있다.

이어지는 수직선에서 똑같은 현상을 확인할 수 있다.

$$58+3$$

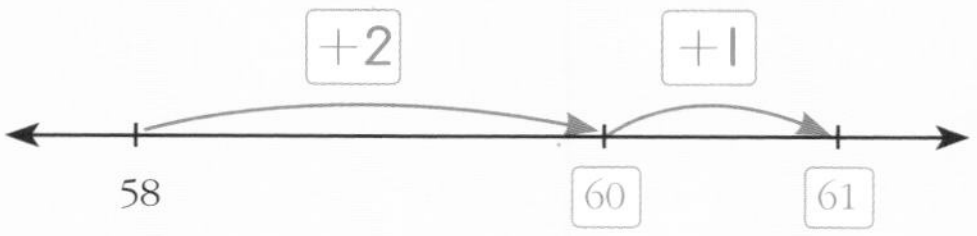

$$58+3=\boxed{61}$$

몇십이 되는 수를 먼저 만든 후에 남은 수를 더하도록 하는 수직선에서의 활동은 결국 더하는 수에 대한 가르기가 어떻게 실행되는가로 귀결되고, 이는 받아올림의 핵심이다. 이때 빈칸에는 연산 기호도 함께 표기한다는 사실에 주목할 필요가 있는데, 이 활동의 초점은 답이 아니라 덧셈 과정 그 자체이기 때문이다.

③ 동전 모델과 세로식

수 배열표와 수직선 다음에는 동전 모델이 이어진다. 교과서를 비롯한 대부분 교재에서는 수 모형으로 제시하지만, 자릿값 변화를 이해하는 가장 좋은 모델은 동전이다. 덧셈 연산을 배우기 시작하는 아이들에게 수 모형은 어렵게 받아들여져 접근성이 떨어진다. 모델이란 어려운 개념을 쉽게 이해시키기 위한 수단에 지나지 않으므로 굳이 수 모형을 고집할 이유는 없다.

동전을 활용하면 일 원짜리 열 개를 십 원짜리 동전 한 개로 바꿀 수 있음을 즉각 이해할 수 있으므로 받아올림의 이해를 돕는 모델로는 가장 효과적이다.

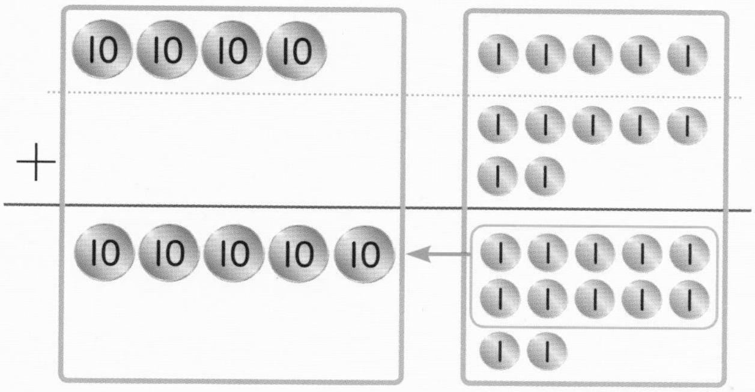

	십	일	
	4	5	
+		7	
	4	0	
	1	2	… 5+7
	5	2	

앞에서 제시한 수 배열표와 수직선에서와 같이 동전 모델에서도 먼저 더해지는 수가 몇십이 되도록 더하는 수의 가르기가 중요하다. 동전을 이용하여 받아올림 과정을 다시 확인하고 이를 세로식으로 나타내도록 한다. 이와 같이 덧셈 알고리즘의 완성을 목표로 한 단계씩 점진적으로 나아갈 때, 각각의 모델은 나름 일정한 역할을 담당한다.

④ 알고리즘의 완성

이제 받아올림의 덧셈 알고리즘을 완성할 수 있다.

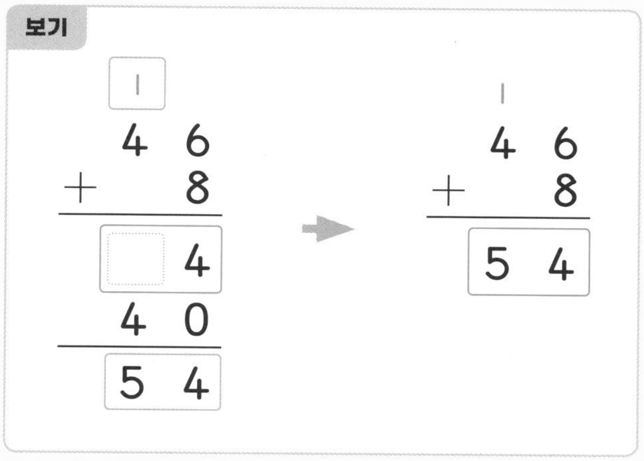

(1)

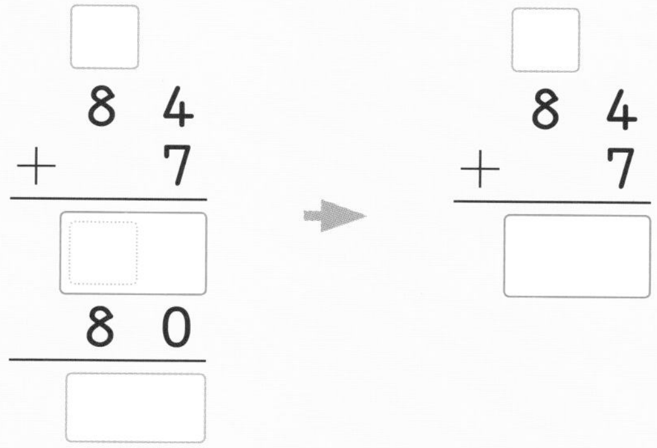

두 줄의 풀이 과정을 한 줄로 축약하여 간편하게 나타낸 마지막 세로식에서 덧셈 알고리즘이 완성된다.

보충문제

문제 1 | 화살표를 그리고 □ 안에 알맞은 수를 넣으시오.

(1)

41	42	43	44	45	46	47	48	49	50
51	52	53	54	55	56	57	58	59	60

$45+6=\square$

(2)

31	32	33	34	35	36	37	38	39	40
41	42	43	44	45	46	47	48	49	50

$34+\square=40$

문제 2 | □ 안에 알맞은 수를 넣으시오.

(1)

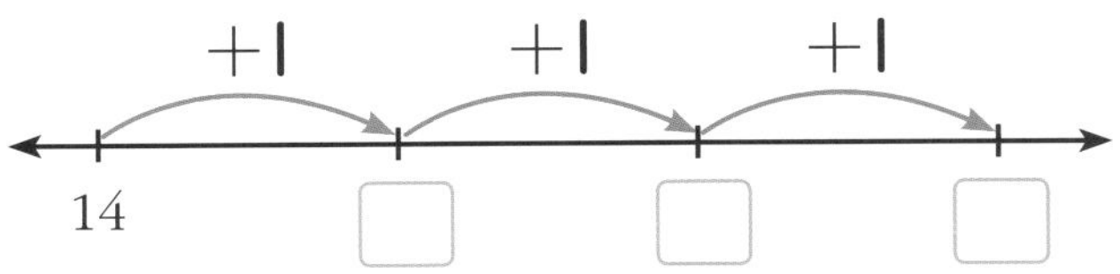

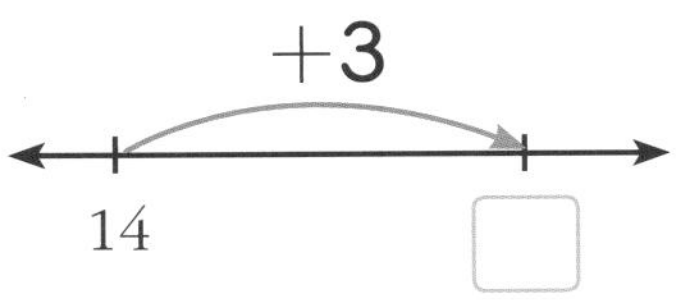

(2)

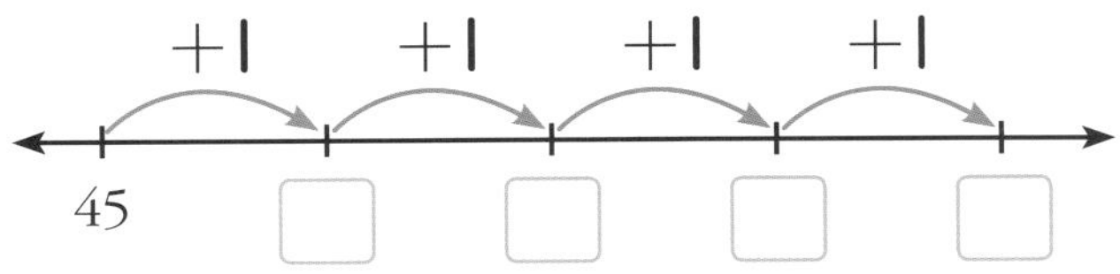

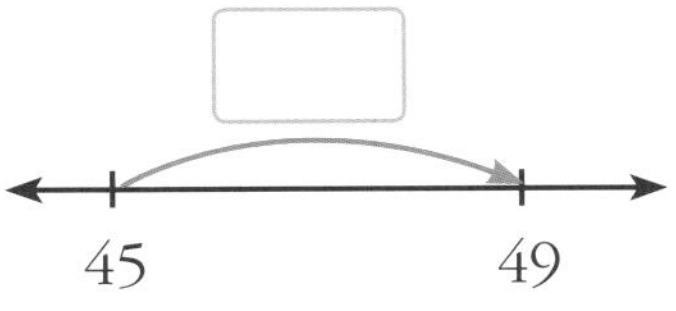

유사한 문제를 지나치게 많이 반복하는 것은 오히려 흥미를 떨어뜨리고 학습 효과를 저해하게 하는 역효과를 초래할 수 있습니다. 본문 문제를 충분히 이해했다면 보충문제까지 풀이할 필요는 없습니다. 필요한 경우에만 보충문제를 적절하게 활용하는 것을 권장합니다.

문제 3 | □ 안에 알맞은 수를 넣으시오.

(1) $58+2=\square$

(2) $42+\square=50$

(3) $73+7=\square$

(4) $84+\square=90$

(5) $19+\square=20$

(6) $35+5=\square$

(7) $67+\square=70$

(8) $26+4=\square$

문제 4 | 화살표를 그리고 □ 안에 알맞은 수를 넣으시오.

(1)

21	22	23	24	25	26	27	28	29	30
31	32	33	34	35	36	37	38	39	40

$25+7=25+\square+\square$

$=30+\square$

$=\square$

(2)

51	52	53	54	55	56	57	58	59	60
61	62	63	64	65	66	67	68	69	70

$53+8=53+\square+\square$

$=60+\square$

$=\square$

보충문제

문제 5 | □ 안에 알맞은 수를 넣으시오.

(1)

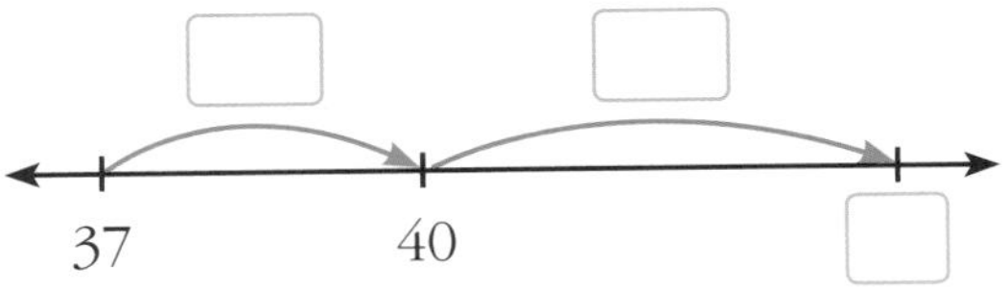

$$37+8=37+\square+\square$$
$$=40+\square$$
$$=\square$$

(2)

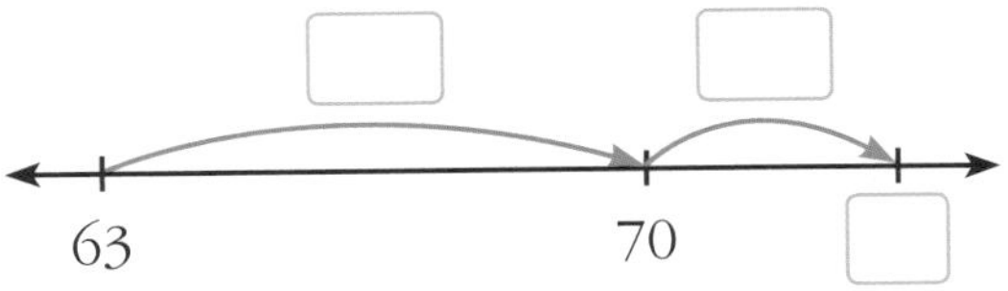

$$63+9=63+\square+\square$$
$$=70+\square$$
$$=\square$$

문제 6 | 다음을 계산하시오.

(1)

$$\begin{array}{r} 4\ 3 \\ +\ \ \ 8 \\ \hline \end{array}$$

(2)

$$\begin{array}{r} 2\ 7 \\ +\ \ \ 9 \\ \hline \end{array}$$

(3)

$$\begin{array}{r} 5\ 6 \\ +\ \ \ 6 \\ \hline \end{array}$$

(4)
$$\begin{array}{r} 67 \\ +\ \ 7 \\ \hline \end{array}$$

(5)
$$\begin{array}{r} 14 \\ +\ \ 8 \\ \hline \end{array}$$

(6)
$$\begin{array}{r} 79 \\ +\ \ 9 \\ \hline \end{array}$$

문제 7 | 다음을 계산하시오.

(1) $39+6=\square$

(2) $78+4=\square$

(3) $27+8=\square$

(4) $45+7=\square$

문제 8 | 빈칸에 알맞은 수를 넣으시오.

(1)

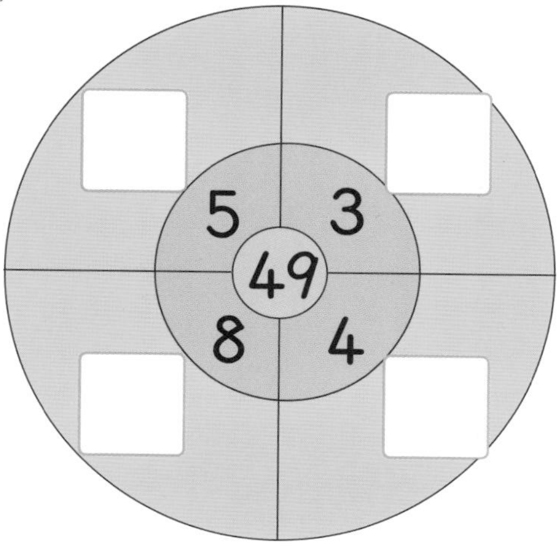

(2)

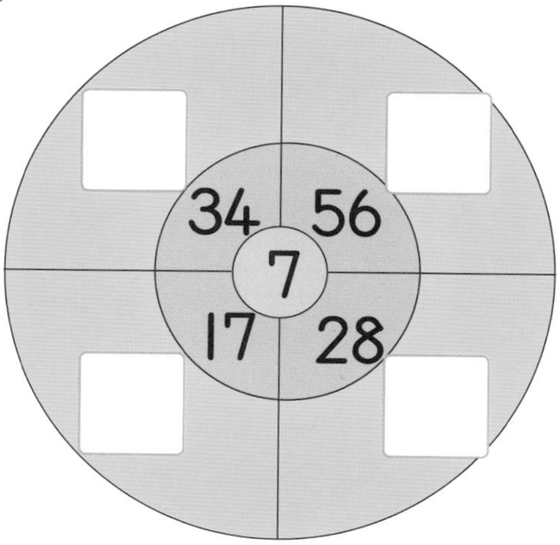

보충문제

(3)

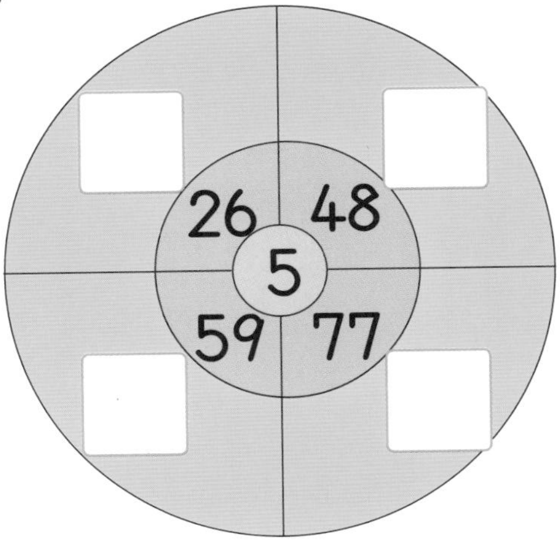

(4)

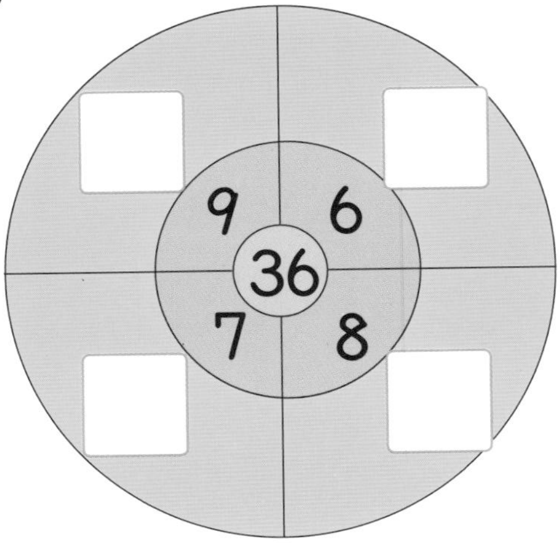

문제 9 | 다음을 계산하시오.

(1)	17	+7 →		+6 →		+4 →		+9 →	
(2)	28	+2 →		+8 →		+3 →		+8 →	
(3)	36	+5 →		+9 →		+2 →		+7 →	
(4)	54	+6 →		+5 →		+7 →		+9 →	

문제 10 | 직접 채점하고, 틀린 답은 바르게 고치시오.

(1) $45+6=41$ 51

(2) $62+9=71$

(3) $78+6=84$

(4) $46+5=41$

(5) $67+4=73$

(6) $53+9=62$

(7) $25+3=38$

(8) $11+8=29$

(9) $35+6=31$

(10) $84+6=90$

(11) $75+7=83$

(12) $62+9=72$

(13) $58+5=62$

(14) $42+9=51$

(15) $25+6=31$

2

받아내림이 있는

두 자리 수와 한 자리 수의 뺄셈

1 일차 받아내림이 있는 (몇십 몇)-(몇) 수 배열표

공부한 날짜 월 일

문제 1 | 다음을 계산하시오.

(1) 78−5

십	일
7	8
−	5

(2) 26−4

십	일
2	6
−	4

(3) 59−2

십	일
5	9
−	2

(4) 35−3=□

(5) 43−1=□

(6) 94−2=□

(7) 67−6=□

선생님만 보세요

문제 1 1학년에서 배웠던, 받아내림이 없는 두 자리 수와 한 자리 수의 뺄셈을 복습하며 자릿값에 대한 이해를 확인하는 활동이다.

문제 2 | 보기와 같이 두 번째 줄 구슬부터 지우고 □ 안에 알맞은 수를 넣으시오.

보기

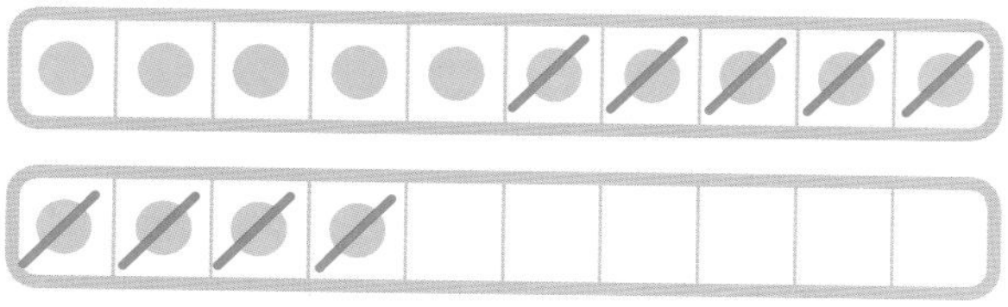

$14-9=$ [5]

(1)

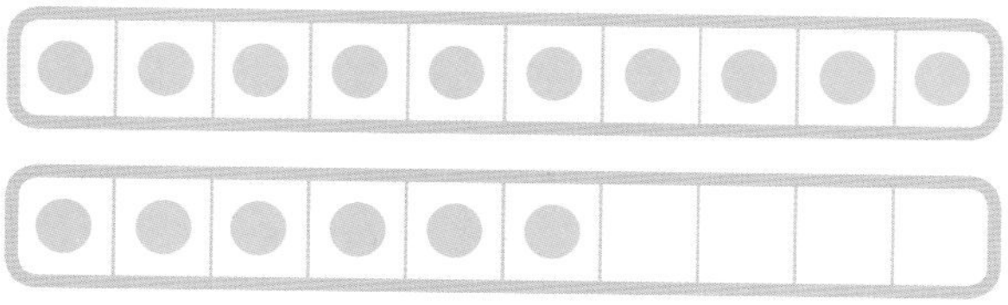

$16-8=$ □

(2)

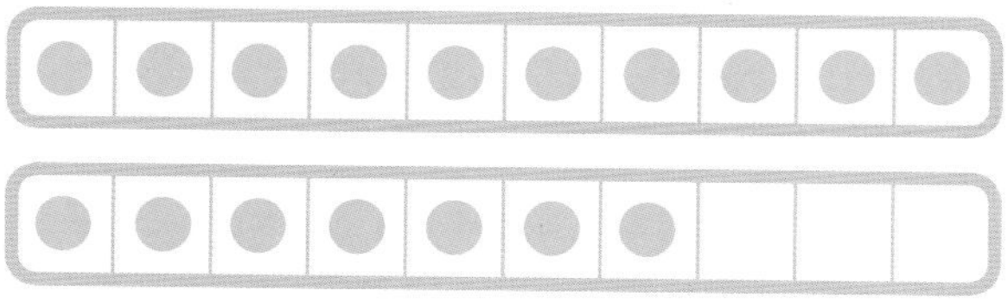

$17-8=$ □

(3)

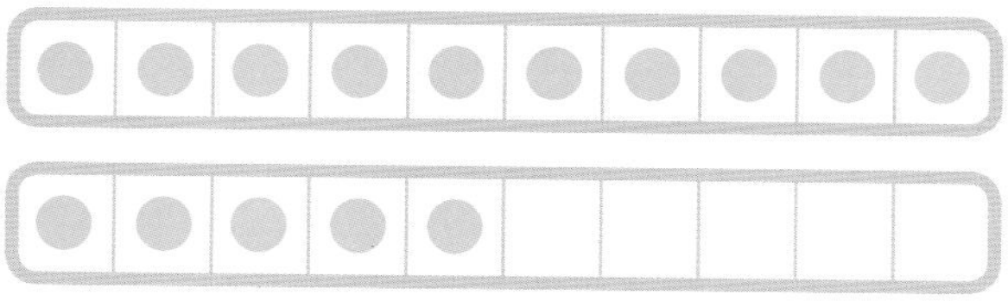

$15-9=$ □

(4)

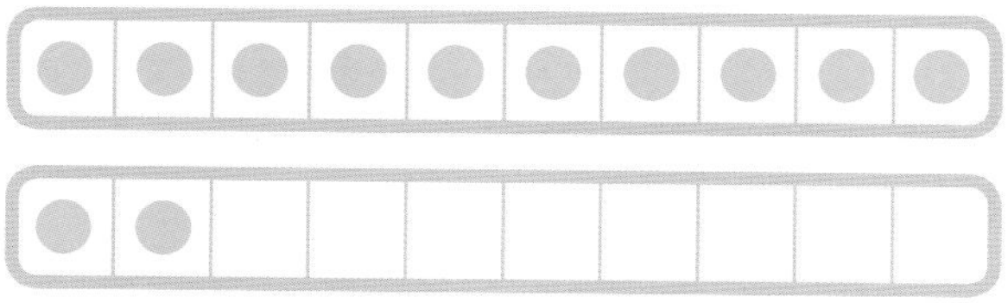

$12-7=$ □

(5)

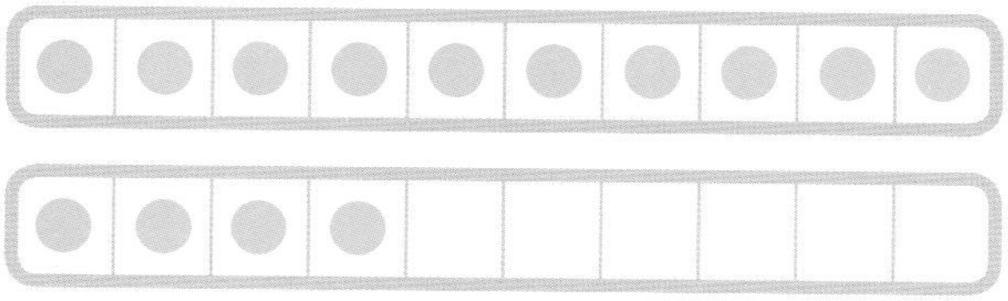

$14-8=$ □

선생님만 보세요

문제 2 수 모형을 이용한 받아내림이 있는 (십 몇)-(몇)의 뺄셈을 복습한다. 거꾸로 세기를 통해 받아내림의 원리를 파악하기 위한 활동이다. 보기와 같이 일의 자리에 해당하는 아랫줄에 있는 구슬을 먼저 제거하고 남은 구슬의 개수를 세어 답을 얻는다. 앞의 활동과 같이 자연스럽게 빼는 수(감수)의 가르기 과정을 눈으로 확인할 수 있다.

문제 3 | 보기와 같이 숫자에 표시하고 □ 안에 알맞은 수를 넣으시오.

보기

21	22	23	24	25	26	27	(28)	29	30
31	32	33	(34)	35	36	37	38	39	40

4, 2

$34-6=34-\boxed{4}-\boxed{2}$

$=30-\boxed{2}$

$=\boxed{28}$

(1)

21	22	23	24	25	26	27	28	29	30
31	32	33	34	35	(36)	37	38	39	40

$36-8=36-\square-\square$

$=30-\square$

$=\square$

(2)

31	32	33	34	35	36	37	38	39	40
41	42	43	(44)	45	46	47	48	49	50

$44-7=44-\square-\square$

$=40-\square$

$=\square$

(3)

11	12	13	14	15	16	17	18	19	20
21	22	23	24	25	26	(27)	28	29	30

$27-9=27-\square-\square$

$=20-\square$

$=\square$

선생님만 보세요

문제 3 두 줄짜리 수 모형에서 실행했던 뺄셈을 수 배열표에서 받아내림이 있는 (몇십 몇)–(몇)의 뺄셈으로 확장한다. 빼어지는 수(피감수)가 몇십이 되기 위해 빼는 수(감수)의 가르기를 어떻게 할 것인가를 결정하는 것이 이 활동의 핵심이다. 이 과정을 수 배열표에서 확인하고 식으로 나타낸다.

(4)

1	2	3	4	5	6	7	8	9	10
11	12	13	14	15	16	17	18	19	20

$13-6=13-\square-\square$
$=10-\square$
$=\square$

(5)

71	72	73	74	75	76	77	78	79	80
81	82	83	84	85	86	87	88	89	80

$85-9=85-\square-\square$
$=80-\square$
$=\square$

(6)

81	82	83	84	85	86	87	88	89	90
91	92	93	94	95	96	97	98	99	100

$92-7=92-\square-\square$
$=90-\square$
$=\square$

(7)

41	42	43	44	45	46	47	48	49	50
51	52	53	54	55	56	57	58	59	60

$57-8=57-\square-\square$
$=50-\square$
$=\square$

선생님만 보세요 아이가 풀이를 마치고 자신의 계산 절차를 설명할 수 있다면 더욱 바람직하다. 자신의 풀이 과정을 언어화함으로써, 상대방에게 자신의 풀이 과정을 언어로 표현하는 것도 매우 중요한 수학적 활동이다.

2 일차 받아내림이 있는 (몇십 몇)-(몇) 수직선

공부한 날짜 월 일

문제 1 | 보기와 같이 화살표를 그리고 □ 안에 알맞은 수를 넣으시오.

보기

21	22	23	24	25	26	27	28	29	30
31	32	33	34	35	36	37	38	39	40

35−7=35−[5]−[2]
=30−[2]
=[28]

(1)

21	22	23	24	25	26	27	28	29	30
31	32	33	34	35	36	37	38	39	40

32−8=32−□−□
=30−□
=□

(2)

31	32	33	34	35	36	37	38	39	40
41	42	43	44	45	46	47	48	49	50

45−9=45−□−□
=40−□
=□

(3)

11	12	13	14	15	16	17	18	19	20
21	22	23	24	25	26	27	28	29	30

25−7=25−□−□
=20−□
=□

선생님만 보세요 **문제 1** 수 배열표를 이용한 받아내림이 있는 뺄셈의 이전 차시 복습이다.

문제 2 | 보기와 같이 수직선에 표시하고 □ 안에 알맞은 수를 넣으시오.

보기

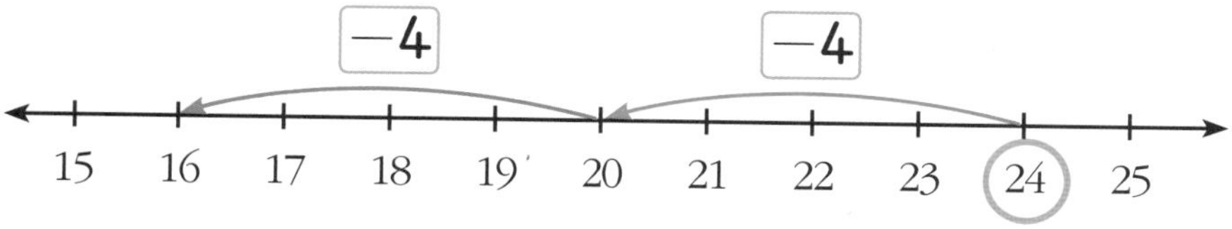

$24-8=$ 16

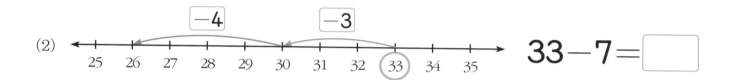

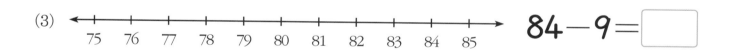

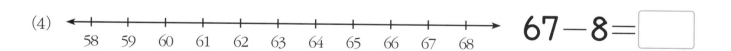

(1)

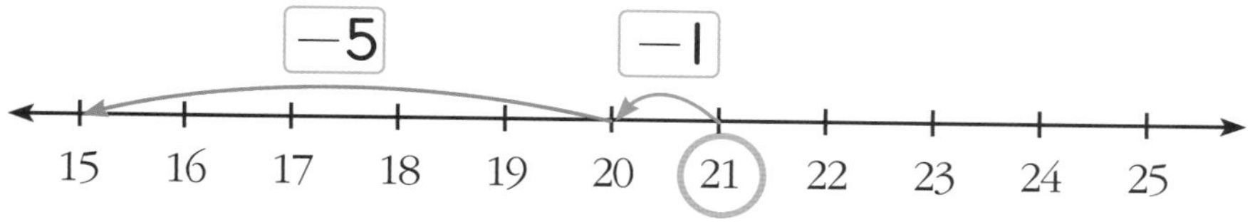

$21-6=$ □

(2)

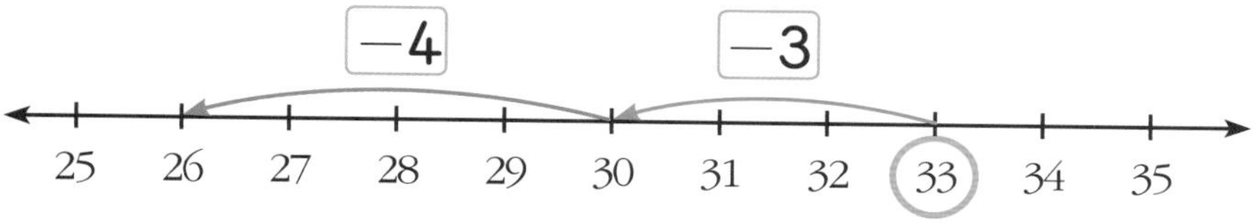

$33-7=$ □

(3)

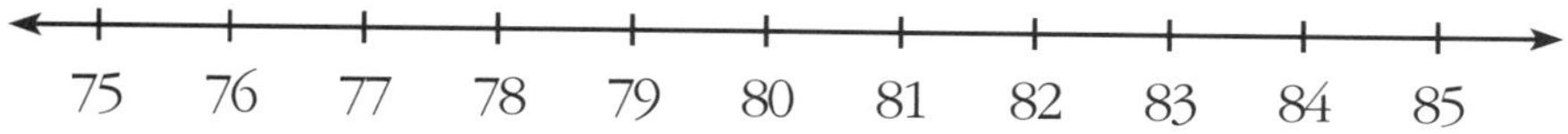

$84-9=$ □

(4)

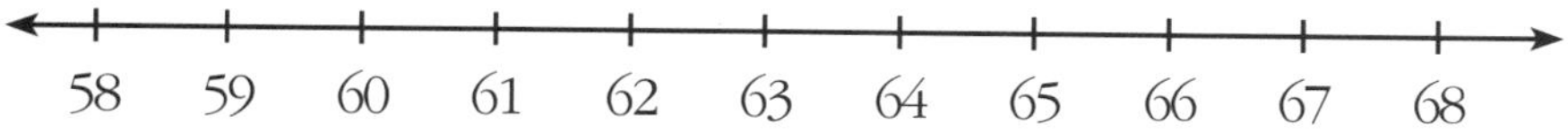

$67-8=$ □

(5)

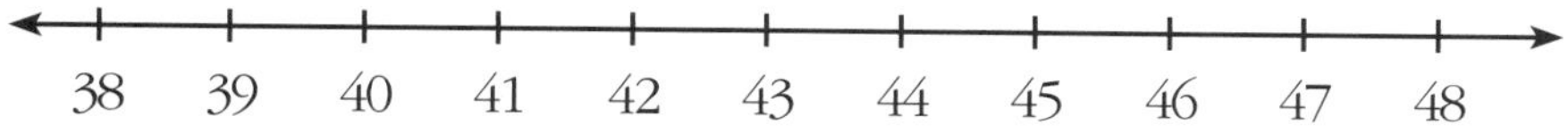

$43-5=$ □

선생님만 보세요

문제 2 수직선을 이용해서 받아내림이 있는 (몇십 몇)-(몇)의 뺄셈을 연습한다. 수 배열표에서와 같이 몇십이 될 때를 한 번 짚고 넘어가면 좋다. 역시 거꾸로 세기에 의한 뺄셈으로 받아내림의 원리를 이해한다.

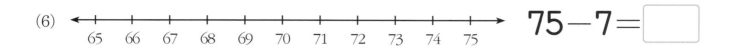

(6) 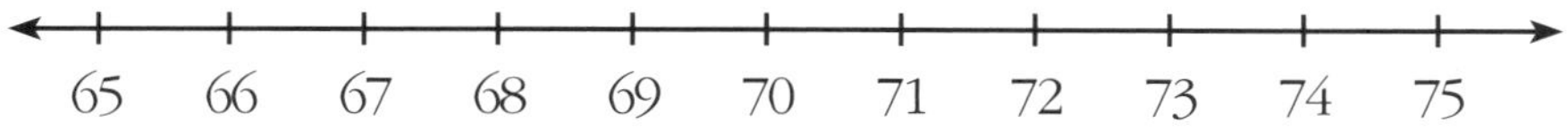

$75-7=$ □

(7) 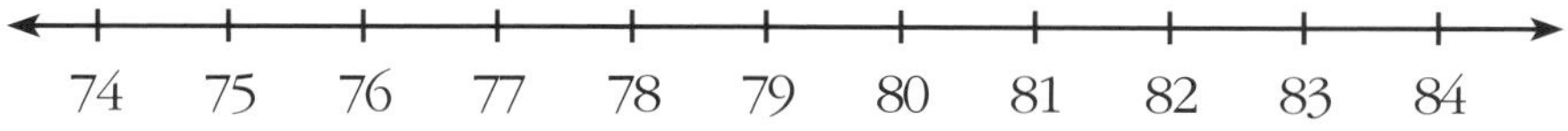

$81-3=$ □

문제 3 | 다음을 계산하시오.

(1) $16-9=$ □

(2) $34-8=$ □

(3) $44-7=$ □

(4) $51-6=$ □

(5) $23-9=$ □

(6) $75-6=$ □

(7) $61-3=$ □

(8) $97-9=$ □

(9) $82-5=$ □

(10) $26-7=$ □

문제 3 가로식으로 주어진 받아내림이 있는 뺄셈이다. 수 배열표 또는 수직선을 떠올리며 거꾸로 세기에 의해 피감수의 일의 자리를 모두 빼고 나서 빼는 수(감수)의 나머지를 빼어지는 수(피감수)의 몇십에서 빼는 절차를 밟을 수 있다. 예를 들어, 16−9에서 6을 먼저 빼고나서 10으로부터 나머지 3을 빼는데, 이 경우에는 빼는 수(감수) 9의 가르기 활동이 핵심이다.

받아내림이 있는 (몇십 몇)-(몇) 동전 모형과 세로식

공부한 날짜 월 일

문제 1 | 보기와 같이 배열표에서 화살표를 그리고 □ 안에 알맞은 수를 넣으시오.

보기

61	62	63	64	65	66	67	68	69	70
71	72	73	74	75	76	77	78	79	80

3 5

73−8=73−3−5

=70−5

=65

(1)

41	42	43	44	45	46	47	48	49	50
51	52	53	54	55	56	57	58	59	60

53−9=53−□−□

=50−□

=□

(2)

21	22	23	24	25	26	27	28	29	30
31	32	33	34	35	36	37	38	39	40

35−9=35−□−□

=30−□

=□

선생님만 보세요 **문제 1** 수 배열표를 이용한 받아내림이 있는 뺄셈의 이전 차시 복습이다.

(3)

11	12	13	14	15	16	17	18	19	20
21	22	23	24	25	26	27	28	29	30

$23-4=23-\square-\square$
$=20-\square$
$=\square$

(4)

41	42	43	44	45	46	47	48	49	50
51	52	53	54	55	56	57	58	59	60

$53-6=53-\square-\square$
$=50-\square$
$=\square$

(5)

51	52	53	54	55	56	57	58	59	60
61	62	63	64	65	66	67	68	69	70

$61-5=61-\square-\square$
$=60-\square$
$=\square$

문제 2 | 보기와 같이 수직선에 표시하고 □ 안에 알맞은 수를 넣으시오.

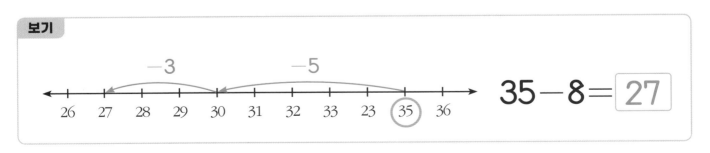

보기

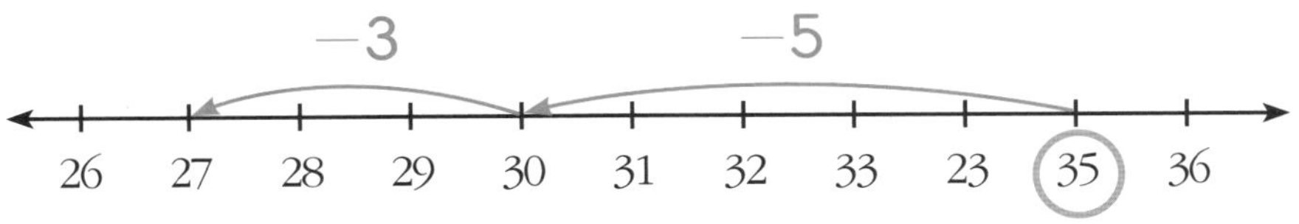

$35-8=\boxed{27}$

선생님만 보세요

문제 2 수직선을 이용해서 받아내림이 있는 (몇십 몇)−(몇)의 뺄셈을 복습하는 활동이다. 수 배열표에서와 같이 몇십이 될 때를 한 번 짚고 넘어가면 좋다. 역시 거꾸로 세기에 의해 뺄셈을 하며 받아내림의 원리를 이해한다.

(1) 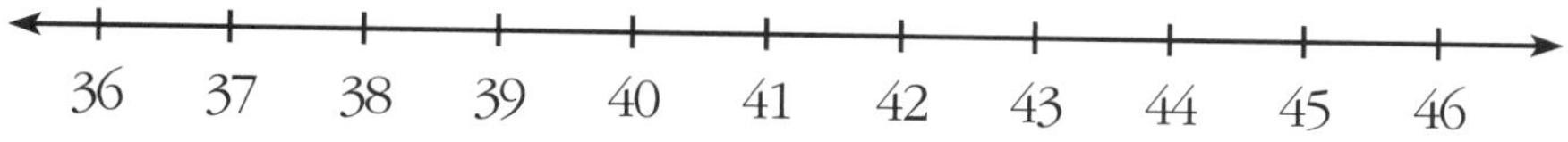

$45-6=\square$

(2) 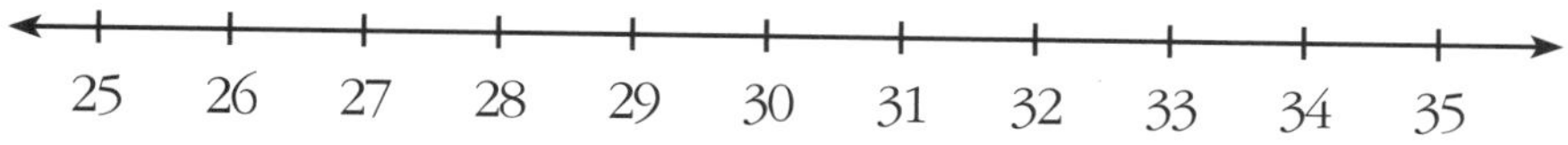

$34-7=\square$

(3) 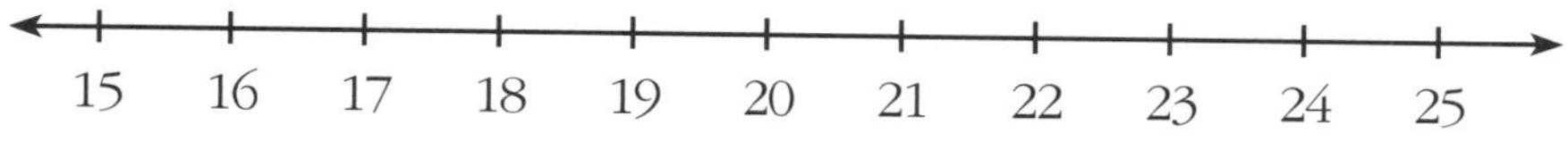

$23-8=\square$

(4) 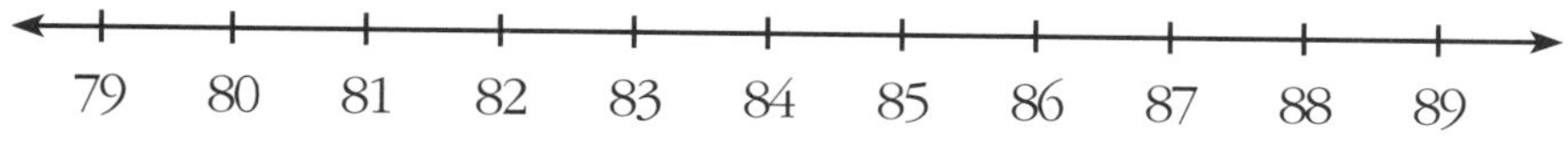

$88-9=\square$

(5) 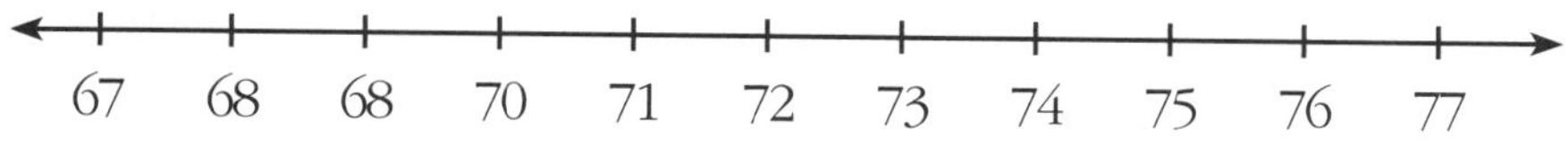

$76-9=\square$

문제 3 | 보기와 같이 그림을 그리고 계산하시오.

보기

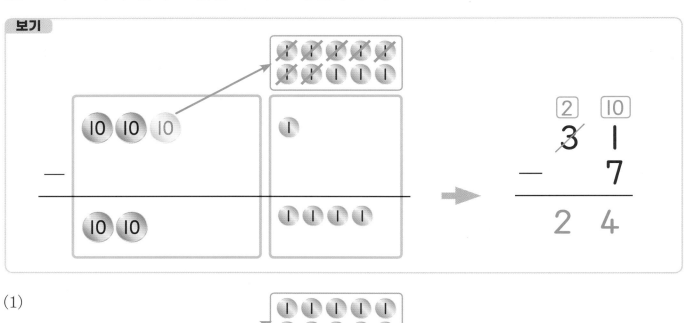

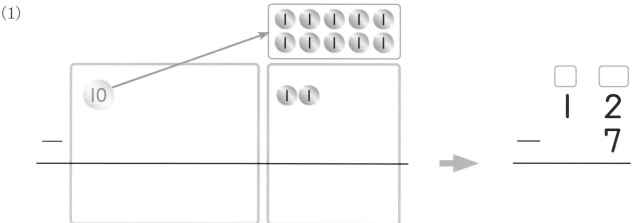

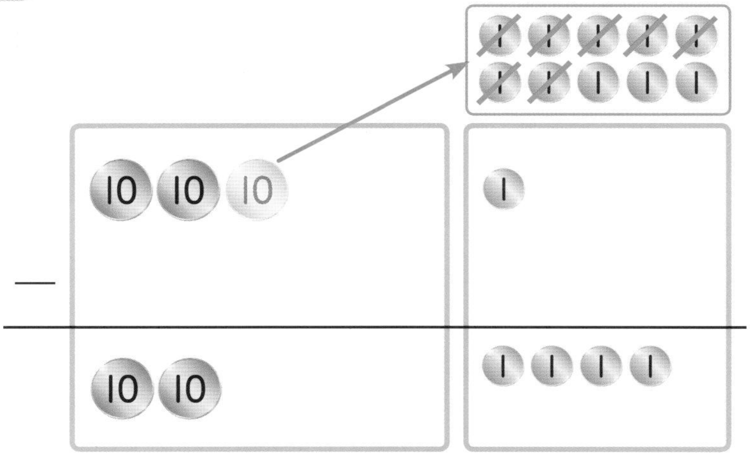

	2	10
	~~3~~	1
−		7
	2	4

(1)

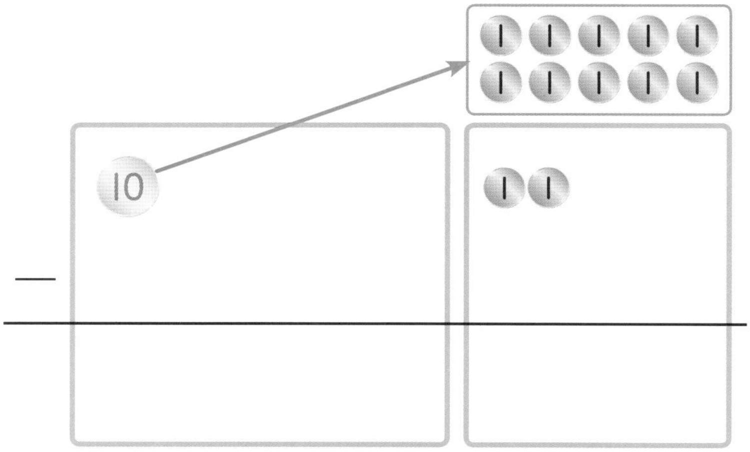

	□	□
	1	2
−		7

(2)

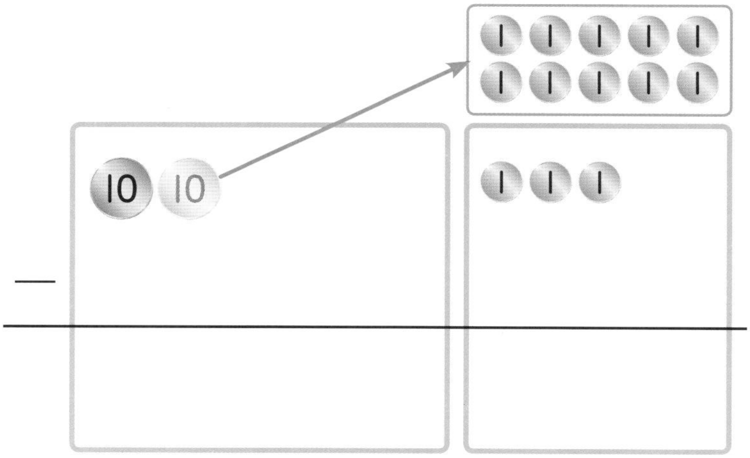

	□	□
	2	3
−		9

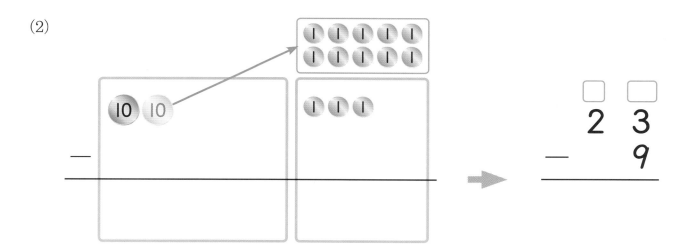

선생님만 보세요

문제 3 뺄셈 알고리즘의 도입을 위하여 동전 모델을 제시하였다. 받아내림을 위해 피감수의 10원짜리 동전 한 개가 1원짜리 동전 열 개로 바뀌는 것을 모델에서 확인하고 이를 세로식에서 구현한다. 세로식의 숫자 위에 작은 크기의 숫자가 이를 나타낸 것이다.

(3)

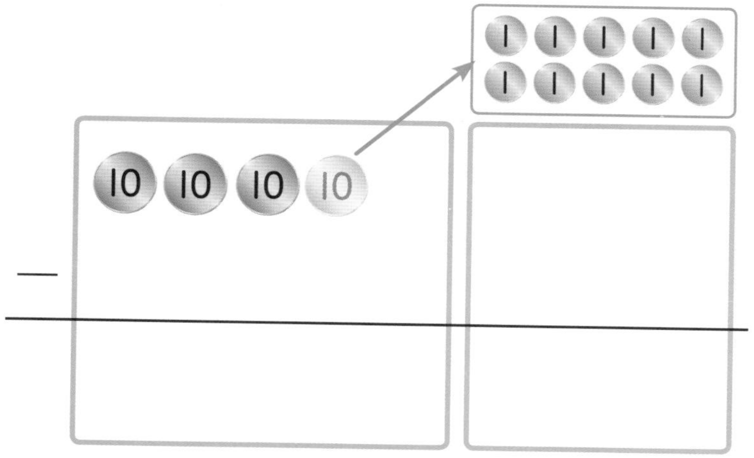

$$\begin{array}{rcc} & \square & \square \\ & 4 & 0 \\ - & & 5 \\ \hline & & \end{array}$$

(4)

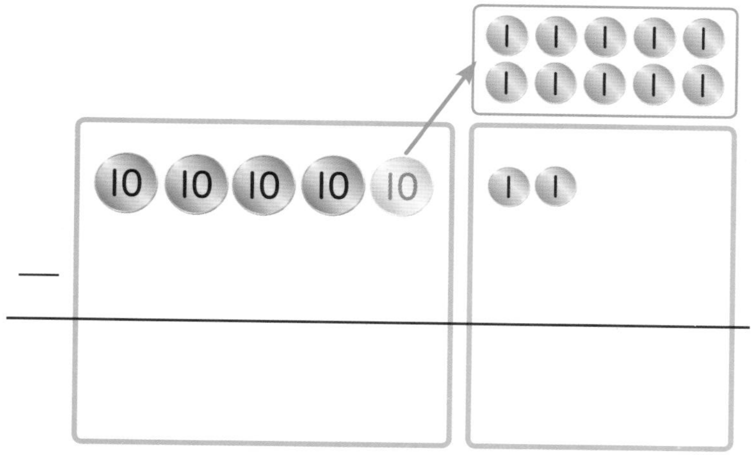

$$\begin{array}{rcc} & \square & \square \\ & 5 & 2 \\ - & & 8 \\ \hline & & \end{array}$$

(5)

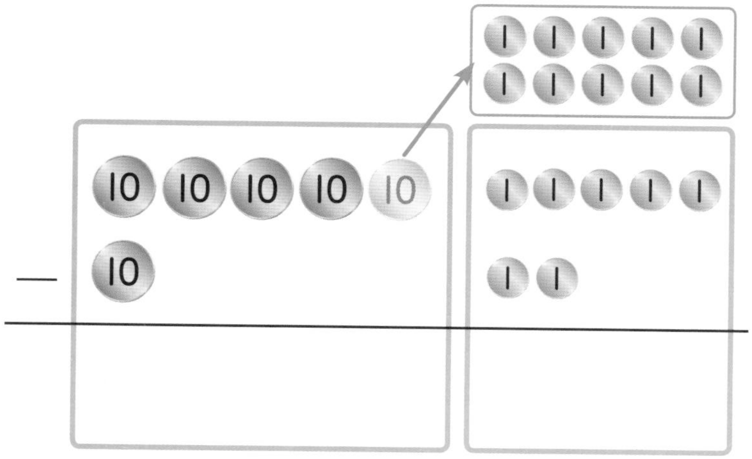

$$\begin{array}{rcc} & \square & \square \\ & 6 & 7 \\ - & & 9 \\ \hline & & \end{array}$$

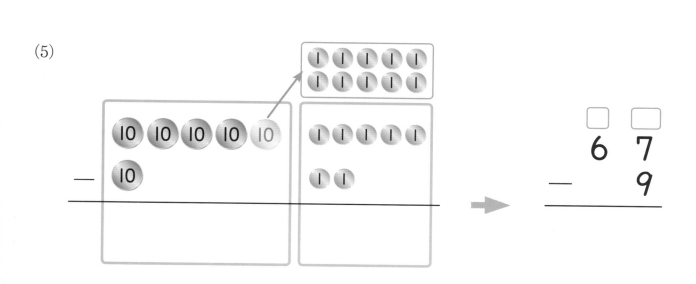

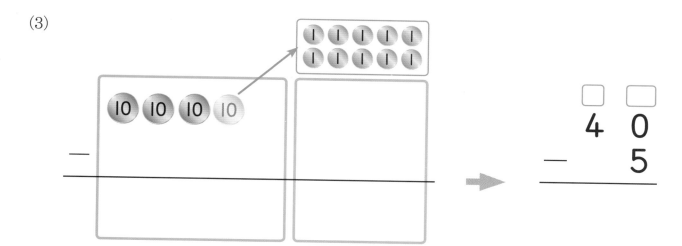

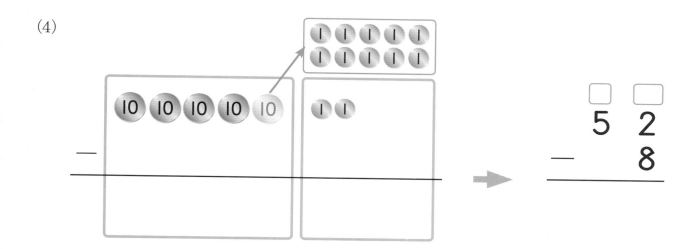

문제 4 | 다음을 계산하시오.

(1)

$$\begin{array}{r} \square\ \square \\ 2\ 3 \\ -\quad 5 \\ \hline \end{array}$$

(2)

$$\begin{array}{r} \square\ \square \\ 3\ 5 \\ -\quad 9 \\ \hline \end{array}$$

(3)

$$\begin{array}{r} \square\ \square \\ 2\ 4 \\ -\quad 7 \\ \hline \end{array}$$

(4)

$$\begin{array}{r} \square\ \square \\ 3\ 3 \\ -\quad 6 \\ \hline \end{array}$$

(5)

$$\begin{array}{r} \square\ \square \\ 4\ 3 \\ -\quad 8 \\ \hline \end{array}$$

받아내림이 있는 (몇십 몇)-(몇) 가로식

공부한 날짜 월 일

문제 1 | 다음을 계산하시오.

(1)
$$\begin{array}{r} 82 \\ -\ \ 4 \\ \hline \end{array}$$

(2)
$$\begin{array}{r} 33 \\ -\ \ 6 \\ \hline \end{array}$$

(3)
$$\begin{array}{r} 50 \\ -\ \ 2 \\ \hline \end{array}$$

(4)
$$\begin{array}{r} 43 \\ -\ \ 5 \\ \hline \end{array}$$

(5)
$$\begin{array}{r} 60 \\ -\ \ 9 \\ \hline \end{array}$$

(6)
$$\begin{array}{r} 84 \\ -\ \ 9 \\ \hline \end{array}$$

문제 2 | 다음을 계산하시오.

(1) $55-8=\square$

(2) $81-8=\square$

(3) $51-3=\square$

(4) $93-9=\square$

선생님만 보세요

문제 1 앞에서 배운 받아내림이 있는 뺄셈을 세로식에서 해결하는 복습 활동이다.

(5) $32-6=\square$

(6) $21-5=\square$

(7) $46-9=\square$

(8) $33-8=\square$

(9) $92-3=\square$

(10) $91-3=\square$

(11) $52-4=\square$

(12) $25-8=\square$

(13) $88-9=\square$

(14) $74-9=\square$

(15) $93-6=\square$

선생님만 보세요

문제 2 받아내림이 있는 뺄셈을 가로식에서 해결한다. 세로식으로 바꿔 해결할 수도 있지만, 이 단계에서는 세로식을 머릿속에 그릴 수 있는가를 관찰하는 것이 중요하다. 만일 세로식으로 바꿔 해결하고 있는 것이 관찰되면, 일의 자리에서 받아내림에 충분히 익숙하지 않다는 것이므로 보충연습이 필요하다.

문제 3 | 보기와 같이 □ 안에 알맞은 수를 넣으시오.

보기

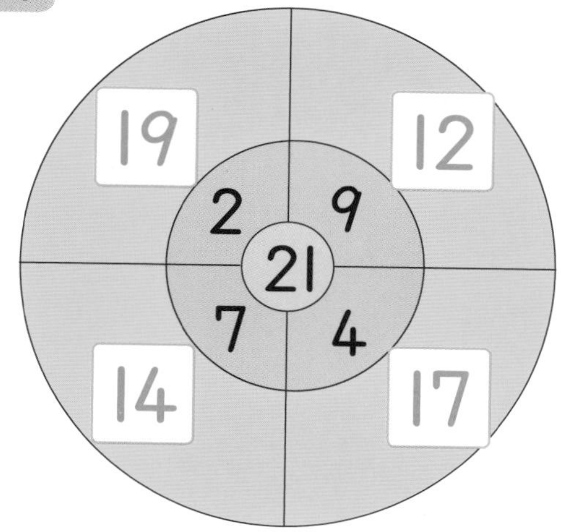

(1)

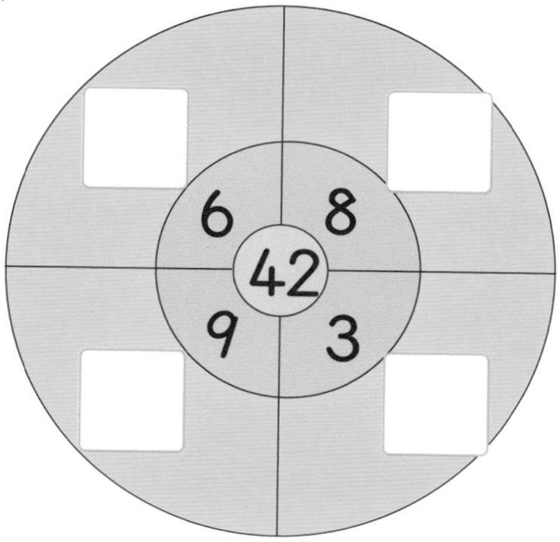

(2)

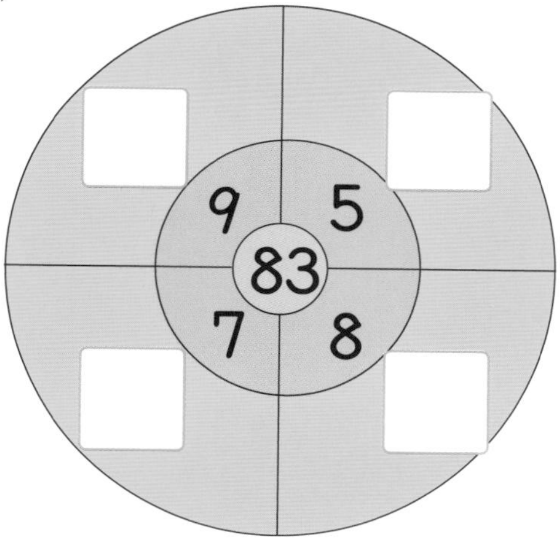

(3)

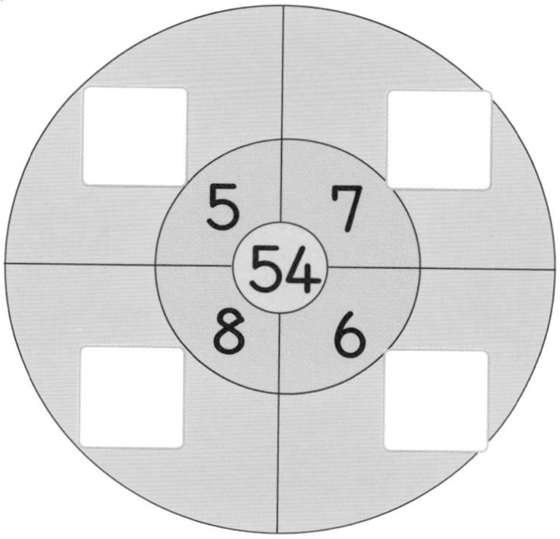

(4)

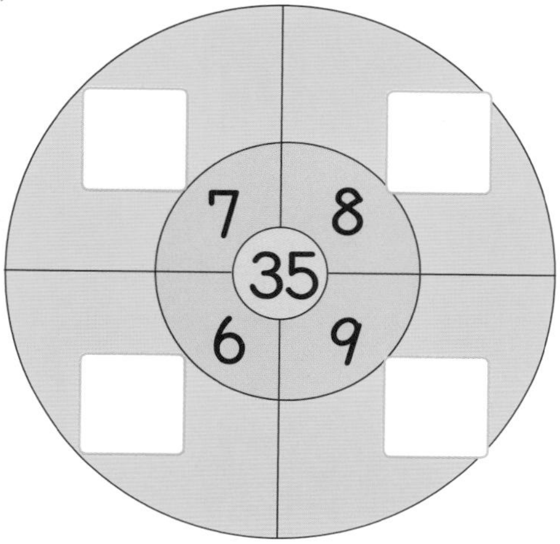

(5)

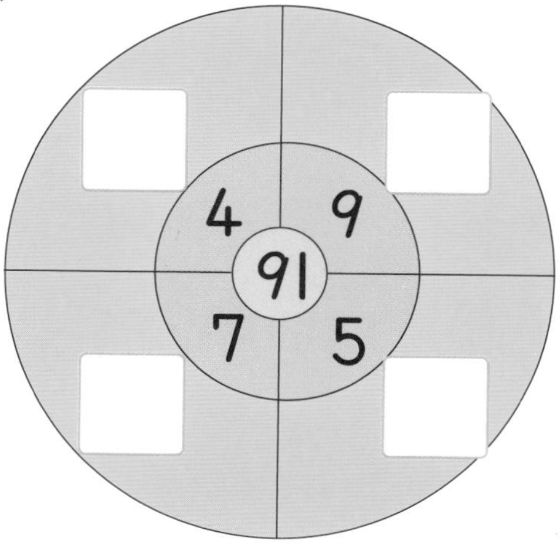

선생님만 보세요

문제 3 받아내림이 있는 뺄셈을 충분히 연습하기 위한 심화 문제다. 뺄셈의 답을 얻는 것에서 더 나아가 빼어지는 수(피감수)가 같을 때 빼는 수(감수)가 다른 뺄셈을 계산하여 결과의 공통점을 찾아볼 수도 있다. 빼는 수(감수)가 10을 넘지 않기 때문에 결과의 십의 자리가 모두 같음을 말한다. 답을 구한 후에 역으로 덧셈을 하여 검산하는 것도 알려주는 것이 좋다. 덧셈과 뺄셈의 역의 관계를 자연스럽게 파악하는 하나의 방안이다.

5 일차 받아내림이 있는 (몇십 몇)-(몇) 연습(1)

공부한 날짜 월 일

문제 1 | 다음을 계산하시오.

(1)
$$\begin{array}{r} 9\ 5 \\ -\quad 8 \\ \hline \end{array}$$

(2)
$$\begin{array}{r} 3\ 4 \\ -\quad 6 \\ \hline \end{array}$$

(3)
$$\begin{array}{r} 7\ 0 \\ -\quad 7 \\ \hline \end{array}$$

(4)
$$\begin{array}{r} 2\ 2 \\ -\quad 7 \\ \hline \end{array}$$

(5)
$$\begin{array}{r} 8\ 4 \\ -\quad 5 \\ \hline \end{array}$$

(6)
$$\begin{array}{r} 4\ 3 \\ -\quad 4 \\ \hline \end{array}$$

(7)
$$\begin{array}{r} 8\ 2 \\ -\quad 5 \\ \hline \end{array}$$

(8)
$$\begin{array}{r} 5\ 1 \\ -\quad 4 \\ \hline \end{array}$$

(9)
$$\begin{array}{r} 9\ 1 \\ -\quad 6 \\ \hline \end{array}$$

선생님만 보세요

문제 1 받아내림이 있는 뺄셈의 세로식 문제 풀이 연습이다.

문제 2 | 보기와 같이 계산하시오.

보기

91	−9 →	82	−8 →	74	−4 →	70	−7 →	63

(1)	52	−8 →		−9 →	35	−1 →		−5 →	
(2)	71	−5 →		−9 →		−2 →	55	−8 →	
(3)	82	−4 →		−5 →		−3 →	70	−9 →	
(4)	61	−3 →		−8 →	50	−5 →		−7 →	
(5)	42	−5 →		−7 →		−8 →		−9 →	13
(6)	51	−6 →		−4 →		−8 →	33	−9 →	
(7)	81	−9 →		−8 →	64	−7 →		−6 →	
(8)	62	−4 →		−9 →		−5 →		−7 →	37

선생님만 보세요

문제 2 받아내림이 있는 뺄셈의 연습으로, 연속된 뺄셈의 형식이다. 받아내림이 있는 문제와 받아내림이 없는 문제가 함께 있으므로 무조건 기계적으로 받아내림을 하지 않도록 주의해야 한다. 이를 위해서는 일의 자리를 비교해서 빼는 수(감수)의 일의 자리보다 빼어지는 수(피감수)의 일의 자리가 작을 때만 받아내림을 하는 것이라는 사실을 확인해야 한다. 즉, 계산에 들어가기 전에 주어진 식에 들어 있는 숫자를 관찰하는 것도 중요함을 인식하게 하려는 의도다.

6 일차 받아내림이 있는 (몇십 몇)-(몇) 연습(2)

공부한 날짜 월 일

문제 1 | 다음을 계산하시오.

(1) $32-6=\square$　(2) $41-4=\square$　(3) $22-6=\square$

(4) $61-5=\square$　(5) $72-7=\square$　(6) $53-9=\square$

(7) $25-7=\square$　(8) $97-8=\square$　(9) $93-6=\square$

문제 2 | 직접 채점하고, 틀린 답은 바르게 고치시오.

(1) $61-3=$ ~~64~~ 58　(2) $23-4=19$

(3) $82-7=79$　(4) $32-4=28$

선생님만 보세요

문제 1 받아내림이 있는 뺄셈의 가로식 문제 풀이 연습이다.

(5) $62-5=53$

(6) $57-9=48$

(7) $64-7=77$

(8) $41-5=36$

(9) $70-6=76$

(10) $25-9=16$

(11) $30-5=25$

(12) $96-8=82$

(13) $41-3=32$

(14) $72-6=66$

(15) $12-5=13$

선생님만 보세요

문제 2 피채점자가 아닌 채점자의 역할을 수행하는, 『생각하는 초등연산』의 연산 프로그램에만 들어 있는 문제 형식이다. 틀린 답의 경우에 어떤 오류가 있는지를 설명하게 하는 것도 좋은 지도방안이다. 일의 자리에서 뺄셈이 아닌 덧셈을 하거나, 받아내림을 하지 않거나, 뺄셈을 하면서 받아올림을 하거나, 감수에서 피감수를 빼는 등의 여러 가지 오류를 지적할 수 있다. 그리고 최종적으로 옳은 답을 제시함으로써 뺄셈 연습을 마무리한다.

뺄셈의 두 가지 접근

1학년에서의 뺄셈은 수 세기에 의한 것이라고 언급한 바 있다. 여기에는 다음 두 가지 방법이 있다.

(1) 십에서 먼저 빼기

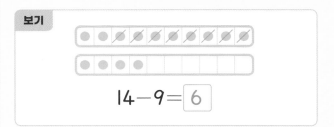

보기

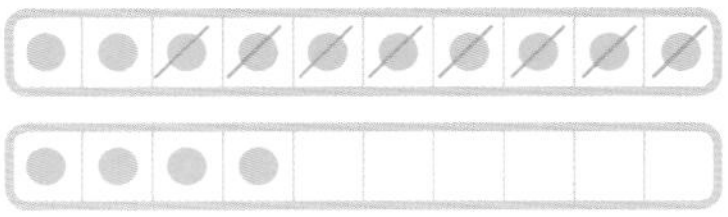

$14-9=\boxed{6}$

(2) 일의 자리 숫자를 먼저 빼기

보기

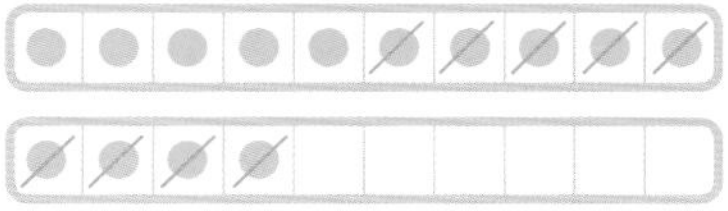

$14-9=\boxed{5}$

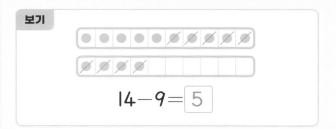

14의 10에서 먼저 9를 뺀 나머지 1과 4를 합하여 답을 구하는 것과, 14의 4에서 먼저 4를 빼고 이어서 나머지 5를 10에서 빼는 두 가지 방식을 위의 수 막대 모형에서 체험할 수 있다.

그런데 덧셈에서와 같이, 수 배열표와 수직선에서 뺄셈을 구현할 때는 일의 자리 숫자를 먼저 빼는 것만 제시한다. 다음에서 이를 확인해보라.

보기

1	2	3	4	5	6	7	8	9	10
11	12	13	14	15	16	17	18	19	20

$$\begin{aligned}13-4&=13-\boxed{3}-\boxed{1}\\&=10-\boxed{1}\\&=\boxed{9}\end{aligned}$$

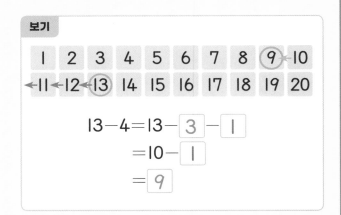

수 배열표에는 빼는 수 13에서 먼저 3을 빼서 10을 만들고, 다시 10으로부터 1을 빼서 9라는 답을 얻는 과정이 잘 나타나 있다. 전형적인 거꾸로 세기가 적용된 것이다. 이때의 거꾸로 세기는 이어서 제시되는 수직선 모델에서도 그대로 재현된다.

보기

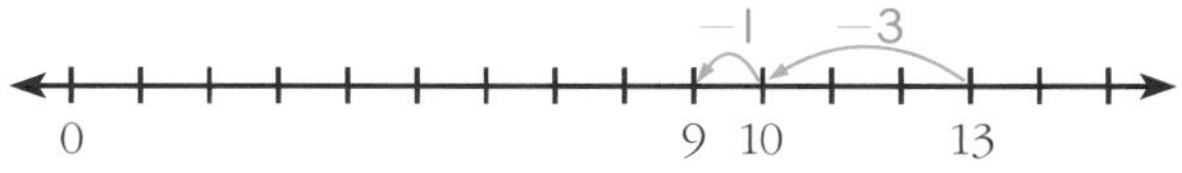

$13-4=\boxed{9}$

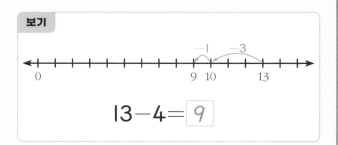

수 배열표에서와 같이, 13에서 출발하여 3을 먼저 빼면 10이 되고, 다시 10에서 1을 빼서 9가 되는 거꾸로 세기가 수직선에서의 이동으로 표현된다. 결국 13−4와 같이 십몇이라는 수에서 한 자리 수를 빼는 뺄셈은 거꾸로 세기라는 수 세기에 의해 답을 구한다.

보충문제

문제 1 | ●를 지우고 □ 안에 알맞은 수를 넣으시오.

(1)

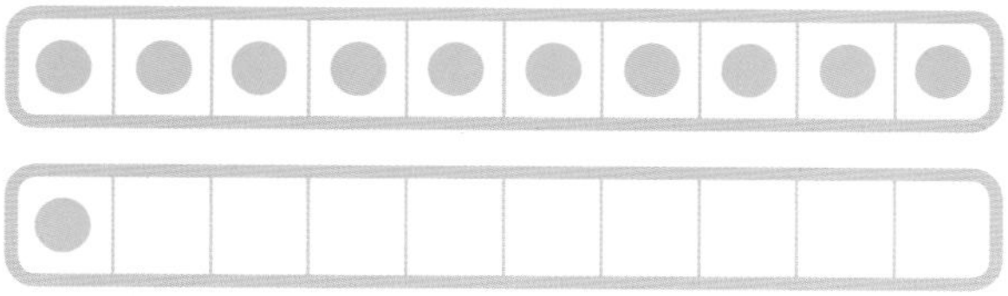

$11-4=\square$

(2)

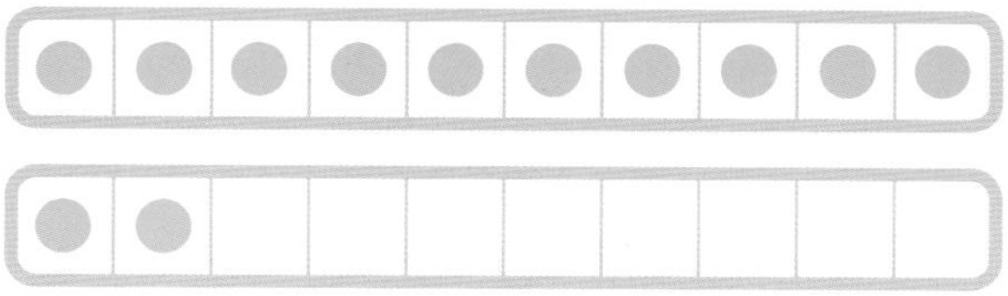

$12-6=\square$

(3)

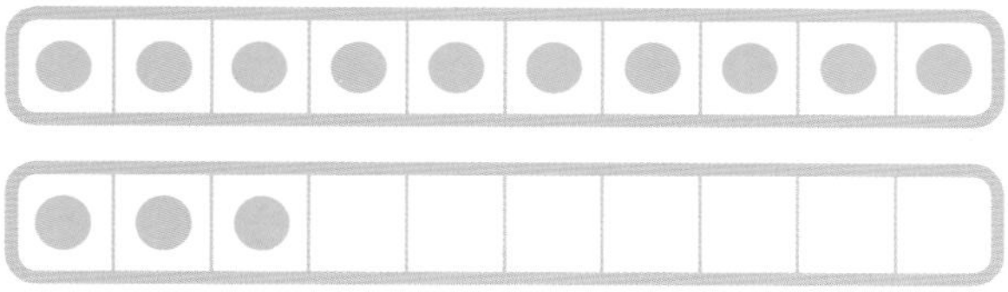

$13-8=\square$

(4)

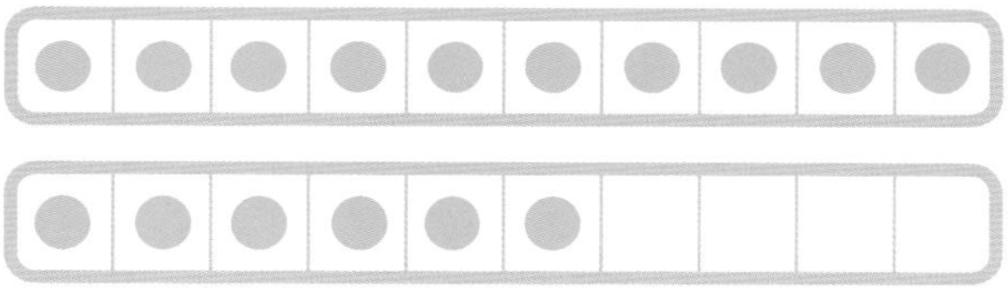

$16-7=\square$

문제 2 | 화살표를 그리고 □ 안에 알맞은 수를 넣으시오.

(1)

11	12	13	14	15	16	17	18	19	20
21	22	23	24	25	26	27	28	29	30

$22-5=22-\square-\square$

$=20-\square$

$=\square$

유사한 문제를 지나치게 많이 반복하는 것은 오히려 흥미를 떨어뜨리고 학습 효과를 저해하게 하는 역효과를 초래할 수 있습니다. 본문 문제를 충분히 이해했다면 보충문제까지 풀이할 필요는 없습니다. 필요한 경우에만 보충문제를 적절하게 활용하는 것을 권장합니다.

보충문제

(2)

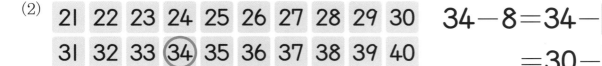

21	22	23	24	25	26	27	28	29	30
31	32	33	34	35	36	37	38	39	40

$34-8=34-\square-\square$
$=30-\square$
$=\square$

(3)

41	42	43	44	45	46	47	48	49	50
51	52	53	54	55	56	57	58	59	60

$53-7=53-\square-\square$
$=50-\square$
$=\square$

(4)

51	52	53	54	55	56	57	58	59	60
61	62	63	64	65	66	67	68	69	70

$65-8=65-\square-\square$
$=60-\square$
$=\square$

문제 3 | 수직선에 표시하고 □ 안에 알맞은 수를 넣으시오.

(1)

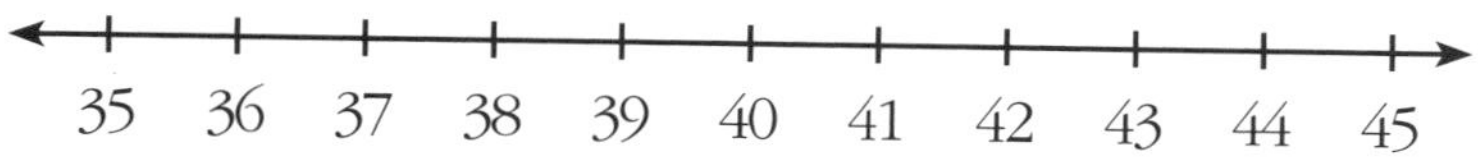

41－5＝□

(2)

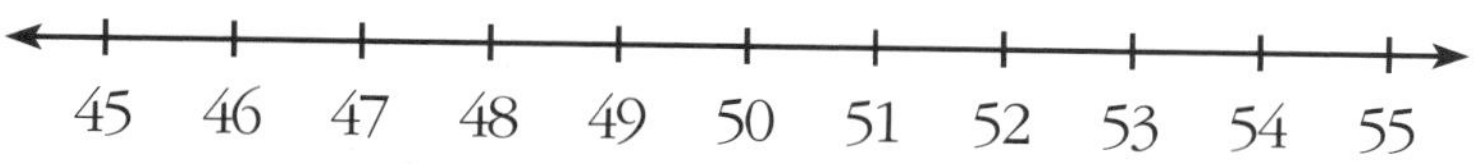

53－6＝□

(3)

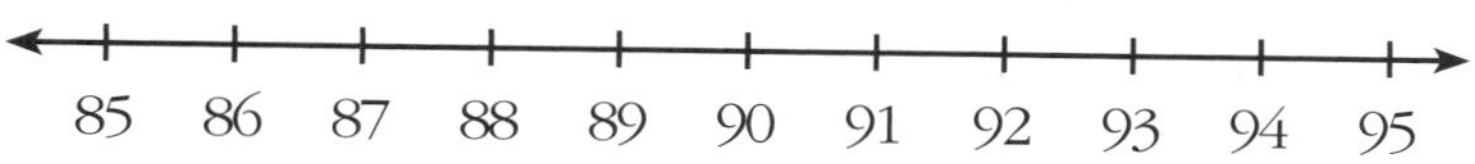

94－7＝□

문제 4 | 다음을 계산하시오.

(1)

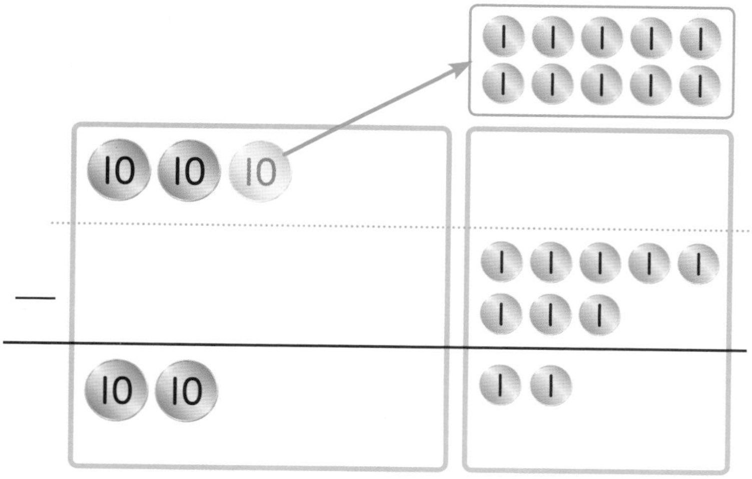

	□	□
	3	0
—		8

(2)

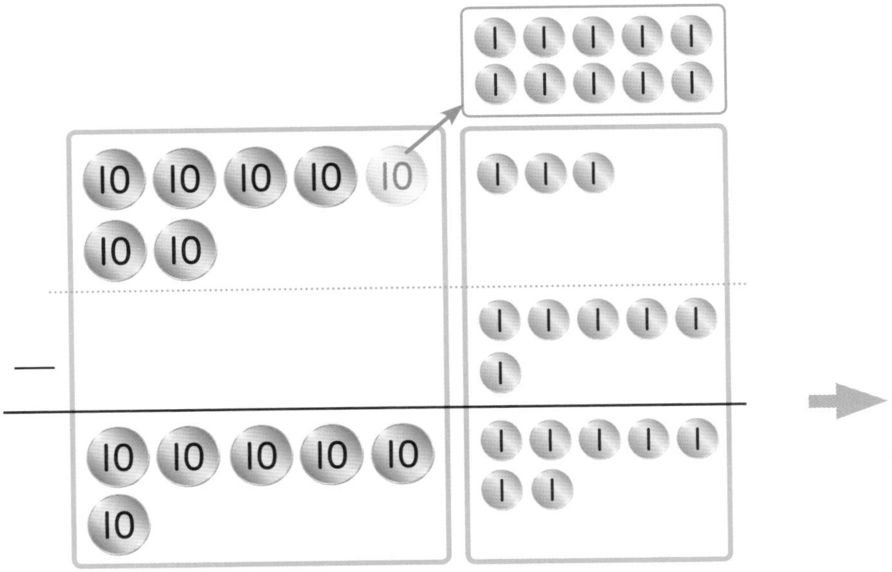

$$\begin{array}{rr} \square & \square \\ 7 & 3 \\ - & 6 \\ \hline \end{array}$$

(3)

$$\begin{array}{rr} \square & \square \\ 6 & 1 \\ - & 5 \\ \hline \end{array}$$

(4)

$$\begin{array}{rr} \square & \square \\ 4 & 0 \\ - & 7 \\ \hline \end{array}$$

(5)

$$\begin{array}{rr} \square & \square \\ 9 & 8 \\ - & 9 \\ \hline \end{array}$$

문제 5 | 다음을 계산하시오.

(1) $17-9=\square$

(2) $25-6=\square$

(3) $43-7=\square$

(4) $64-8=\square$

(5) $32-4=\square$

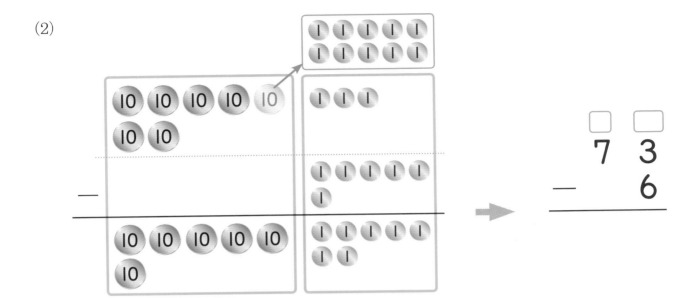

(6) $50-5=\square$

문제 6 | □ 안에 알맞은 수를 넣으시오.

(1)

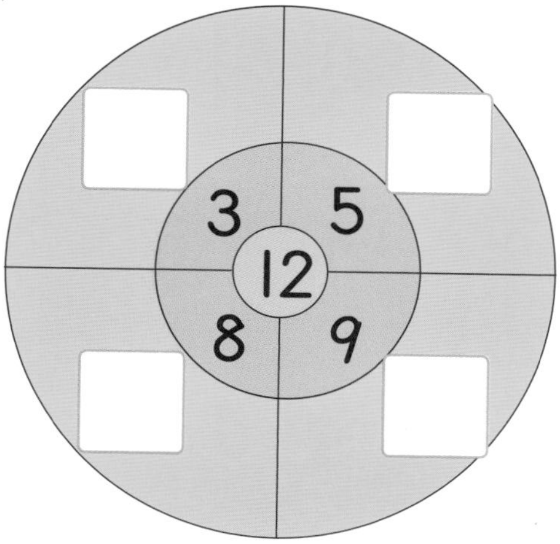

(2)

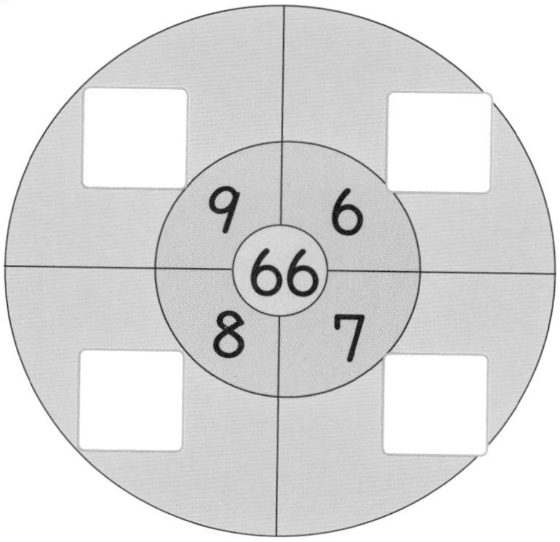

(3)

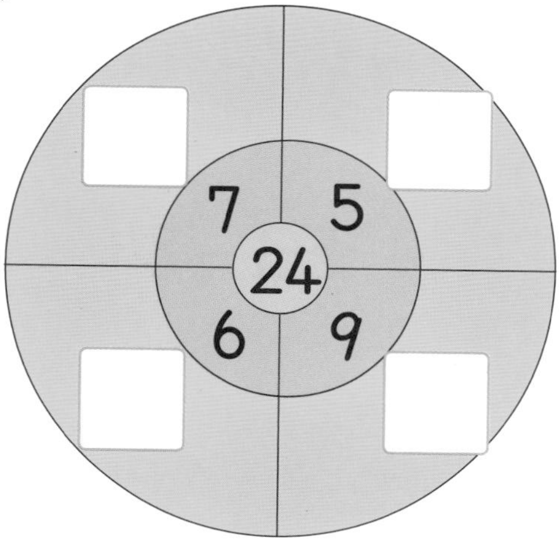

(4)

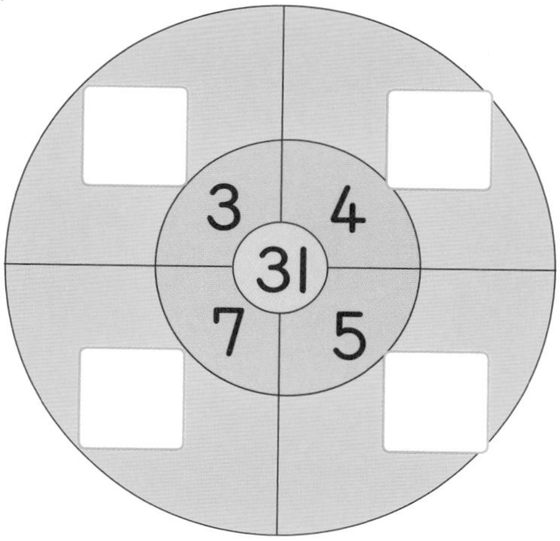

문제 7 | 다음을 계산하시오.

(1)	32	−5 →		−8 →		−9 →		−5 →	
(2)	43	−4 →		−9 →		−8 →		−2 →	

(3)	67	−7 →		−5 →		−6 →		−9 →	
(4)	94	−8 →		−7 →		−9 →		−3 →	

문제 8 | 직접 채점하고, 틀린 답은 바르게 고치시오.

(1) 36−7=~~33~~ 23　(2) 21−5=16　(3) 47−9=32

(4) 15−7=18　(5) 32−6=24　(6) 53−8=45

(7) 84−5=71　(8) 18−9=9　(9) 60−6=0

(10) 70−7=63　(11) 55−5=50　(12) 36−8=28

(13) 41−8=22　(14) 23−5=18　(15) 45−9=36

3 받아올림이 있는 **두 자리 수 덧셈**

1일차 십의 자리부터 더하는 받아올림이 있는 두 자리 수 덧셈

수 배열표와 수직선

공부한 날짜 월 일

문제 1 | 다음을 계산하시오.

(1) $24+8=\square$

(2) $57+6=\square$

(3) $84+7=\square$

(4) $35+9=\square$

(5) $76+5=\square$

(6) $48+8=\square$

문제 2 | 보기와 같이 표시하고 □ 안에 알맞은 수를 넣으시오.

보기

$54+28=\boxed{82}$

20 8

41	42	43	44	45	46	47	48	49	50
51	52	53	54	55	56	57	58	59	60
61	62	63	64	65	66	67	68	69	70
71	72	73	74	75	76	77	78	79	80
81	82	83	84	85	86	87	88	89	90

(1) $28+13=\square$

□ □

21	22	23	24	25	26	27	28	29	30
31	32	33	34	35	36	37	38	39	40
41	42	43	44	45	46	47	48	49	50
51	52	53	54	55	56	57	58	59	60
61	62	63	64	65	66	67	68	69	70

선생님만 보세요

문제 1 받아올림이 있는 두 자리 수와 한 자리 수의 덧셈을 복습한다. 일의 자리에서의 받아올림을 다시 한 번 짚어 본다.

(2) $35+26=$ □

□ □

31	32	33	34	35	36	37	38	39	40
41	42	43	44	45	46	47	48	49	50
51	52	53	54	55	56	57	58	59	60
61	62	63	64	65	66	67	68	69	70
71	72	73	74	75	76	77	78	79	80

(3) $47+25=$ □

□ □

31	32	33	34	35	36	37	38	39	40
41	42	43	44	45	46	47	48	49	50
51	52	53	54	55	56	57	58	59	60
61	62	63	64	65	66	67	68	69	70
71	72	73	74	75	76	77	78	79	80

(4) $19+36=$ □

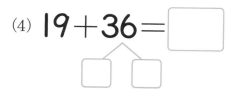

□ □

11	12	13	14	15	16	17	18	19	20
21	22	23	24	25	26	27	28	29	30
31	32	33	34	35	36	37	38	39	40
41	42	43	44	45	46	47	48	49	50
51	52	53	54	55	56	57	58	59	60

(5) $56+26=$ □

□ □

41	42	43	44	45	46	47	48	49	50
51	52	53	54	55	56	57	58	59	60
61	62	63	64	65	66	67	68	69	70
71	72	73	74	75	76	77	78	79	80
81	82	83	84	85	86	87	88	89	90

(6) $18+43=$ □

□ □

11	12	13	14	15	16	17	18	19	20
21	22	23	24	25	26	27	28	29	30
31	32	33	34	35	36	37	38	39	40
41	42	43	44	45	46	47	48	49	50
51	52	53	54	55	56	57	58	59	60
61	62	63	64	65	66	67	68	69	70

(7) $47+45=$ □

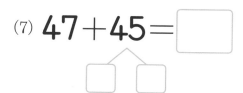

□ □

41	42	43	44	45	46	47	48	49	50
51	52	53	54	55	56	57	58	59	60
61	62	63	64	65	66	67	68	69	70
71	72	73	74	75	76	77	78	79	80
81	82	83	84	85	86	87	88	89	90
91	92	93	94	95	96	97	98	99	90

선생님만 보세요

문제 2 받아올림이 있는 두 자리 수끼리의 덧셈을 수 배열표에서 익힌다. 풀이 순서는 십의 자리부터 더한 다음 일의 자리끼리 더한다. 이때 일의 자리에서의 받아올림이 수 배열표에서 어떤 형태로 이동하는지 파악하는 것이 핵심이다.

문제 3 | 보기와 같이 □ 안에 알맞은 수를 넣으시오.

보기

57+35= 92

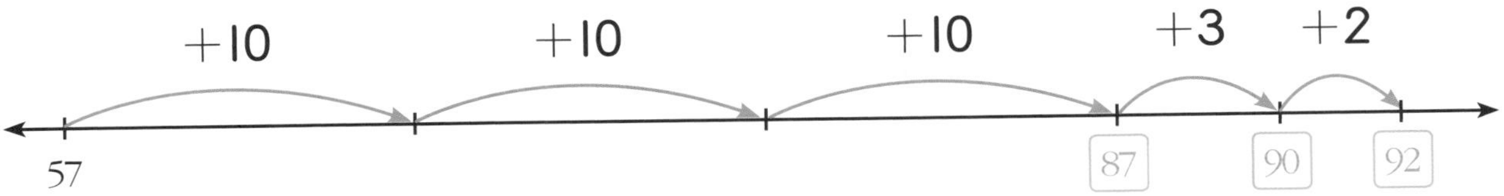

(1) 38+43= □

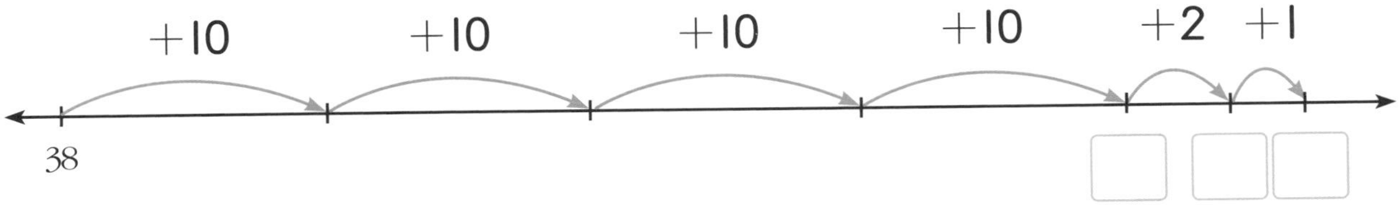

(2) 16+38= □

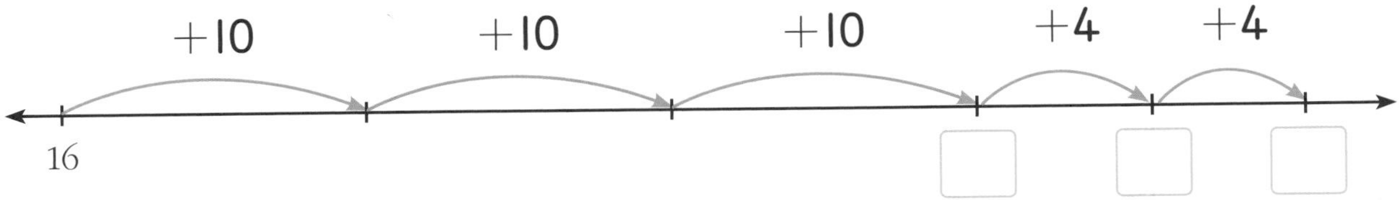

(3) 45+28= □

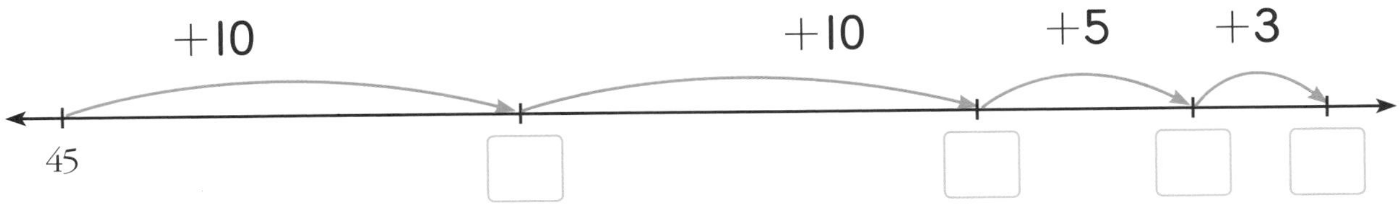

선생님만 보세요

문제 3 받아올림이 있는 두 자리 수끼리의 덧셈을 수직선에서 익힌다. 수 배열표에서와 같이 십의 자리, 일의 자리 순으로 더한다. 십의 자리 덧셈에서는 처음에 10씩 차례대로 더하다가 익숙해지면 (4)번에서와 같이 몇십을 한꺼번에 더하도록 한다. 한편, 일의 자리끼리의 덧셈에서 십을 만드는 받아올림에도 주의해야 한다.

(4) $46+39=\square$

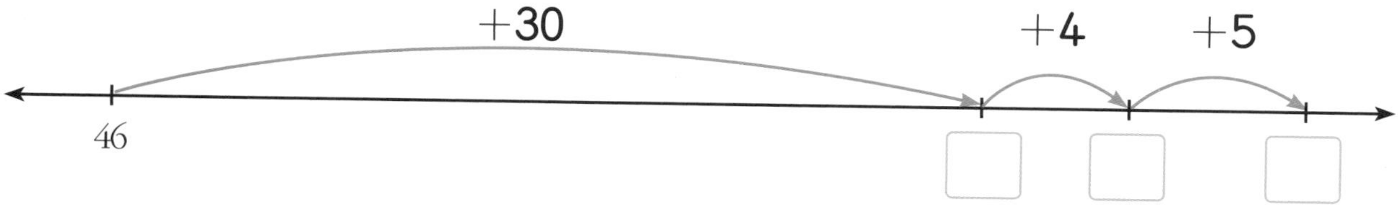

(5) $12+29=\square$

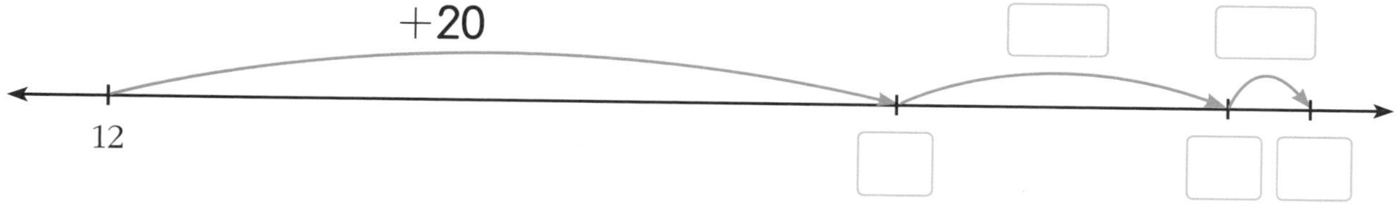

(6) $66+27=\square$

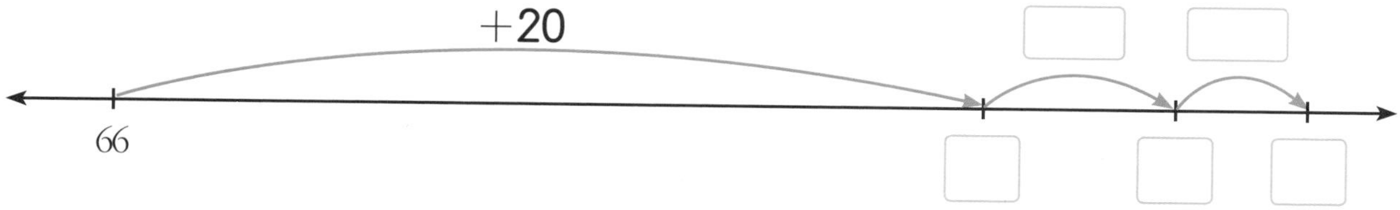

(7) $13+48=\square$

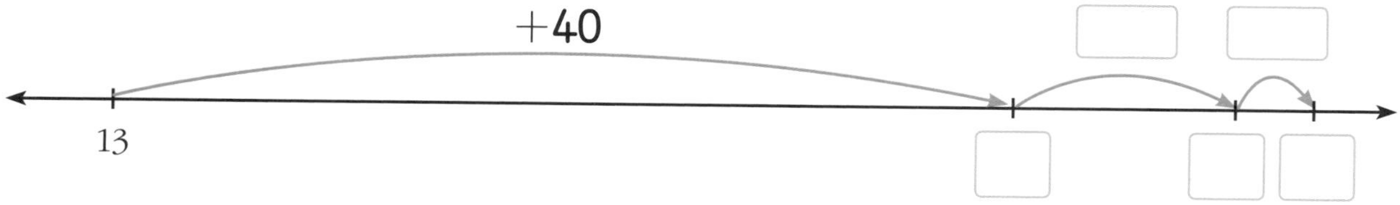

2 일차 십의 자리부터 더하는 받아올림이 있는 두 자리 수 덧셈

동전 모형

공부한 날짜 월 일

문제 1 | □ 안에 알맞은 수를 넣으시오.

(1) $44+28=$ □

31	32	33	34	35	36	37	38	39	40
41	42	43	44	45	46	47	48	49	50
51	52	53	54	55	56	57	58	59	60
61	62	63	64	65	66	67	68	69	70
71	72	73	74	75	76	77	78	79	80

(2) $27+19=$ □

11	12	13	14	15	16	17	18	19	20
21	22	23	24	25	26	27	28	29	30
31	32	33	34	35	36	37	38	39	40
41	42	43	44	45	46	47	48	49	50
51	52	53	54	55	56	57	58	59	60

(3) $37+38=$ □

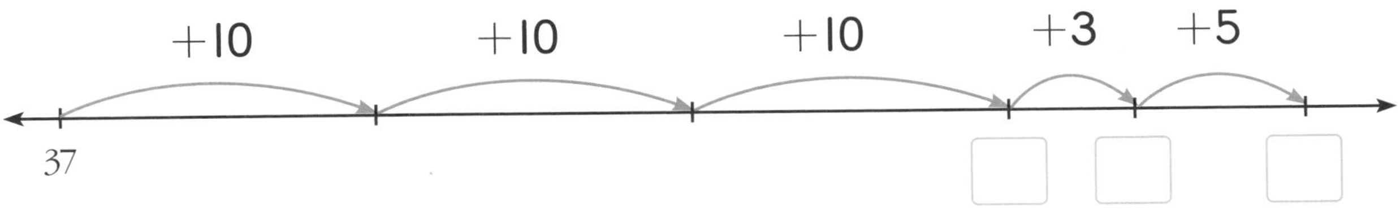

(4) $68+27=$ □

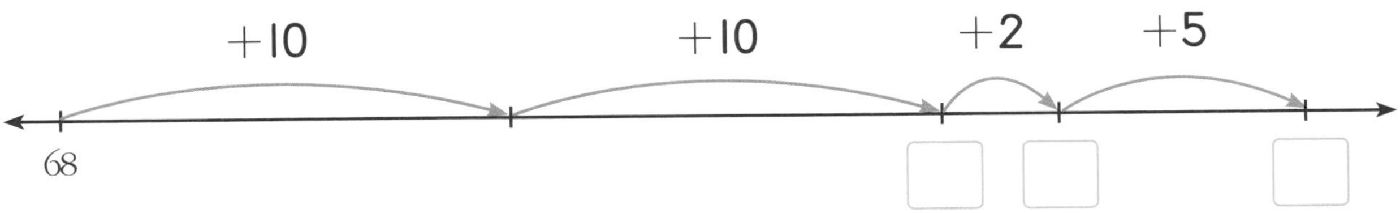

선생님만 보세요

문제 1 수 배열표와 수직선을 이용하여 앞에서 익힌 두 자리 수끼리의 덧셈을 복습한다.

(5) $39+23=\square$

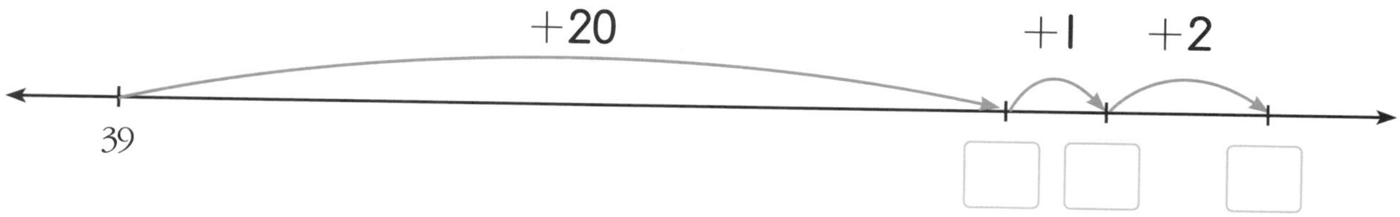

(6) $45+28=\square$

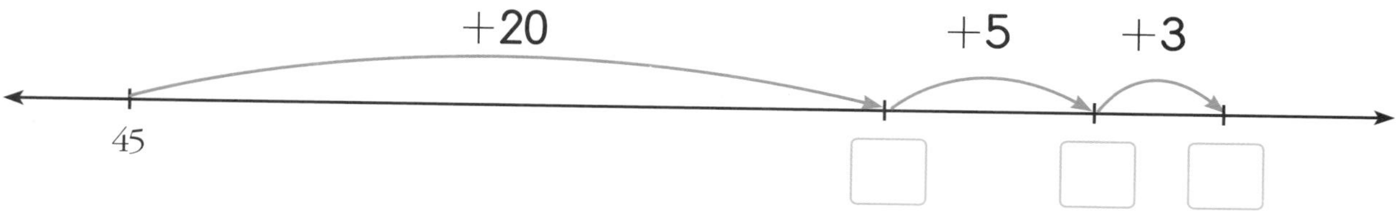

문제 2 | 보기와 같이 그림을 그리고, □ 안에 알맞은 수를 넣으시오.

보기

$37+15$

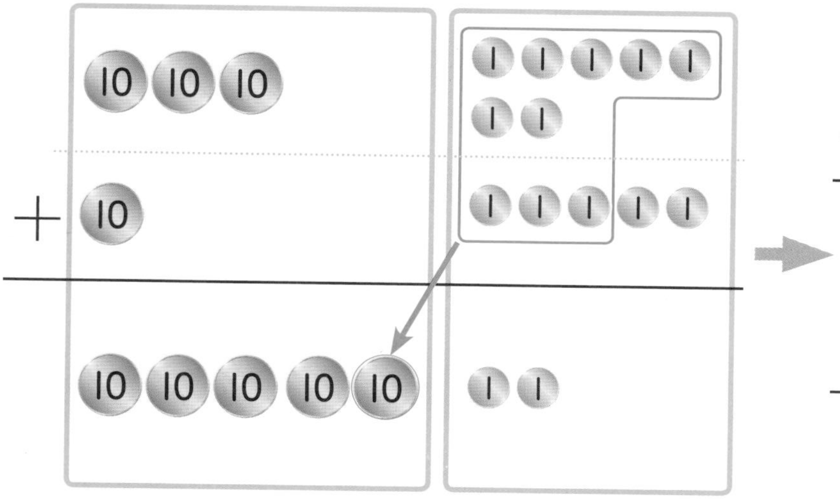

$$\begin{array}{r} 37 \\ +\ 15 \\ \hline 40 \\ 12 \\ \hline 52 \end{array}$$

40 … 30 + 10

12 … 7 + 5

선생님만 보세요

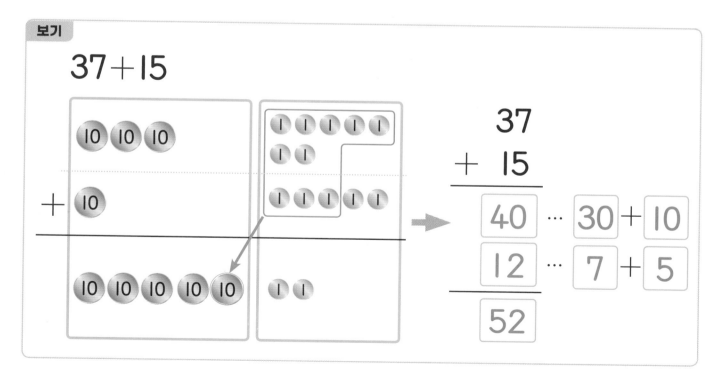

문제 2 세로식으로 제시된 두 자리 수끼리의 덧셈을 동전 모형에서 익힌다. 먼저 세로식을 보며 동전 모형을 완성하고 이를 토대로 세로식을 완성한다.

(1) 59+38= □

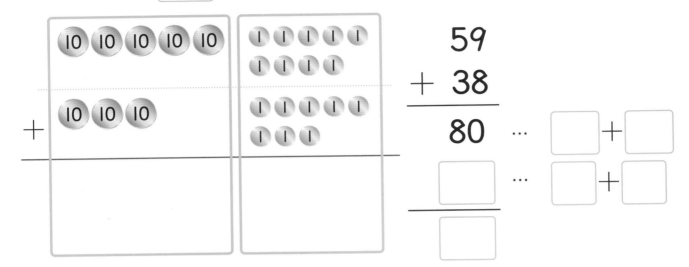

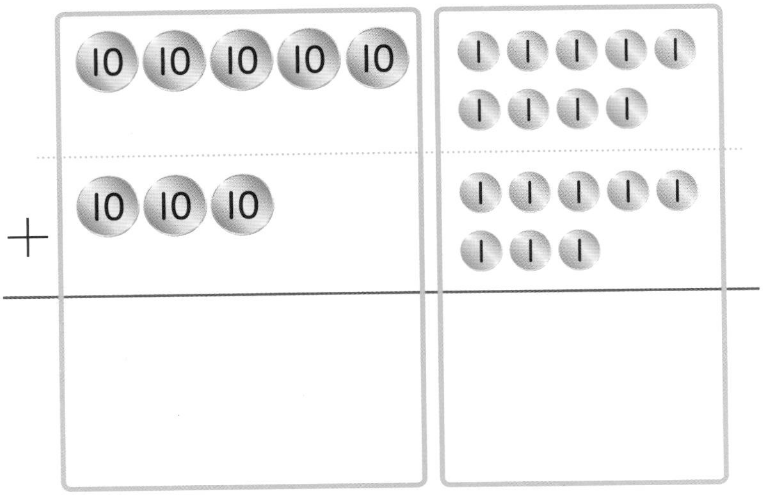

$$\begin{array}{r} 59 \\ +\ 38 \\ \hline 80 \\ \square \\ \hline \square \end{array}$$

80 … □ + □

□ … □ + □

(2) 13+39= □

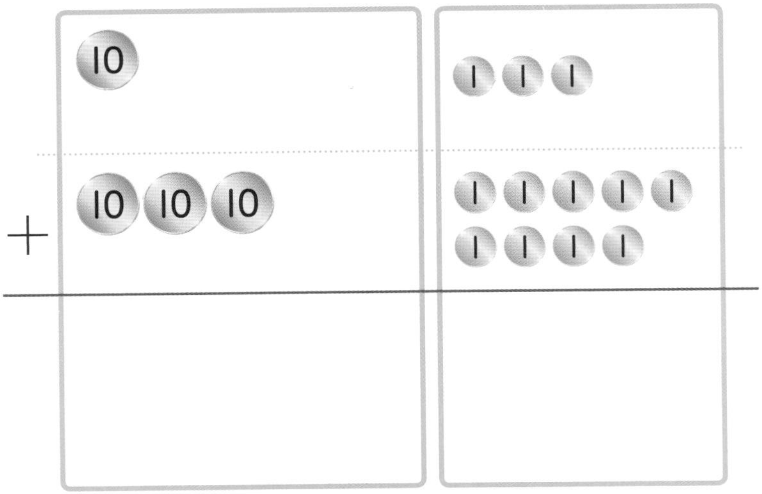

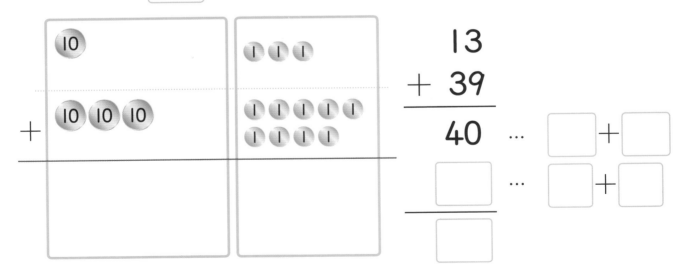

$$\begin{array}{r} 13 \\ +\ 39 \\ \hline 40 \\ \square \\ \hline \square \end{array}$$

40 … □ + □

□ … □ + □

(3) $49+24=\square$

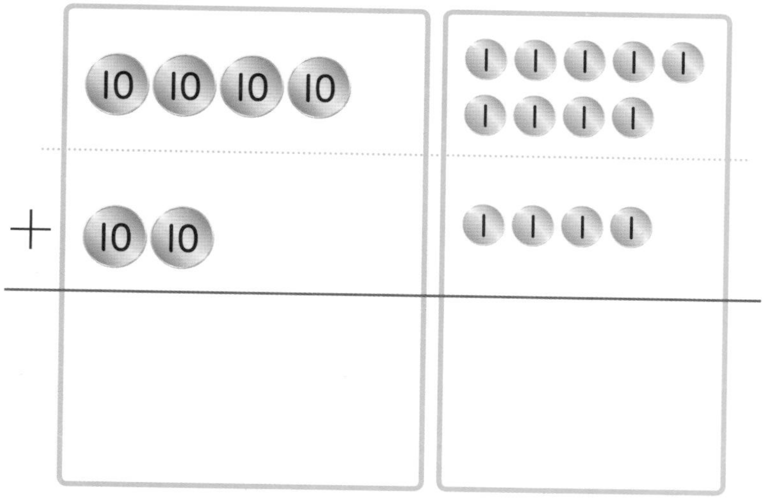

$$\begin{array}{r} 49 \\ +\ 24 \\ \hline 60 \\ \square \\ \hline \square \end{array}$$

60 … $\square + \square$

$\square$ … $\square + \square$

(4) $47+35=\square$

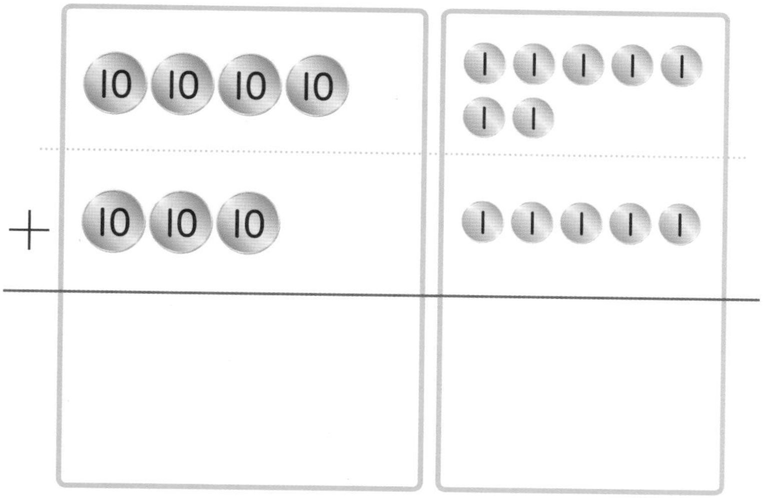

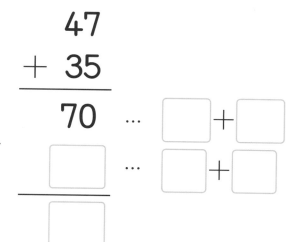

$$\begin{array}{r} 47 \\ +\ 35 \\ \hline 70 \\ \square \\ \hline \square \end{array}$$

70 … $\square + \square$

$\square$ … $\square + \square$

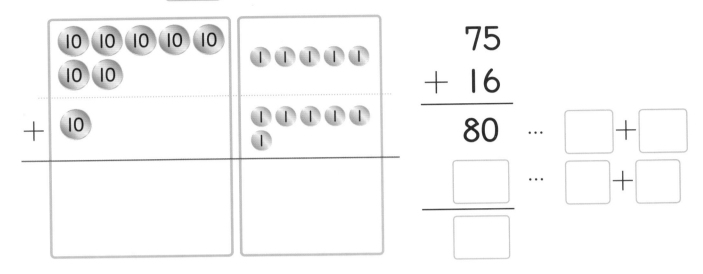

(5) $75+16=$ □

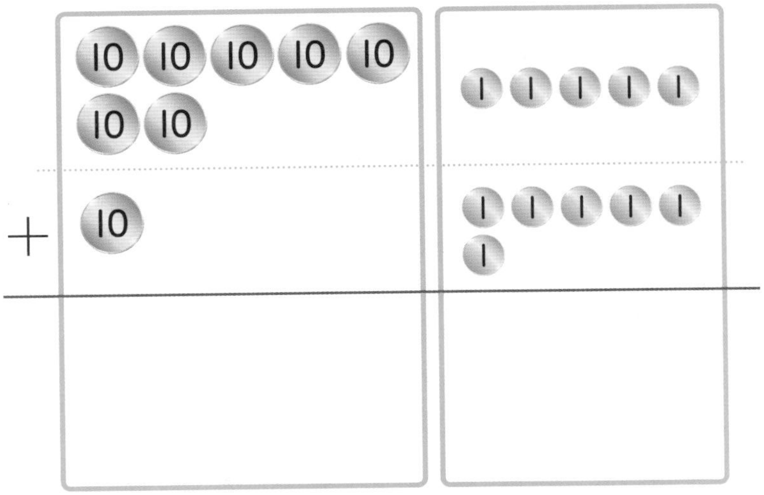

$$\begin{array}{r} 75 \\ +\ 16 \\ \hline 80 \\ \square \\ \hline \square \end{array}$$

80 … □ + □

□ … □ + □

문제 3 | 다음을 계산하시오.

(1) $36+27=$ □

$$\begin{array}{r} 36 \\ +\ 27 \\ \hline 50 \\ \square \\ \hline \square \end{array}$$

50 … □ + □

□ … □ + □

(2) $38+46=$ □

$$\begin{array}{r} 38 \\ +\ 46 \\ \hline 70 \\ \square \\ \hline \square \end{array}$$

70 … □ + □

□ … □ + □

선생님만 보세요

문제 3 앞의 동전 모형에서 익힌 받아올림을 세로식으로만 주어진 덧셈에서 실행한다.

(3) $45+48=\square$

$$\begin{array}{r} 45 \\ +\ 48 \\ \hline 80 \\ \square \\ \hline \square \end{array}$$

80 … $\square + \square$

$\square$ … $\square + \square$

(4) $79+18=\square$

$$\begin{array}{r} 79 \\ +\ 18 \\ \hline 80 \\ \square \\ \hline \square \end{array}$$

80 … $\square + \square$

$\square$ … $\square + \square$

(5) $16+59=\square$

$$\begin{array}{r} 16 \\ +\ 59 \\ \hline 60 \\ \square \\ \hline \square \end{array}$$

60 … $\square + \square$

$\square$ … $\square + \square$

(6) $74+18=\square$

$$\begin{array}{r} 74 \\ +\ 18 \\ \hline 80 \\ \square \\ \hline \square \end{array}$$

80 … $\square + \square$

$\square$ … $\square + \square$

선생님만 보세요

주의 원래의 표준 덧셈 절차, 즉 덧셈 알고리즘은 일의 자리, 십의 자리, 백의 자리… 순으로 이루어진다. 하지만 여기서는 십의 자리부터 계산하는 것을 먼저 익히도록 구성하였다. 그 이유는 덧셈 알고리즘을 먼저 알려주고 따라하도록 하는 것이 아니라, 학습자 스스로 알고리즘을 만들어 자신의 것으로 내면화하기 위한 의도다. 이를 위해 먼저 십의 자리부터 더하는 학습을 제시한다.

3일차 일의 자리부터 더하는 받아올림이 있는 두 자리 수 덧셈 — 수 배열표와 수직선

공부한 날짜 　　월 　　일

문제 1 | □ 안에 알맞은 수를 넣으시오.

(1) $38+29=\square$

$$\begin{array}{r} 38 \\ +\ 29 \\ \hline 50 \\ \square \\ \hline \square \end{array}$$

50 … □ + □

□ … □ + □

(2) $49+35=\square$

$$\begin{array}{r} 49 \\ +\ 35 \\ \hline 70 \\ \square \\ \hline \square \end{array}$$

70 … □ + □

□ … □ + □

문제 2 | 보기와 같이 화살표를 그리고 □ 안에 알맞은 수를 넣으시오.
(이번에는 일의 자리부터 더해요.)

보기

$37+25=\boxed{62}$

31	32	33	34	35	36	37	38	39	40
41	42	43	44	45	46	47	48	49	50
51	52	53	54	55	56	57	58	59	60
61	62	63	64	65	66	67	68	69	70
71	72	73	74	75	76	77	78	79	80

(1) $56+38=\square$

51	52	53	54	55	56	57	58	59	60
61	62	63	64	65	66	67	68	69	70
71	72	73	74	75	76	77	78	79	80
81	82	83	84	85	86	87	88	89	90
91	92	93	94	95	96	97	98	99	100

선생님만 보세요 **문제 1** 앞에서 익힌 십의 자리부터 더하는 세로식의 덧셈을 복습한다.

(2) $18+34=\square$

11	12	13	14	15	16	17	18	19	20
21	22	23	24	25	26	27	28	29	30
31	32	33	34	35	36	37	38	39	40
41	42	43	44	45	46	47	48	49	50
51	52	53	54	55	56	57	58	59	60

(3) $45+27=\square$

31	32	33	34	35	36	37	38	39	40
41	42	43	44	45	46	47	48	49	50
51	52	53	54	55	56	57	58	59	60
61	62	63	64	65	66	67	68	69	70
71	72	73	74	75	76	77	78	79	80

(4) $64+29=\square$

51	52	53	54	55	56	57	58	59	60
61	62	63	64	65	66	67	68	69	70
71	72	73	74	75	76	77	78	79	80
81	82	83	84	85	86	87	88	89	90
91	92	93	94	95	96	97	98	99	100

(5) $29+22=\square$

21	22	23	24	25	26	27	28	29	30
31	32	33	34	35	36	37	38	39	40
41	42	43	44	45	46	47	48	49	50
51	52	53	54	55	56	57	58	59	60
61	62	63	64	65	66	67	68	69	70

(6) $19+39=\square$

11	12	13	14	15	16	17	18	19	20
21	22	23	24	25	26	27	28	29	30
31	32	33	34	35	36	37	38	39	40
41	42	43	44	45	46	47	48	49	50
51	52	53	54	55	56	57	58	59	60

(7) $56+27=\square$

41	42	43	44	45	46	47	48	49	50
51	52	53	54	55	56	57	58	59	60
61	62	63	64	65	66	67	68	69	70
71	72	73	74	75	76	77	78	79	80
81	82	83	84	85	86	87	88	89	90

선생님만 보세요

문제 2 일의 자리부터 더하기를 수 배열표에서 실행한다. 받아올림으로 인한 줄 바꾸기를 눈으로 확인할 수 있다.

문제 3 | □ 안에 알맞은 수를 넣으시오.

보기

$18+25=\boxed{43}$

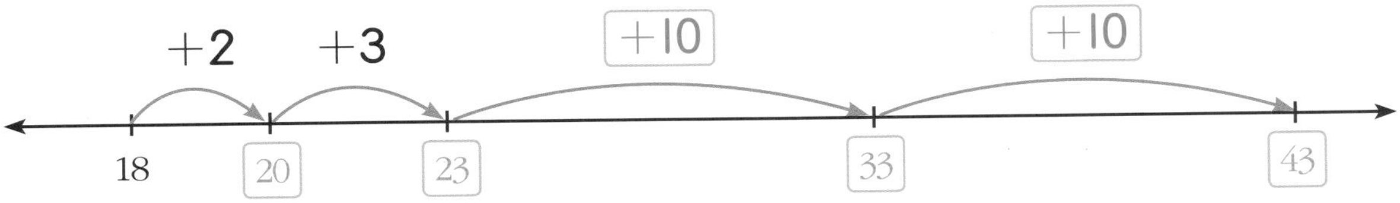

(1) $14+39=\square$

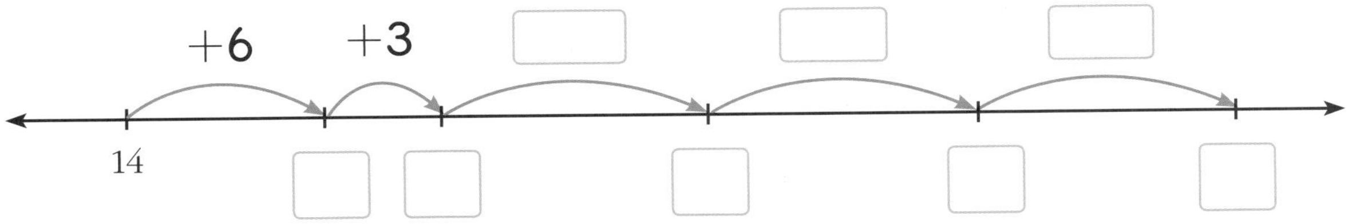

(2) $36+25=\square$

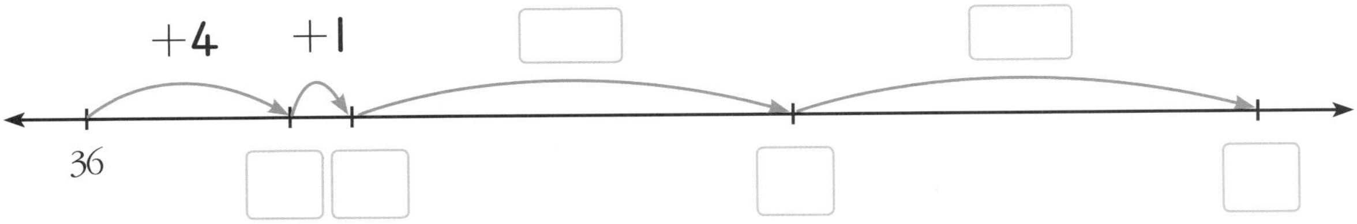

선생님만 보세요

문제 3 일의 자리부터 계산하는 방법을 수직선에서 익힌다. 수 배열표에서와 마찬가지로 일의 자리에서 먼저 계산하고 십의 자리를 계산하는 순서대로 수직선에 표현해보도록 한다. 특히 일의 자리 덧셈을 수직선에 표현할 때, 몇십 만들기를 위해 더하는 수(가수)의 가르기가 필요한데, 이를 수직선에서 확인할 수 있다.

(3) $37+46=\square$

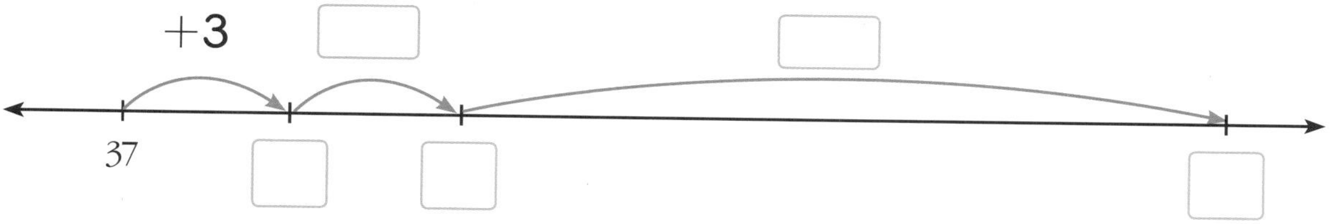

(4) $75+17=\square$

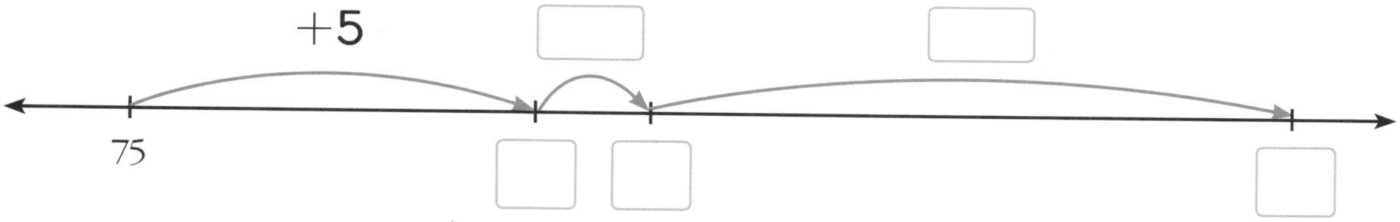

(5) $48+23=\square$

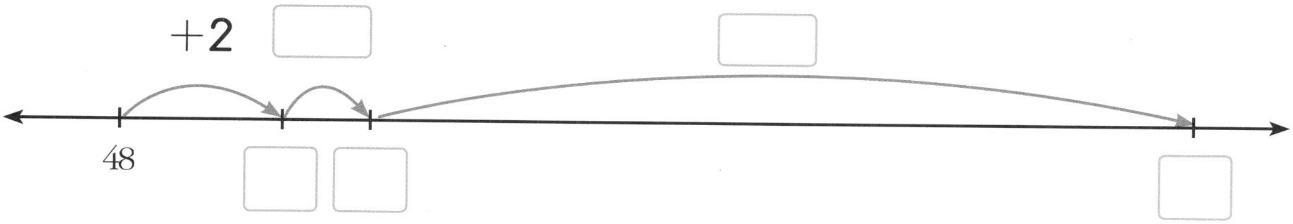

(6) $53+19=\square$

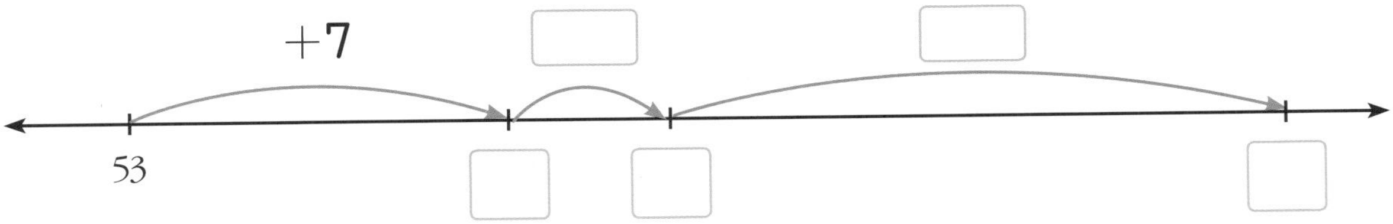

(7) $29+27=\square$

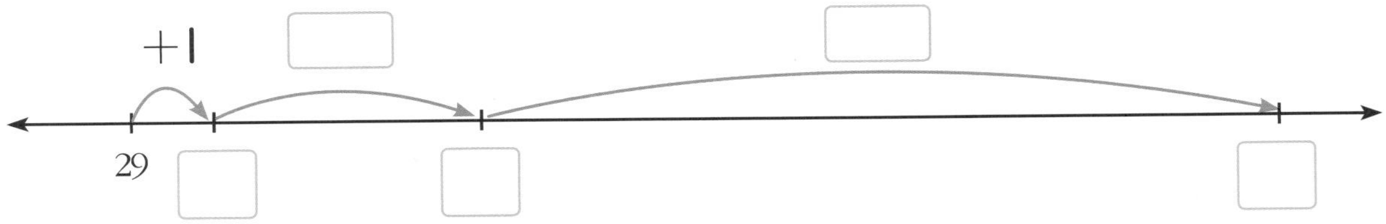

4일차 일의 자리부터 더하는 받아올림이 있는 두 자리 수 덧셈 세로식

공부한 날짜 월 일

문제 1 | □ 안에 알맞은 수를 넣으시오.

(1) $74+18=$ □

51	52	53	54	55	56	57	58	59	60
61	62	63	64	65	66	67	68	69	70
71	72	73	74	75	76	77	78	79	80
81	82	83	84	85	86	87	88	89	90
91	92	93	94	95	96	97	98	99	100

(2) $49+25=$ □

31	32	33	34	35	36	37	38	39	40
41	42	43	44	45	46	47	48	49	50
51	52	53	54	55	56	57	58	59	60
61	62	63	64	65	66	67	68	69	70
71	72	73	74	75	76	77	78	79	80

(3) $36+35=$ □

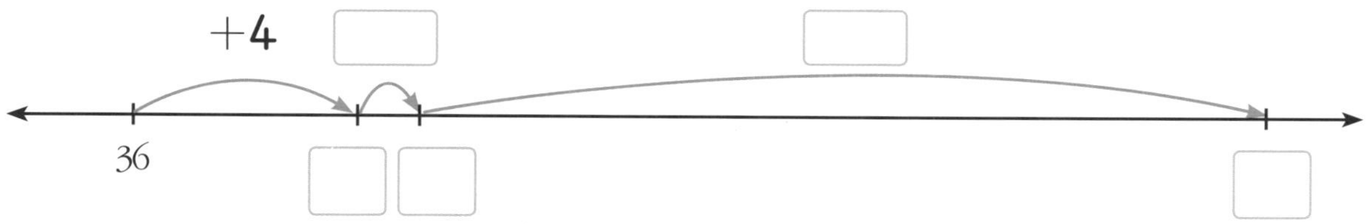

(4) $77+17=$ □

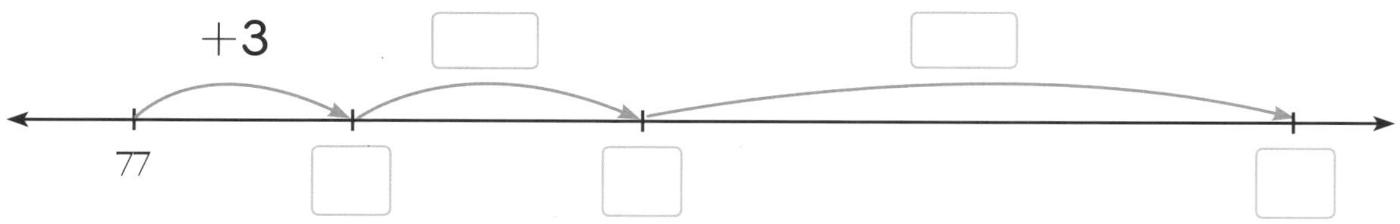

선생님만 보세요

문제 1 앞에서 익혔던 수 배열표와 수직선을 활용한 일의 자리부터의 덧셈을 복습한다.

(5) $23+58=$ ☐

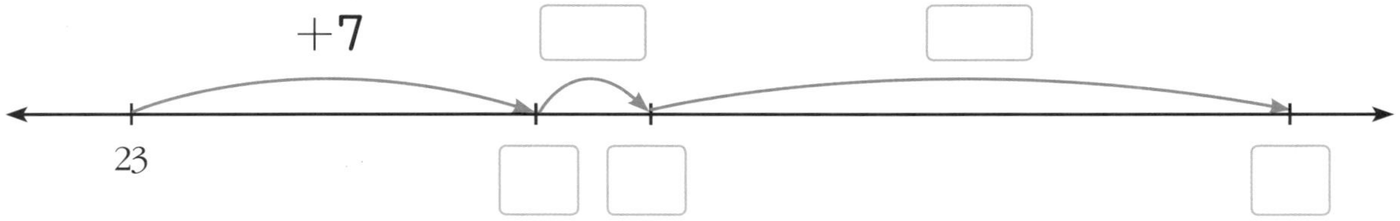

(6) $58+14=$ ☐

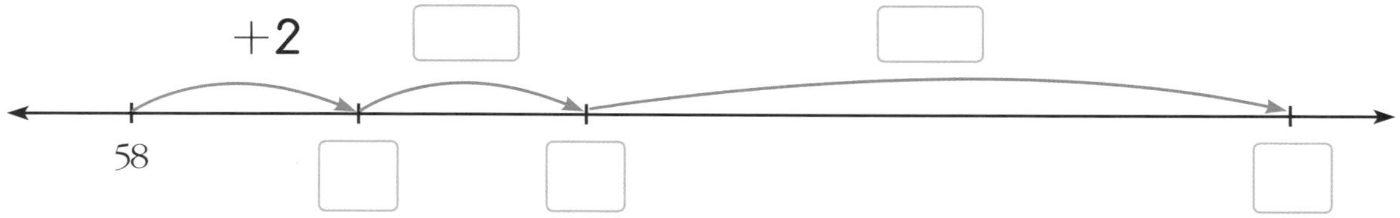

문제 2 | 보기와 같이 □ 안에 알맞은 수를 넣으시오.

보기

54+39

```
  54
+39
----
 [13] … [4]+[9]
  80  … 50+30
----
  93
```

→

```
 [1]
  54
+39
----
  [3] … [4]+[9]
  80  … 50+30
----
  93
```

→

```
 [1]
  54
+ 39
----
  93
```

(1)

```
  15
+66
----
 [ ] … [ ]+[ ]
  70 … [ ]+[ ]
----
 [ ]
```

→

```
 [ ]
  15
+66
----
  [ ] … [ ]+[ ]
  70  … 10+60
----
 [ ]
```

→

```
 [ ]
  15
+ 66
----
 [ ]
```

선생님만 보세요

문제 2 표준적인 덧셈 절차, 즉 덧셈 알고리즘을 세로식에서 익힌다. 일의 자리의 덧셈에서 얻은 10을 세로식의 십의 자리 위에 1로 표시하는 방법을 익히는 것이 핵심이다. 이미 수 배열표와 수직선에서 이 개념을 익혔으므로, 단지 세로식에서의 표현만 습득함으로써 알고리즘을 완성할 수 있다. 문제에 제시된 네모 칸에 알맞은 숫자를 넣으면서 덧셈 절차를 익히면 된다. 알고리즘 도입이 점진적으로 이루어져야 하는 이유이기도 하다.

(2)

$$\begin{array}{r} 46 \\ +\ 17 \\ \hline \square \\ 50 \\ \hline \square \end{array}$$

$\square$ … $\square + \square$

50 … $\square + \square$

→

$$\begin{array}{r} \square \\ 46 \\ +\ 17 \\ \hline \end{array}$$

(3)

$$\begin{array}{r} 38 \\ +\ 28 \\ \hline \square \\ 50 \\ \hline \square \end{array}$$

$\square$ … $\square + \square$

50 … $\square + \square$

→

$$\begin{array}{r} \square \\ 38 \\ +\ 28 \\ \hline \end{array}$$

(4)

$$\begin{array}{r} 33 \\ +\ 48 \\ \hline \square \\ 70 \\ \hline \square \end{array}$$

$\square$ … $\square + \square$

70 … $\square + \square$

→

$$\begin{array}{r} \square \\ 33 \\ +\ 48 \\ \hline \end{array}$$

(5)

```
  55
+ 17
----
 □   … □ + □
  60 … □ + □
----
 □
```

➡

```
 □
  55
+ 17
----
```

(6)

```
  74
+ 19
----
 □   … □ + □
  80 … □ + □
----
 □
```

➡

```
 □
  74
+ 19
----
```

(7)

```
  17
+ 38
----
 □   … □ + □
  40 … □ + □
----
 □
```

➡

```
 □
  17
+ 38
----
```

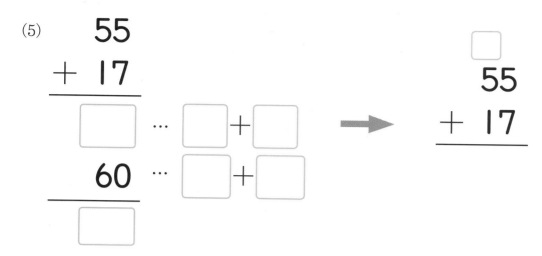

(8)

$$\begin{array}{r} 44 \\ +\ 17 \\ \hline \square \\ 50 \\ \hline \square \end{array}$$

□ … □ + □

50 … □ + □

→

$$\begin{array}{r} \square \\ 44 \\ +\ 17 \\ \hline \end{array}$$

(9)

$$\begin{array}{r} 29 \\ +\ 26 \\ \hline \square \\ 40 \\ \hline \square \end{array}$$

□ … □ + □

40 … □ + □

→

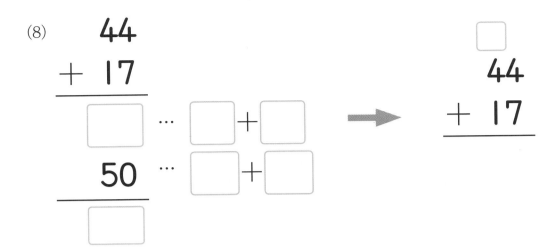

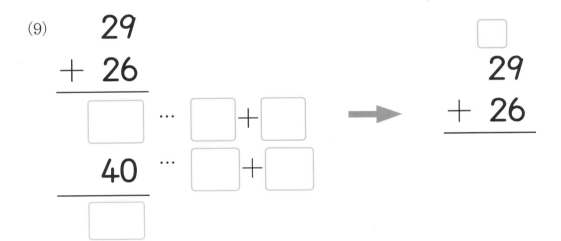

$$\begin{array}{r} \square \\ 29 \\ +\ 26 \\ \hline \end{array}$$

문제 3 | 다음을 계산하시오.

(1)
$$\begin{array}{r} 66 \\ +\ 17 \\ \hline \end{array}$$

(2)
$$\begin{array}{r} 18 \\ +\ 43 \\ \hline \end{array}$$

(3)
$$\begin{array}{r} 55 \\ +\ 29 \\ \hline \end{array}$$

(4)
$$\begin{array}{r} 24 \\ +\ 69 \\ \hline \end{array}$$

(5)
$$\begin{array}{r} 55 \\ +\ 37 \\ \hline \end{array}$$

(6)
$$\begin{array}{r} 37 \\ +\ 29 \\ \hline \end{array}$$

(7)
$$\begin{array}{r} 38 \\ +\ 59 \\ \hline \end{array}$$

(8)
$$\begin{array}{r} 43 \\ +\ 38 \\ \hline \end{array}$$

(9)
$$\begin{array}{r} 28 \\ +\ 17 \\ \hline \end{array}$$

선생님만 보세요

문제 3 합이 두 자리인 덧셈 알고리즘의 완성이다.

5일차 합이 세 자리 수인 두 자리 수의 덧셈 수직선

공부한 날짜 월 일

문제 1 | 다음을 계산하시오.

(1)
$$\begin{array}{r} 3\ 7 \\ +\ 2\ 9 \\ \hline \end{array}$$

(2)
$$\begin{array}{r} 1\ 8 \\ +\ 3\ 5 \\ \hline \end{array}$$

(3)
$$\begin{array}{r} 6\ 3 \\ +\ 1\ 9 \\ \hline \end{array}$$

(4)
$$\begin{array}{r} 2\ 6 \\ +\ 4\ 8 \\ \hline \end{array}$$

(5)
$$\begin{array}{r} 4\ 5 \\ +\ 3\ 6 \\ \hline \end{array}$$

(6)
$$\begin{array}{r} 6\ 5 \\ +\ 2\ 7 \\ \hline \end{array}$$

(7)
$$\begin{array}{r} 3\ 9 \\ +\ 4\ 6 \\ \hline \end{array}$$

(8)
$$\begin{array}{r} 5\ 8 \\ +\ 2\ 4 \\ \hline \end{array}$$

(9)
$$\begin{array}{r} 1\ 4 \\ +\ 1\ 7 \\ \hline \end{array}$$

선생님만 보세요

문제 1 앞에서 배운 덧셈 알고리즘의 복습이다. 받아올림을 나타내는 1(실제 값은 10)의 표기를 잊지 않도록 한다.

문제 2 | 보기와 같이 □ 안에 알맞은 수를 넣으시오.

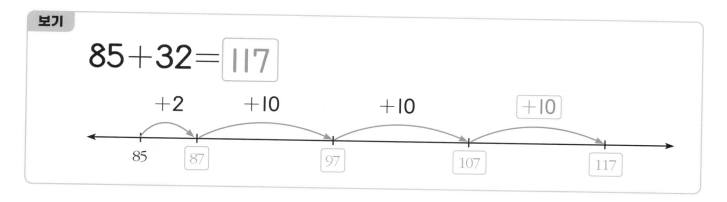

보기

$85+32=$ 117

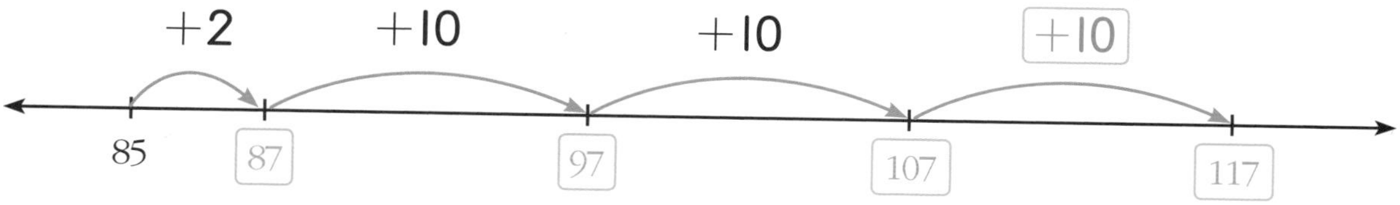

(1) $91+32=$ □

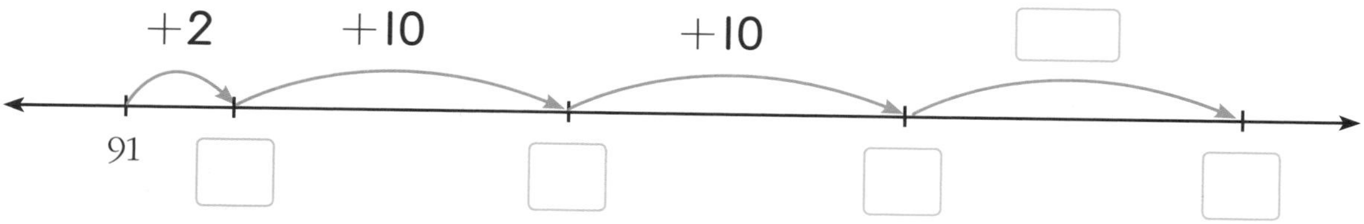

(2) $71+46=$ □

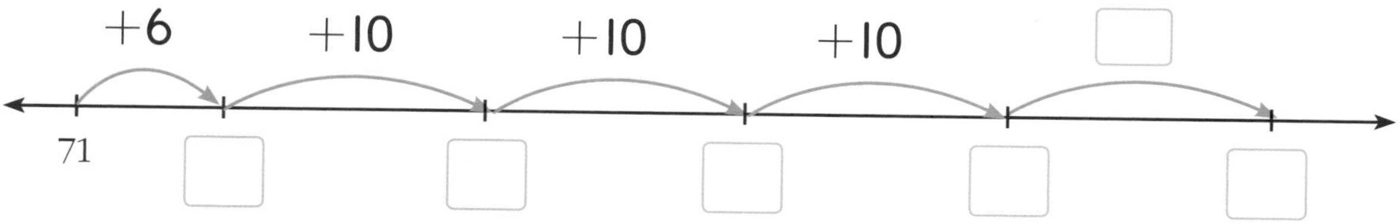

선생님만 보세요 **문제 2** 십의 자리에서 받아올림하여 합이 백을 넘는 덧셈을 수직선에서 익힌다.

(3) $72+63=\square$

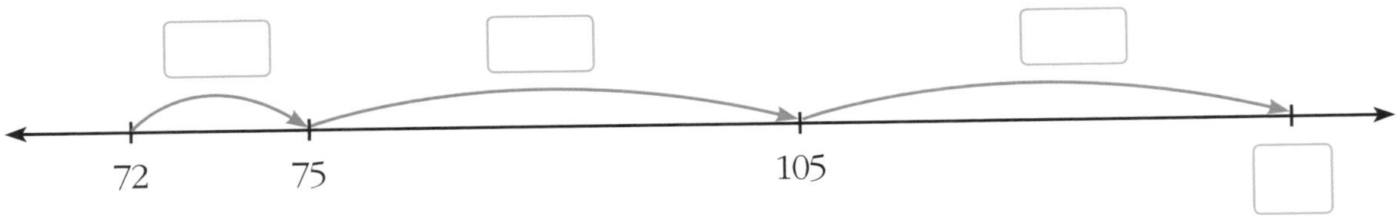

(4) $92+56=\square$

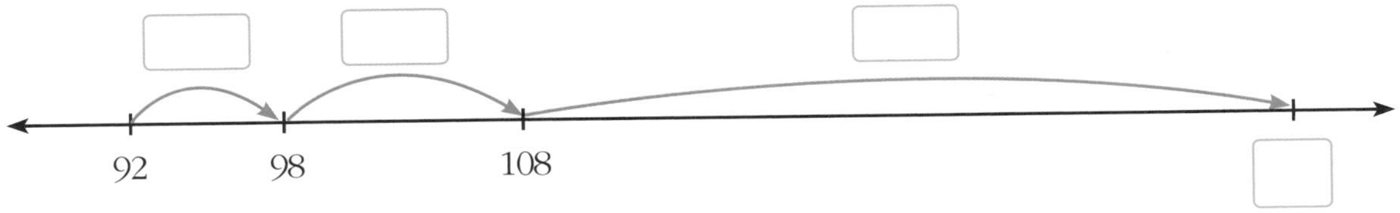

(5) $81+42=\square$

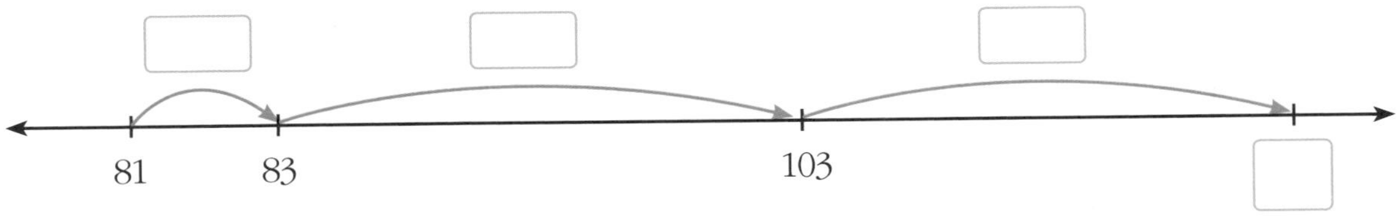

(6) $38+81=$ ☐

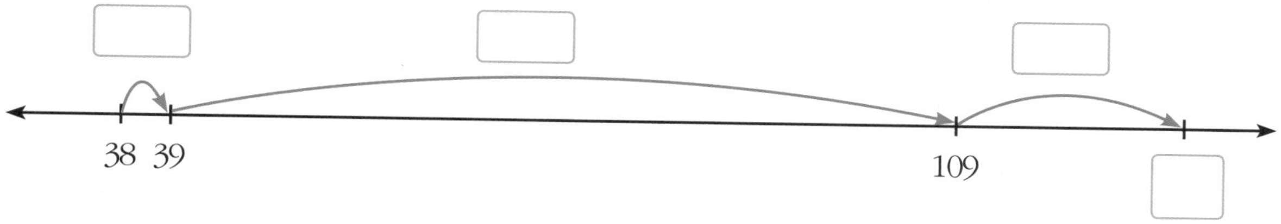

(7) $74+94=$ ☐

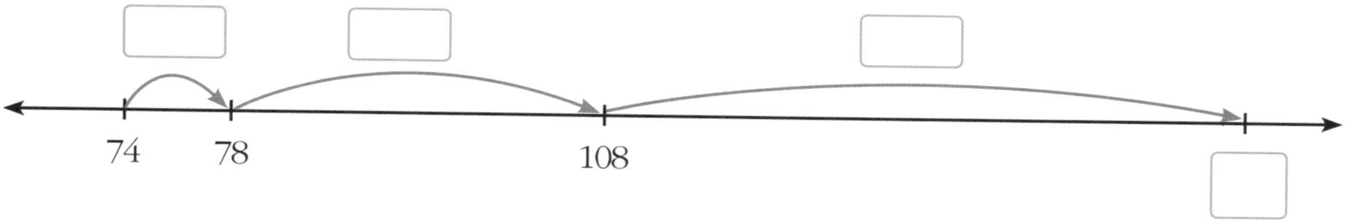

6일차 합이 세 자리 수인 두 자리 수의 덧셈 동전 모형

공부한 날짜 월 일

문제 1 | □ 안에 알맞은 수를 넣으시오.

(1) $63+93=\square$

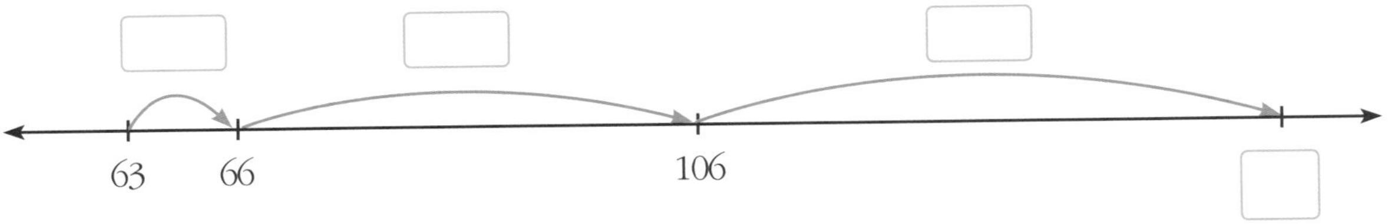

(2) $81+42=\square$

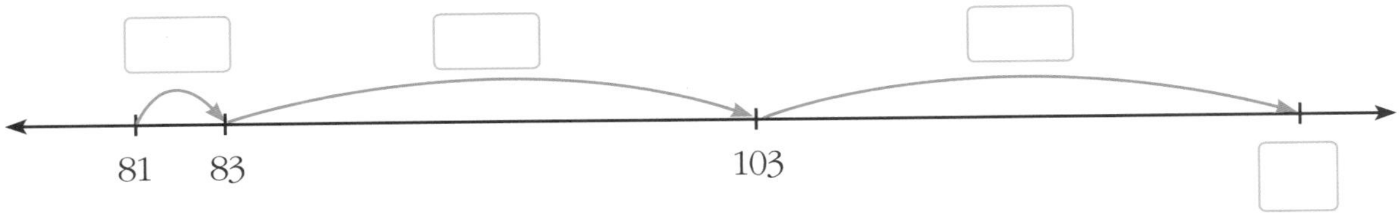

(3) $54+73=\square$

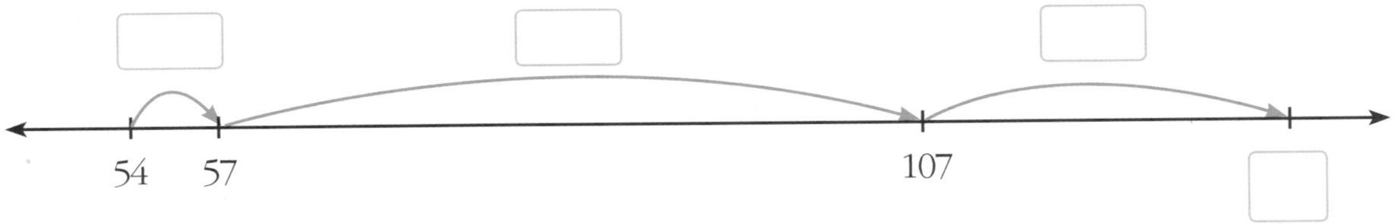

선생님만 보세요

문제 1 앞의 수직선에서 익혔던 십의 자리에서 받아올림하여 합이 백을 넘는 덧셈의 복습이다.

문제 2 | 보기와 같이 그림을 그리고, □ 안에 알맞은 수를 넣으시오.

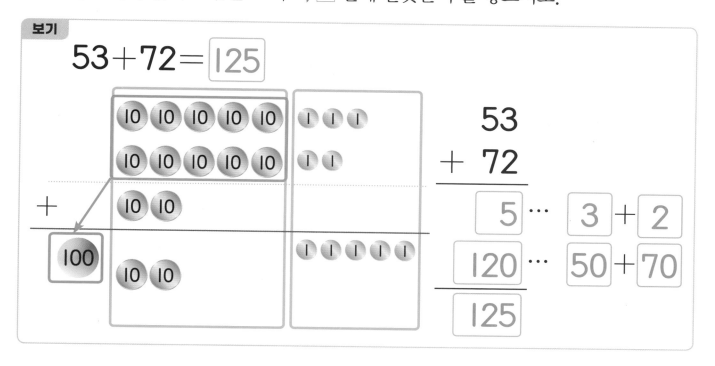

보기

53+72=125

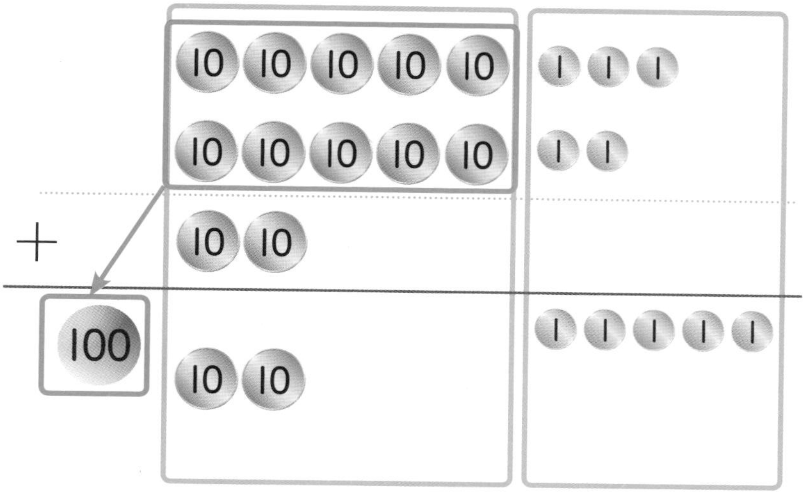


```
   53
+  72
-----
    5 … 3+2
  120 … 50+70
-----
  125
```

(1) 84+32=□

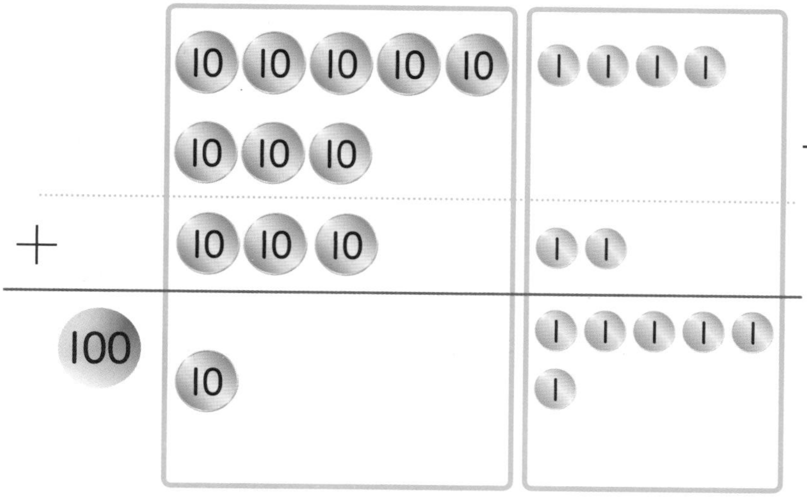


```
   84
+  32
-----
   □ … □+□
   □ … □+□
-----
   □
```

선생님만 보세요

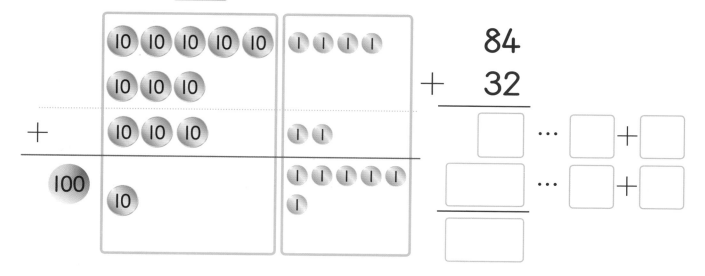

문제 2 동전 모형을 이용하여 십의 자리에서 받아올림이 있는 덧셈을 세로셈으로 익히는 활동이다. 동전 모형을 세로식의 형태로 배치하고 구현해본다면 세로식을 이해하는 데 도움이 될 것이다. 십 원짜리 동전이 10개가 모여 백 원이 되는 것을 보기와 같이 그림에 표시하며 세로식에서의 받아올림 과정을 습득한다.

(2) $75+63=\square$

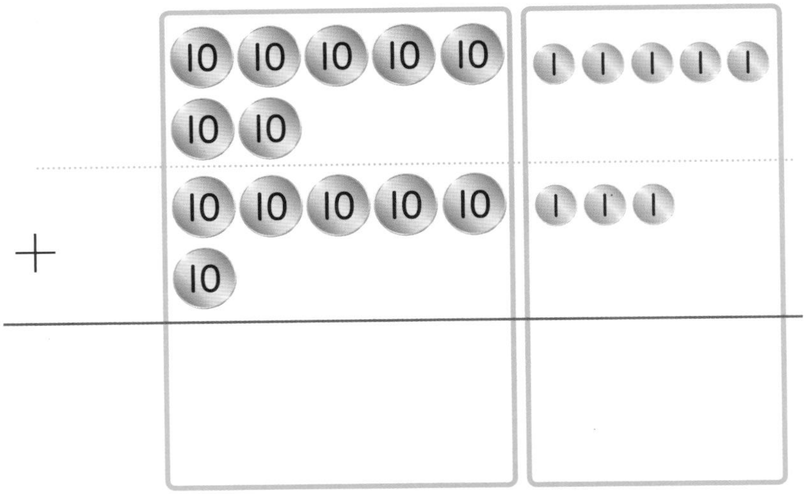

$$\begin{array}{r} 75 \\ +\ 63 \\ \hline \end{array}$$

□ … □ + □

□ … □ + □

□

(3) $91+22=\square$

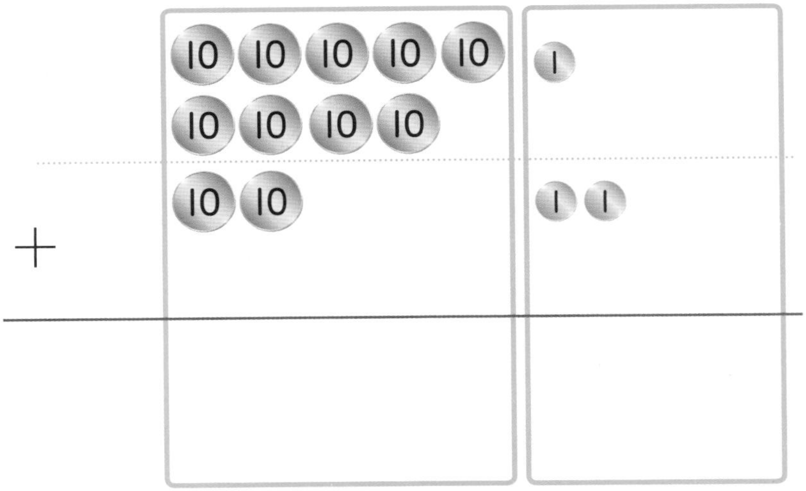

$$\begin{array}{r} 91 \\ +\ 22 \\ \hline \end{array}$$

□ … □ + □

□ … □ + □

□

(4) 64＋85＝□

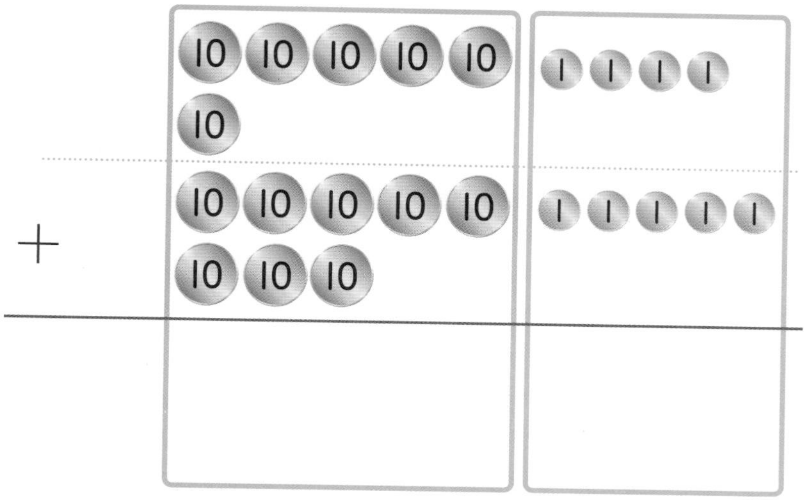

```
   64
+  75
-----
   □   … □ + □
  □    … □ + □
-----
  □
```

문제 3 | 다음을 계산하시오.

(1)

```
   68
+  51
-----
   □   … □ + □
  □    … □ + □
-----
  □
```

(2)

```
   74
+  32
-----
   □   … □ + □
  □    … □ + □
-----
  □
```

선생님만 보세요

문제 3 앞에서 익힌 동전 모형을 토대로 세로식으로만 제시된 덧셈을 실행한다.

(3)

$$\begin{array}{r} 90 \\ +\ 65 \\ \hline \end{array}$$

□ … □ + □

□ … □ + □

□

(4)

$$\begin{array}{r} 43 \\ +\ 76 \\ \hline \end{array}$$

□ … □ + □

□ … □ + □

□

(5)

$$\begin{array}{r} 72 \\ +\ 64 \\ \hline \end{array}$$

□ … □ + □

□ … □ + □

□

(6)

$$\begin{array}{r} 61 \\ +\ 48 \\ \hline \end{array}$$

□ … □ + □

□ … □ + □

□

(7)

$$\begin{array}{r} 96 \\ +\ 42 \\ \hline \end{array}$$

□ … □ + □

□ … □ + □

□

(8)

$$\begin{array}{r} 84 \\ +\ 74 \\ \hline \end{array}$$

□ … □ + □

□ … □ + □

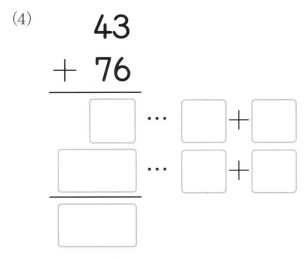

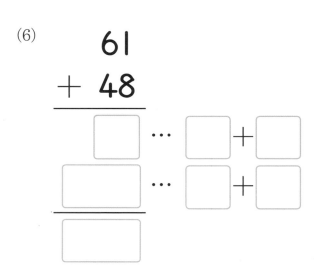

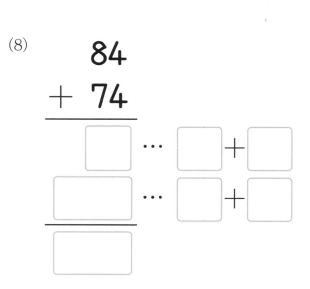

□

7일차 합이 세 자리 수인 두 자리 수 덧셈 세로식

✎ 공부한 날짜 월 일

문제 1 | □ 안에 알맞은 수를 넣으시오.

(1)

$$\begin{array}{r} 75 \\ +\ 42 \\ \hline \square \\ \square \\ \hline \square \end{array}$$

□ … □ + □

□ … □ + □

(2)

$$\begin{array}{r} 21 \\ +\ 93 \\ \hline \square \\ \square \\ \hline \square \end{array}$$

□ … □ + □

□ … □ + □

(3)

$$\begin{array}{r} 55 \\ +\ 72 \\ \hline \square \\ \square \\ \hline \square \end{array}$$

□ … □ + □

□ … □ + □

(4)

$$\begin{array}{r} 65 \\ +\ 83 \\ \hline \square \\ \square \\ \hline \square \end{array}$$

□ … □ + □

□ … □ + □

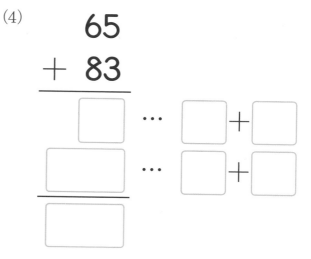

선생님만 보세요 **문제 1** 앞에서 익힌 합이 세 자리 수인 두 자리 수 덧셈의 복습이다.

문제 2 | 보기와 같이 □ 안에 알맞은 수를 넣으시오.

보기

$$\begin{array}{r} 38 \\ +\ 71 \\ \hline 9 \\ 100 \\ \hline 109 \end{array} \quad \begin{array}{l} \\ \\ \cdots\ 8+1 \\ \cdots\ 30+70 \\ \\ \end{array} \quad \rightarrow \quad \begin{array}{r} 38 \\ +\ 71 \\ \hline \boxed{109} \end{array}$$

(1)

$$\begin{array}{r} 82 \\ +\ 67 \\ \hline \square \\ \square \\ \hline \square \end{array} \quad \begin{array}{l} \\ \\ \cdots\ 2+7 \\ \cdots\ 80+60 \\ \\ \end{array} \quad \rightarrow \quad \begin{array}{r} 82 \\ +\ 67 \\ \hline \square \end{array}$$

선생님만 보세요

문제 2 세로식에서 덧셈의 표준 절차(알고리즘)를 완성한다. 십의 자리에서 받아올림한 1(실제 값은 100)을 백의 자리에 표기하면서 전체 덧셈 과정을 축약하여 풀이를 간편화하는 것을 익힌다. 이 과정은 이미 일의 자리에서의 받아올림을 알고 있으므로 어렵지 않게 습득할 수 있다.

(2)

$$\begin{array}{r} 93 \\ +\ 64 \\ \hline \square \\ \square \\ \hline \square \end{array}$$

··· 3+4

··· 90+60

➡

$$\begin{array}{r} 93 \\ +\ 64 \\ \hline \square \end{array}$$

(3)

$$\begin{array}{r} 73 \\ +\ 52 \\ \hline \square \\ \square \\ \hline \square \end{array}$$

··· 3+2

··· 70+50

➡

$$\begin{array}{r} 73 \\ +\ 52 \\ \hline \square \end{array}$$

(4)

$$\begin{array}{r} 61 \\ +\ 67 \\ \hline \square \\ \square \\ \hline \square \end{array}$$

··· 1+7

··· 60+60

➡

$$\begin{array}{r} 61 \\ +\ 67 \\ \hline \square \end{array}$$

(5)

$$\begin{array}{r} 33 \\ +\ 91 \\ \hline \square \\ \square \\ \hline \square \end{array} \quad \begin{array}{l} \\ \\ \cdots\ 3+1 \\ \cdots\ 30+90 \\ \\ \end{array} \quad \rightarrow \quad \begin{array}{r} 33 \\ +\ 91 \\ \hline \square \end{array}$$

(6)

$$\begin{array}{r} 76 \\ +\ 63 \\ \hline \square \\ \square \\ \hline \square \end{array} \quad \begin{array}{l} \\ \\ \cdots\ 6+3 \\ \cdots\ 70+60 \\ \\ \end{array} \quad \rightarrow \quad \begin{array}{r} 76 \\ +\ 63 \\ \hline \square \end{array}$$

(7)

$$\begin{array}{r} 54 \\ +\ 84 \\ \hline \square \\ \square \\ \hline \square \end{array} \quad \begin{array}{l} \\ \\ \cdots\ 4+4 \\ \cdots\ 50+80 \\ \\ \end{array} \quad \rightarrow \quad \begin{array}{r} 54 \\ +\ 84 \\ \hline \square \end{array}$$

(8)

$$\begin{array}{r} 25 \\ +\ 93 \\ \hline \square \\ \square \\ \hline \square \end{array}$$

… 5+3

… 20+90

$$\begin{array}{r} 25 \\ +\ 93 \\ \hline \square \end{array}$$

(9)

$$\begin{array}{r} 62 \\ +\ 51 \\ \hline \square \\ \square \\ \hline \square \end{array}$$

… 2+1

… 60+50

$$\begin{array}{r} 62 \\ +\ 51 \\ \hline \square \end{array}$$

문제 3 | 다음을 계산하시오.

보기

$$\begin{array}{r} 47 \\ +\ 61 \\ \hline 108 \end{array}$$

(1)
$$\begin{array}{r} 82 \\ +\ 52 \\ \hline \square \end{array}$$

(2)
$$\begin{array}{r} 94 \\ +\ 95 \\ \hline \square \end{array}$$

(3)
$$\begin{array}{r} 73 \\ +\ 66 \\ \hline \square \end{array}$$

(4)
$$\begin{array}{r} 67 \\ +\ 91 \\ \hline \square \end{array}$$

(5)
$$\begin{array}{r} 73 \\ +\ 73 \\ \hline \square \end{array}$$

(6)
$$\begin{array}{r} 53 \\ +\ 94 \\ \hline \square \end{array}$$

(7)
$$\begin{array}{r} 72 \\ +\ 44 \\ \hline \square \end{array}$$

(8)
$$\begin{array}{r} 34 \\ +\ 71 \\ \hline \square \end{array}$$

선생님만 보세요

문제 3 문제 2에서 익힌 세로식에서의 덧셈 연습이다.

(9)
$$\begin{array}{r} 84 \\ +\ 84 \\ \hline \square \end{array}$$

(10)
$$\begin{array}{r} 46 \\ +\ 81 \\ \hline \square \end{array}$$

(11)
$$\begin{array}{r} 62 \\ +\ 57 \\ \hline \square \end{array}$$

(12)
$$\begin{array}{r} 52 \\ +\ 52 \\ \hline \square \end{array}$$

(13)
$$\begin{array}{r} 53 \\ +\ 75 \\ \hline \square \end{array}$$

(14)
$$\begin{array}{r} 91 \\ +\ 13 \\ \hline \square \end{array}$$

8일차 받아올림이 두 번 있는 두 자리 수 덧셈

동전모형과 세로식

공부한 날짜 월 일

문제 1 | 다음을 계산하시오.

(1)
$$\begin{array}{r} 43 \\ +\ 83 \\ \hline \square \end{array}$$

(2)
$$\begin{array}{r} 54 \\ +\ 81 \\ \hline \square \end{array}$$

(3)
$$\begin{array}{r} 68 \\ +\ 51 \\ \hline \square \end{array}$$

(4)
$$\begin{array}{r} 23 \\ +\ 94 \\ \hline \square \end{array}$$

(5)
$$\begin{array}{r} 37 \\ +\ 92 \\ \hline \square \end{array}$$

(6)
$$\begin{array}{r} 65 \\ +\ 73 \\ \hline \square \end{array}$$

선생님만 보세요

문제 1 합이 100을 넘는 두 자리 수 덧셈을 세로식에서 구현하는 복습이다.

문제 2 | 보기와 같이 그림을 그리고, □ 안에 알맞은 수를 넣으시오.

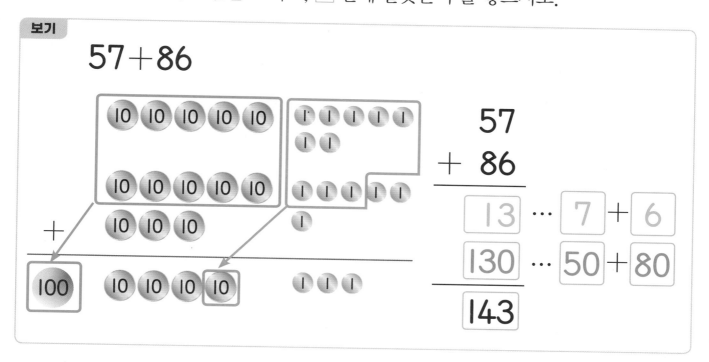

보기

57+86

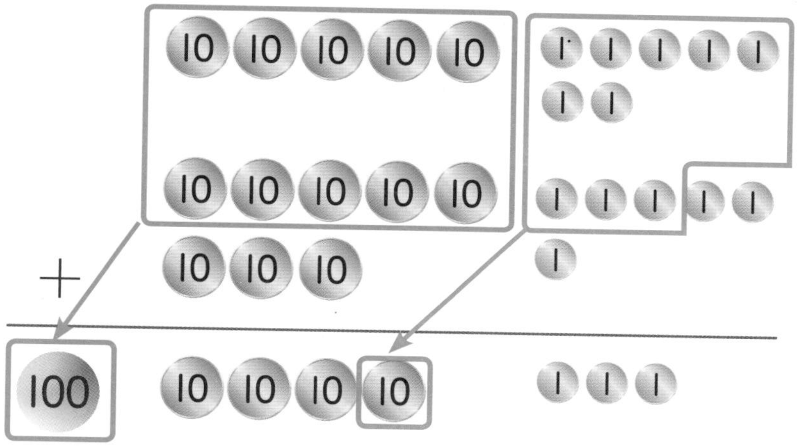

$$\begin{array}{r} 57 \\ +\ 86 \\ \hline 13 \\ 130 \\ \hline 143 \end{array}$$

13 … 7 + 6

130 … 50 + 80

143

(1) 85+39=□

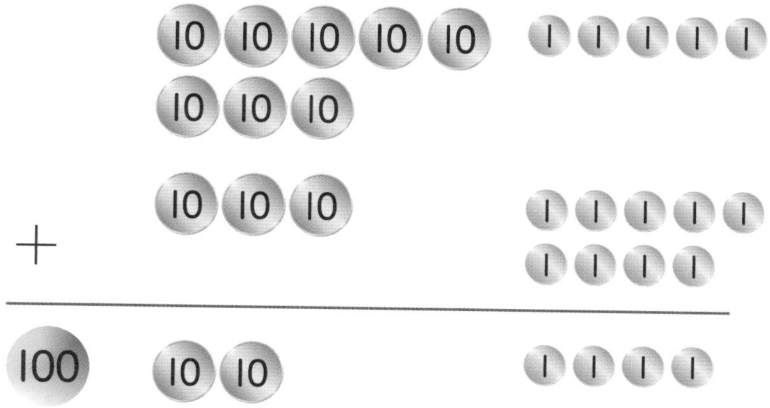

$$\begin{array}{r} 85 \\ +\ 39 \\ \hline \square \\ \square \\ \hline \square \end{array}$$

□ … □ + □

□ … □ + □

□

선생님만 보세요

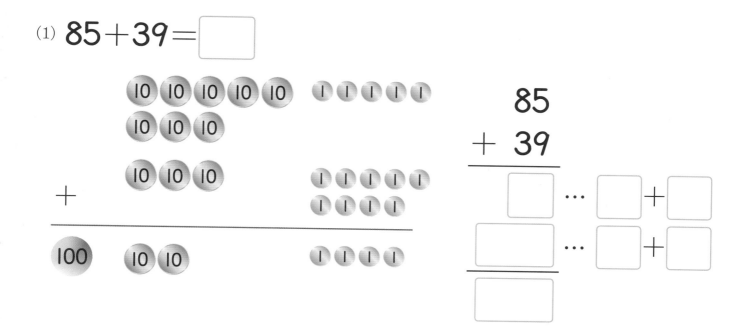

문제 2 일의 자리와 십의 자리에서 두 번 받아올림이 있는 덧셈을 세로식에서 구현한다. 이를 위해 동전모형을 이용하여 세로식에서의 덧셈 과정을 익힌다.

(2) $96+37=\square$

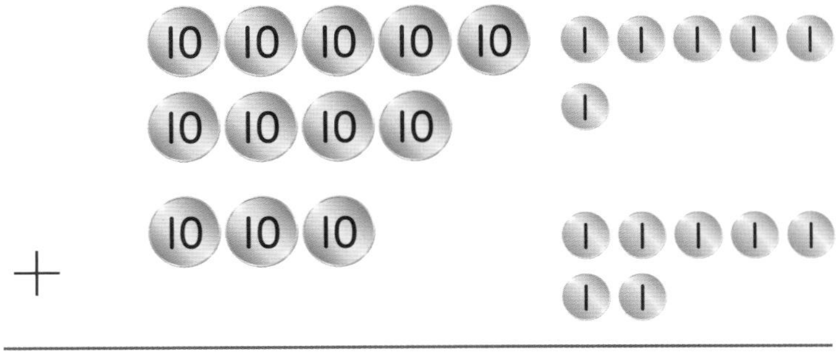

$$\begin{array}{r} 96 \\ +\ 37 \\ \hline \square \cdots \square + \square \\ \square \cdots \square + \square \\ \hline \square \end{array}$$

(3) $79+82=\square$

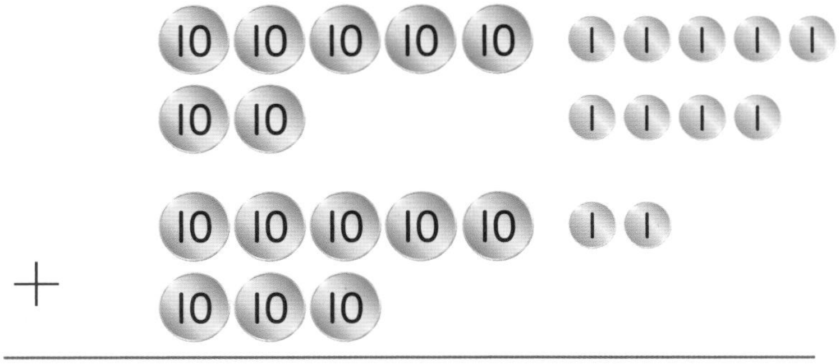

$$\begin{array}{r} 79 \\ +\ 82 \\ \hline \square \cdots \square + \square \\ \square \cdots \square + \square \\ \hline \square \end{array}$$

(4) $58+65=$ □

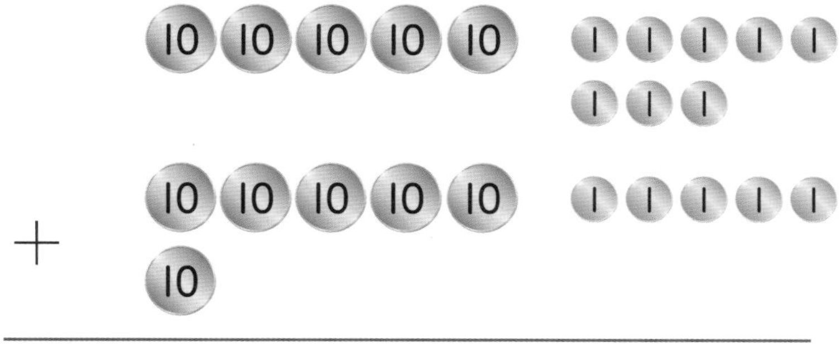

$$\begin{array}{r} 58 \\ +\ 65 \\ \hline \end{array}$$

□ … □ + □

□ … □ + □

□

(5) $67+48=$ □

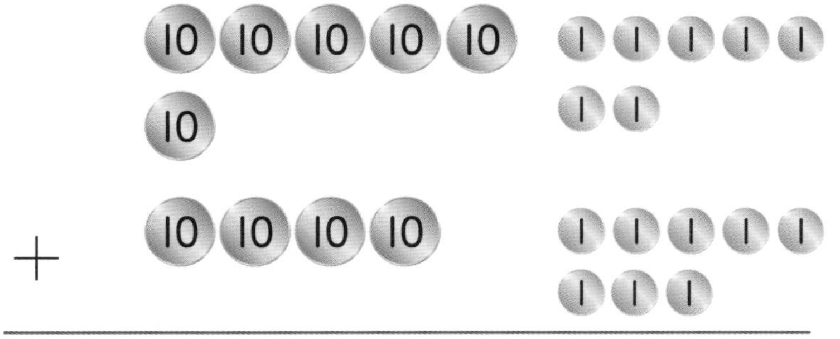

$$\begin{array}{r} 67 \\ +\ 48 \\ \hline \end{array}$$

□ … □ + □

□ … □ + □

□

문제 3 | 보기와 같이 □ 안에 알맞은 수를 넣으시오.

보기

$$\begin{array}{r} 49 \\ +\ 87 \\ \hline \boxed{16} \cdots 9+7 \\ \boxed{120} \cdots 40+80 \\ \hline \boxed{136} \end{array} \rightarrow \begin{array}{r} \boxed{1} \\ 49 \\ +\ 87 \\ \hline \boxed{6} \\ \boxed{130} \\ \hline \boxed{136} \end{array} \rightarrow \begin{array}{r} \boxed{1} \\ 4\ 9 \\ +\ 8\ 7 \\ \hline \boxed{1\ 3\ 6} \end{array}$$

(1)

$$\begin{array}{r} 68 \\ +\ 59 \\ \hline \boxed{} \cdots 8+9 \\ \boxed{} \cdots 60+50 \\ \hline \boxed{} \end{array} \rightarrow \begin{array}{r} \boxed{} \\ 68 \\ +\ 59 \\ \hline \boxed{} \\ \boxed{} \\ \hline \boxed{} \end{array} \rightarrow \begin{array}{r} \boxed{} \\ 6\ 8 \\ +\ 5\ 9 \\ \hline \boxed{} \end{array}$$

선생님만 보세요

문제 3 덧셈 알고리즘 완성의 마지막 단계다. 동전 모형 없이 숫자로만 세로셈을 완성한다. 각 자리 수끼리의 덧셈을 올바른 자리에 맞추어 쓰는 것을 익힌다.

(2)

$$\begin{array}{r} 99 \\ +\ 95 \\ \hline \square \\ \square \\ \hline \square \end{array} \quad \begin{array}{l} \\ \\ \cdots 9+5 \\ \cdots 90+90 \\ \\ \end{array} \rightarrow \begin{array}{r} \square \\ 99 \\ +\ 95 \\ \hline \square \\ \square \\ \hline \square \end{array} \rightarrow \begin{array}{r} \square \\ 9\ 9 \\ +\ 9\ 5 \\ \hline \square \end{array}$$

(3)

$$\begin{array}{r} 76 \\ +\ 34 \\ \hline \square \\ \square \\ \hline \square \end{array} \quad \begin{array}{l} \\ \\ \cdots 6+4 \\ \cdots 70+30 \\ \\ \end{array} \rightarrow \begin{array}{r} \square \\ 76 \\ +\ 34 \\ \hline \square \\ \square \\ \hline \square \end{array} \rightarrow \begin{array}{r} \square \\ 7\ 6 \\ +\ 3\ 4 \\ \hline \square \end{array}$$

(4)

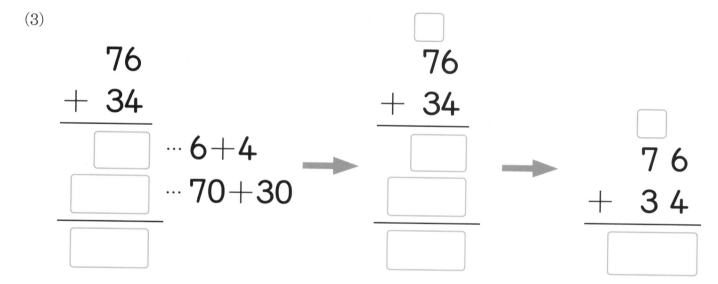

$$\begin{array}{r} 78 \\ +\ 45 \\ \hline \square \\ \square \\ \hline \square \end{array} \quad \begin{array}{l} \\ \\ \cdots 8+5 \\ \cdots 70+40 \\ \\ \end{array} \rightarrow \begin{array}{r} \square \\ 78 \\ +\ 45 \\ \hline \square \\ \square \\ \hline \square \end{array} \rightarrow \begin{array}{r} \square \\ 7\ 8 \\ +\ 4\ 5 \\ \hline \square \end{array}$$

(5)

$$\begin{array}{r} 87 \\ +\ 67 \\ \hline \square \\ \square \\ \hline \square \end{array} \quad \begin{array}{l} \cdots 7+7 \\ \cdots 80+60 \end{array} \rightarrow \begin{array}{r} \square \\ 87 \\ +\ 67 \\ \hline \square \\ \square \\ \hline \square \end{array} \rightarrow \begin{array}{r} \square \\ 8\ 7 \\ +\ 6\ 7 \\ \hline \square \end{array}$$

(6)

$$\begin{array}{r} 33 \\ +\ 99 \\ \hline \square \\ \square \\ \hline \square \end{array} \quad \begin{array}{l} \cdots 3+9 \\ \cdots 30+90 \end{array} \rightarrow \begin{array}{r} \square \\ 33 \\ +\ 99 \\ \hline \square \\ \square \\ \hline \square \end{array} \rightarrow \begin{array}{r} \square \\ 3\ 3 \\ +\ 9\ 9 \\ \hline \square \end{array}$$

(7)

$$\begin{array}{r} 28 \\ +\ 95 \\ \hline \square \\ \square \\ \hline \square \end{array} \quad \begin{array}{l} \cdots 8+5 \\ \cdots 20+90 \end{array} \rightarrow \begin{array}{r} \square \\ 28 \\ +\ 95 \\ \hline \square \\ \square \\ \hline \square \end{array} \rightarrow \begin{array}{r} \square \\ 2\ 8 \\ +\ 9\ 5 \\ \hline \square \end{array}$$

(8)

$$\begin{array}{r} 67 \\ +\ 48 \\ \hline \square \\ \square \\ \hline \square \end{array} \quad \begin{array}{l} \\ \\ \cdots 7+8 \\ \cdots 60+40 \\ \\ \end{array} \rightarrow \begin{array}{r} \square \\ 67 \\ +\ 48 \\ \hline \square \\ \square \\ \hline \square \end{array} \rightarrow \begin{array}{r} \square \\ 6\ 7 \\ +\ 4\ 8 \\ \hline \square \end{array}$$

(9)

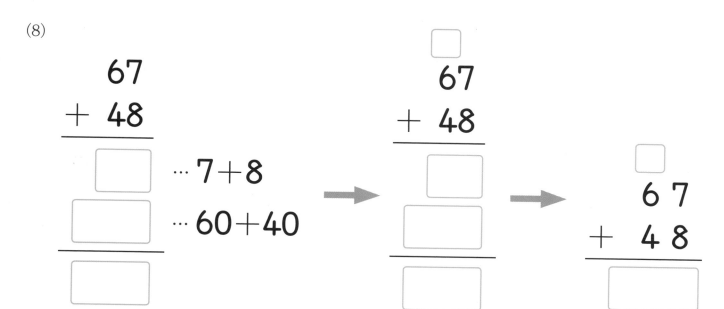

$$\begin{array}{r} 74 \\ +\ 88 \\ \hline \square \\ \square \\ \hline \square \end{array} \quad \begin{array}{l} \\ \\ \cdots 4+8 \\ \cdots 70+80 \\ \\ \end{array} \rightarrow \begin{array}{r} \square \\ 74 \\ +\ 88 \\ \hline \square \\ \square \\ \hline \square \end{array} \rightarrow \begin{array}{r} \square \\ 7\ 4 \\ +\ 8\ 8 \\ \hline \square \end{array}$$

9일차 두 자리 수 덧셈의 완성

✎ 공부한 날짜 월 일

문제 1 | 그림을 그리고 □ 안에 알맞은 수를 넣으시오.

(1)

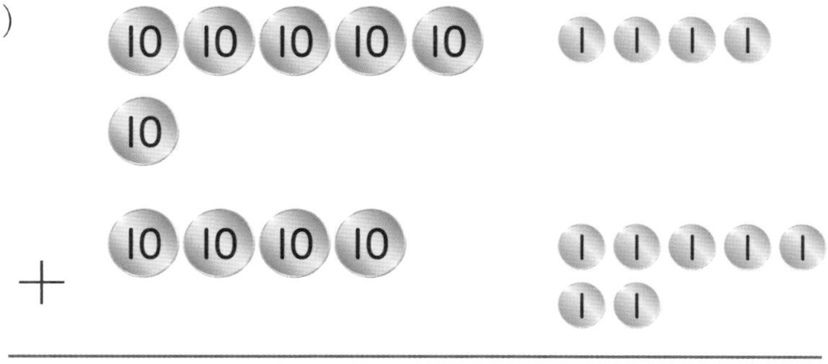

$$\begin{array}{r} 64 \\ +\ 47 \\ \hline \square \\ \square \\ \hline \square \end{array}$$

□ … □ + □

□ … □ + □

(2)

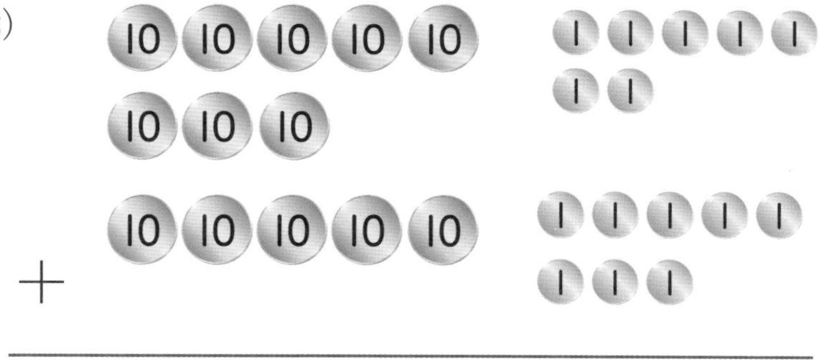

$$\begin{array}{r} 87 \\ +\ 58 \\ \hline \square \\ \square \\ \hline \square \end{array}$$

□ … □ + □

□ … □ + □

선생님만 보세요 **문제 1** 앞에서 익힌 받아올림이 두 번 있는 두 자리 수를 세로식에서 구현하는 복습이다.

(3)

$$\begin{array}{r} 49 \\ +\ 78 \\ \hline 17 \\ 110 \\ \hline \square \end{array}$$

17 … □ + □

110 … □ + □

→

$$\begin{array}{r} \square \\ 4\ 9 \\ +\ \ 7\ 8 \\ \hline \square \end{array}$$

(4)

$$\begin{array}{r} 53 \\ +\ 89 \\ \hline 12 \\ 130 \\ \hline \square \end{array}$$

12 … □ + □

130 … □ + □

→

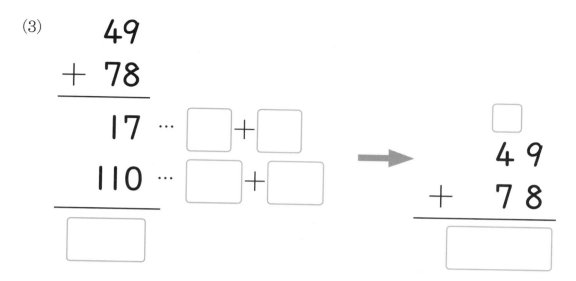

$$\begin{array}{r} \square \\ 5\ 3 \\ +\ \ 8\ 9 \\ \hline \square \end{array}$$

문제 2 | 다음을 계산하시오.

보기

$$\begin{array}{r} \boxed{1} \\ 59 \\ +\ 93 \\ \hline \boxed{152} \end{array}$$

(1)
$$\begin{array}{r} \square \\ 67 \\ +\ 76 \\ \hline \square \end{array}$$

(2)
$$\begin{array}{r} \square \\ 34 \\ +\ 89 \\ \hline \square \end{array}$$

(3)
$$\begin{array}{r} \square \\ 83 \\ +\ 68 \\ \hline \square \end{array}$$

(4)
$$\begin{array}{r} \square \\ 27 \\ +\ 94 \\ \hline \square \end{array}$$

(5)
$$\begin{array}{r} \square \\ 99 \\ +\ 99 \\ \hline \square \end{array}$$

(6)
$$\begin{array}{r} \square \\ 19 \\ +\ 92 \\ \hline \square \end{array}$$

(7)
$$\begin{array}{r} \square \\ 46 \\ +\ 95 \\ \hline \square \end{array}$$

(8)
$$\begin{array}{r} \square \\ 75 \\ +\ 56 \\ \hline \square \end{array}$$

선생님만 보세요

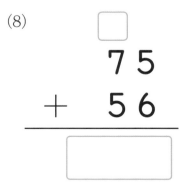

문제 2 두 자리 수 덧셈을 세로식에서 실행하며 덧셈의 표준 절차를 마무리한다. 일의 자리와 십의 자리 모두에 적용되는 받아올림 표기를 정확하게 하면 정답을 구할 수 있다는 자신감이 형성될 경우 굳이 더 많은 연습을 할 필요가 없다. 덧셈의 알고리즘, 즉 표준 절차를 스스로 만들었기 때문이다.

문제 3 | 다음을 계산하시오.

(1) $85+95=\square$

(2) $77+55=\square$

(3) $67+39=\square$

(4) $88+88=\square$

(5) $34+96=\square$

(6) $94+58=\square$

(7) $77+77=\square$

(8) $66+66=\square$

(9) $89+21=\square$

(10) $92+39=\square$

(11) $87+45=\square$

(12) $57+98=\square$

선생님만 보세요

문제 3 두 자리 수 덧셈 문제가 가로식으로 주어졌다. 세로식으로 바꿔 답을 얻을 수도 있다. 하지만 머릿속에서 세로셈을 실행하여 답을 얻을 수 있기를 권장한다.

10 일차 두 자리 수 덧셈 연습(1)

공부한 날짜 월 일

문제 1 | 다음을 계산하시오.

(1)
$$\begin{array}{r} 59 \\ +\ 46 \\ \hline \end{array}$$

(2)
$$\begin{array}{r} 68 \\ +\ 77 \\ \hline \end{array}$$

(3)
$$\begin{array}{r} 25 \\ +\ 89 \\ \hline \end{array}$$

(4)
$$\begin{array}{r} 69 \\ +\ 69 \\ \hline \end{array}$$

(5)
$$\begin{array}{r} 76 \\ +\ 67 \\ \hline \end{array}$$

(6)
$$\begin{array}{r} 87 \\ +\ 16 \\ \hline \end{array}$$

(7)
$$\begin{array}{r} 57 \\ +\ 45 \\ \hline \end{array}$$

(8)
$$\begin{array}{r} 48 \\ +\ 58 \\ \hline \end{array}$$

(9)
$$\begin{array}{r} 35 \\ +\ 66 \\ \hline \end{array}$$

문제 1 세로식으로 제시된 두 자리 수 덧셈 연습이다. **주의** 연산 학습에서도 충분한 연습은 필요하지만, 지나치게 많은 연습은 교육이 아닌 훈련이다. 지금까지 제시한 연산 학습 과정은 주어진 알고리즘을 무작정 따라서 기계적으로 반복하는 것이 아니라, 알고리즘을 스스로 완성할 수 있도록 학습자 사고의 흐름에 맞추어 단계별로 구성하였다.

문제 2 | 다음을 계산하시오.

(1) $26+95=\square$

(2) $57+55=\square$

(3) $75+39=\square$

(4) $48+67=\square$

(5) $46+96=\square$

(6) $94+36=\square$

(7) $86+48=\square$

(8) $66+69=\square$

(9) $65+65=\square$

선생님만 보세요 **문제 2** 가로식으로 제시된 두 자리 수 덧셈 연습이다.

문제 3 | 보기와 같이 □ 안에 알맞은 수를 넣으시오.

보기

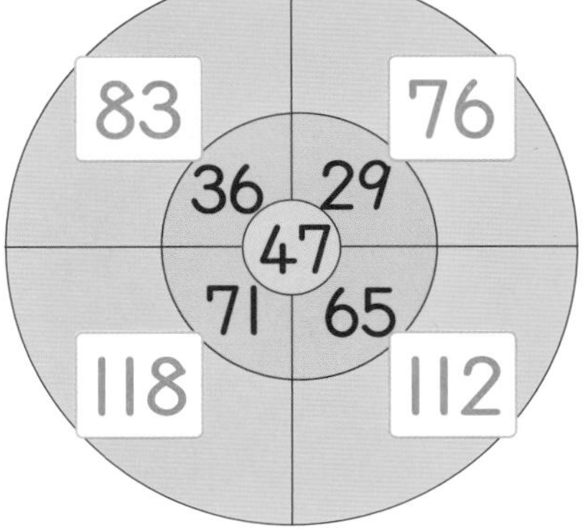

(1)

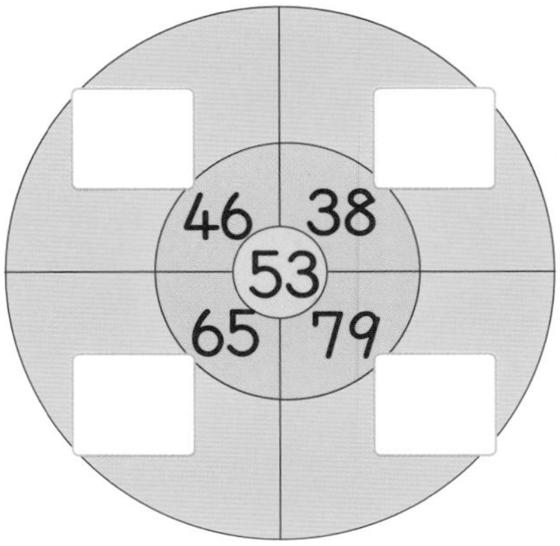

(2)

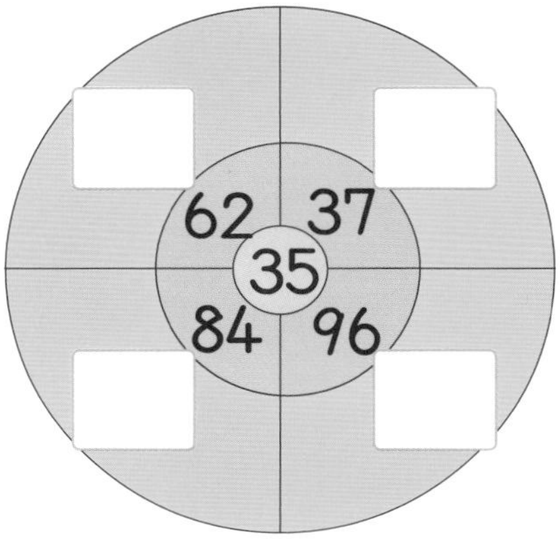

(3)

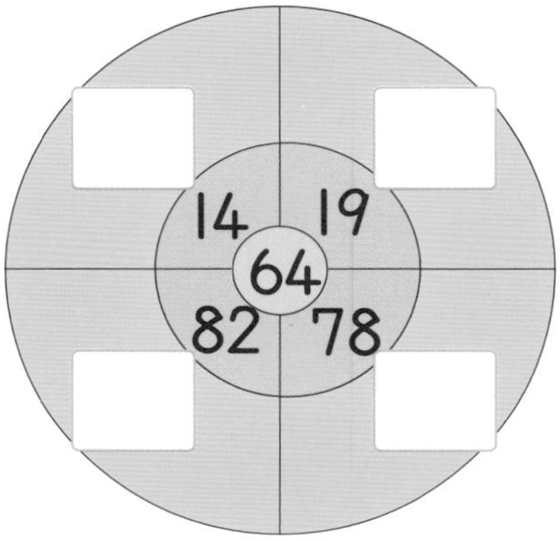

(4)

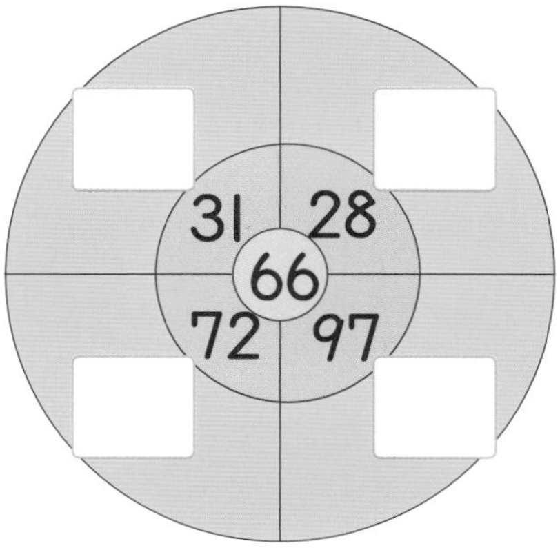

(5)

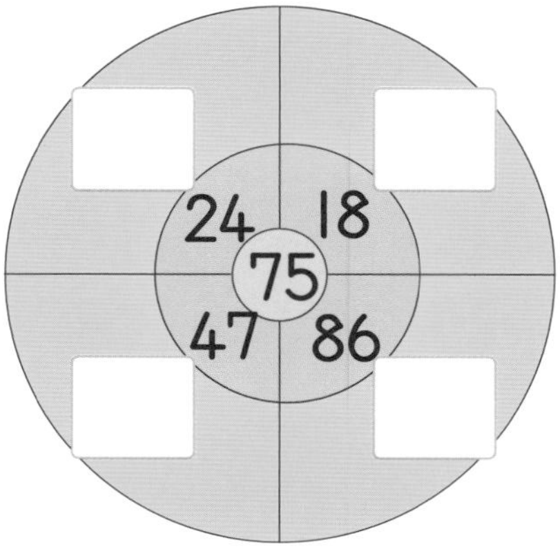

선생님만 보세요 **문제 3** 더해지는 수(피가수) 또는 더하는 수(가수) 가운데 어느 하나를 고정한 두 자리 수 덧셈 연습이다.

11 일차 두 자리 수 덧셈 연습(2)

공부한 날짜 월 일

문제 1 | 다음을 계산하시오.

(1)
$$\begin{array}{r} 27 \\ +\ 76 \\ \hline \square \end{array}$$

(2)
$$\begin{array}{r} 46 \\ +\ 59 \\ \hline \square \end{array}$$

(3)
$$\begin{array}{r} 62 \\ +\ 39 \\ \hline \square \end{array}$$

(4) $18+95=\square$

(5) $49+86=\square$

(6) $39+92=\square$

(7) $64+57=\square$

(8) $96+56=\square$

(9) $27+84=\square$

선생님만 보세요

문제 1 세로식과 가로식의 두 종류로 이루어진 두 자리 수 덧셈을 한 번 더 연습한다.

문제 2 | 보기와 같이 두 수의 합이 같으면 =, 다르면 < 또는 >을 넣으시오.

(1) 69+63 ◯ 95+29 (2) 47+59 ◯ 78+24

(3) 47+75 ◯ 47+76 (4) 69+75 ◯ 87+67

(5) 56+47 ◯ 26+87 (6) 85+38 ◯ 59+64

(7) 96+37 ◯ 78+75 (8) 35+92 ◯ 78+48

선생님만 보세요 **문제 2** 덧셈 결과를 비교하여 부등호로 나타내는 형식의 문제다.

문제 3 | 보기와 같이 직접 채점을 해보고, 틀린 답을 바르게 고치시오.

보기

$52+37=99$ 89

(1) $59+83=132$ 142

(2) $74+86=160$

(3) $26+85=101$

(4) $85+96=181$

(5) $59+86=127$

(6) $39+82=121$

(7) $65+38=103$

(8) $46+58=94$

(9) $37+83=110$

(10) $74+68=132$

선생님만 보세요

문제 3 이미 앞에서 보았던 채점 문제다. 정답과 오답을 구별하며 자연스럽게 덧셈을 실행한다. 오답 정정도 효과적인 덧셈 연습이다.

12 일차 두 자리 수 덧셈 연습(3)

공부한 날짜 월 일

문제 1 | 다음을 계산하시오.

(1) $43+98=\square$

(2) $74+81=\square$

(3) $86+63=\square$

(4) $65+36=\square$

(5) $82+18=\square$

(6) $43+93=\square$

(7) $58+49=\square$

(8) $74+39=\square$

(9) $48+93=\square$

(10) $83+38=\square$

선생님만 보세요 **문제 1** 가로식으로 제시된 두 자리 수 덧셈 연습이다.

문제 2 | 빈칸에 알맞은 수를 넣으시오.

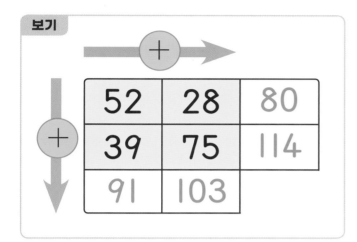

보기 (가로 +, 세로 +)

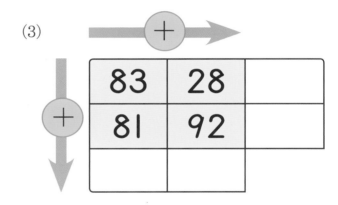

52	28	80
39	75	114
91	103	

(1) (가로 +, 세로 +)

33	89	
77	90	

(2) (가로 +, 세로 +)

45	68	
62	37	

(3) (가로 +, 세로 +)

83	28	
81	92	

(4) (가로 +, 세로 +)

58	96	
47	12	

(5) (가로 +, 세로 +)

96	29	
62	85	

선생님만 보세요

문제 2 직사각형 안에 들어 있는 네 개의 수 가운데 가로와 세로를 따라 두 개씩 더하여 빈 칸을 채우는 덧셈 문제다.

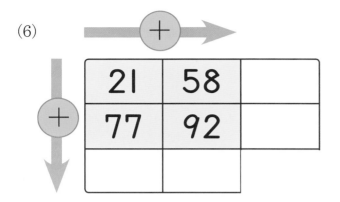

(6) (+ →, + ↓)

21	58	
77	92	

(7) (+ →, + ↓)

72	62	
66	38	

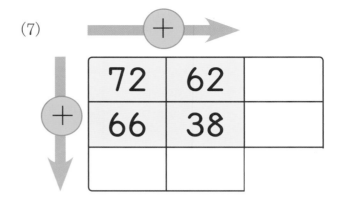

문제 3 | 다음을 식으로 나타내고 물음에 답하시오.

(1) 참새가 35마리가 있었습니다. 27마리가 더 날아왔다면 참새는 모두 몇 마리인가요?

식: ______________________ **답:** __________

(2) 귤을 73개 가지고 있었는데 58개를 더 가지게 되었습니다. 귤은 모두 몇 개인가요?

식: ______________________ **답:** __________

선생님만 보세요

문제 3 두 가지 덧셈 상황을 확인할 수 있다. (1)과 (2)는 더하는, 즉 덧붙이기를 덧셈으로 나타내는 문제다(더하기). (3)과 (4)는 서로 다른 두 집합을 합쳐 하나의 집합으로 만들어 전체 개수를 구하는 문제다(합하기). 더하기와 합하기 상황을 모두 '+ 기호를 사용한 덧셈식'으로 나타낼 수 있도록 한다. 하지만 이 두 가지 상황을 구별하도록 아이들에게 요구해 혼란을 줄 필요는 없다.

(3) 사과 54개와 배 39개가 있습니다. 과일은 모두 몇 개인가요?

식: ______________________ **답:** __________

(4) 강아지가 76마리가 있고 고양이가 45마리가 있습니다. 동물은 모두 몇 마리인가요?

식: ______________________ **답:** __________

교사용 해설

받아올림의 알고리즘

두 자리 수 덧셈 알고리즘의 핵심은 결국 받아올림이다. 일의 자리끼리 더한 값이 10이 넘을 때, 이를 어떻게 처리하는 것이 적절한가에 대한 것이다. 받아올림 역시 아이들 스스로 그 원리를 깨닫게 하는 것이 우리의 목표이며, 이를 위해 적합한 모델과 활동을 제시함과 동시에 다음과 같은 점진적인 단계를 밟도록 구성하였다.

① 수 배열표를 활용한 덧셈 과정의 시각화

51	52	53	54	55	56	57	58	59	60
61	62	63	64	65	66	67	68	69	70
71	72	73	74	75	76	77	78	79	80
81	82	83	84	85	86	87	88	89	90

51	52	53	54	55	56	57	58	59	60
61	62	63	64	65	66	67	68	69	70
71	72	73	74	75	76	77	78	79	80
81	82	83	84	85	86	87	88	89	90

54+27= 81

두 자리 수를 더할 때 어떤 현상이 나타나는지 수 배열표 모델을 제시하여 그 과정을 눈으로 확인할 수 있도록 한다. 이때 '일의 자리부터' 더하거나 또는 '십의 자리부터' 더하는, 두 가지 경우가 있는데, 먼저 십의 자리부터 더하기를 하고 나서 일의 자리부터 더하기를 제시한다. 후자는 덧셈의 알고리즘으로 이어질 것이다.

수 배열표에서 받아올림은, 일의 자리 덧셈에서 확인할 수 있다. 위의 예와 같이 일의 자리부터 더할 경우, 74에 6을 더하고 1을 더할 때 다음 줄 81로의 줄 바뀜과 54에 6을 더하고 나서 1을 더할 때 다음 줄 61로의 줄 바뀜이 바로 그것이다.

② 수직선을 활용한 덧셈 과정의 시각화

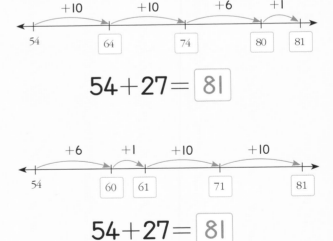

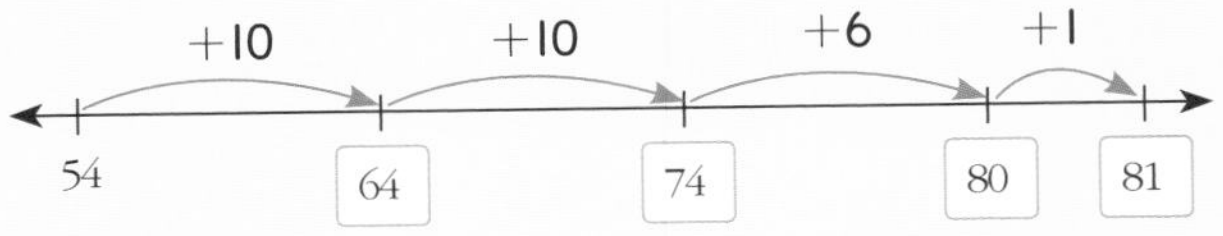

54+27= 81

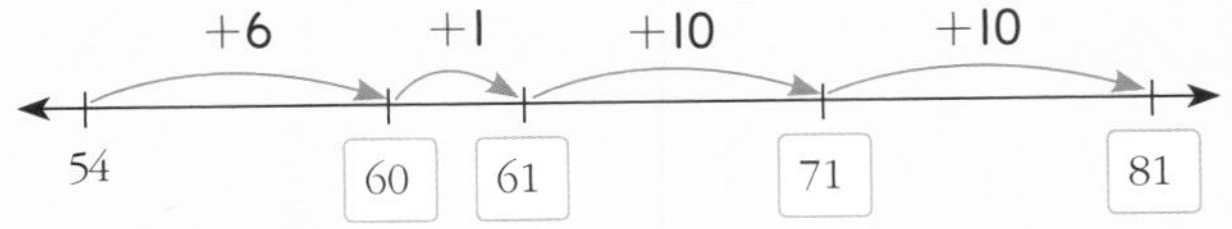

54+27= 81

수 배열표에 이어 수직선 모델을 제시한다. 수직선에서도 십의 자리부터 또는 일의 자리부터 더하는 두 가지 경우가 있다. 역시 십의 자리부터 더하기를 먼저 하고 나서, 일의 자리부터 더하기를 제시한다. 궁극적으로는 일의 자리부터 더하는 알고리즘이 우리의 목표이기 때문이다.

수직선에서도 위의 54+27의 예처럼, 54에서 74까지 그리고 74에서 80까지 이동한 후에 다시 1만큼 이동하거나 54에서 60까지 이동한 후에 다시 1만큼 이동하는 받아올림 과정에 주목하도록 한다.

수 배열표와 수직선 모두, 더하는 수를 어떻게 가르기를 할 것인지 눈으로 확인할 수 있도록 하여 추상적 수의 덧셈 과정에 대한 시각화를 도모한다.

③ 동전을 활용한 덧셈 과정의 시각화

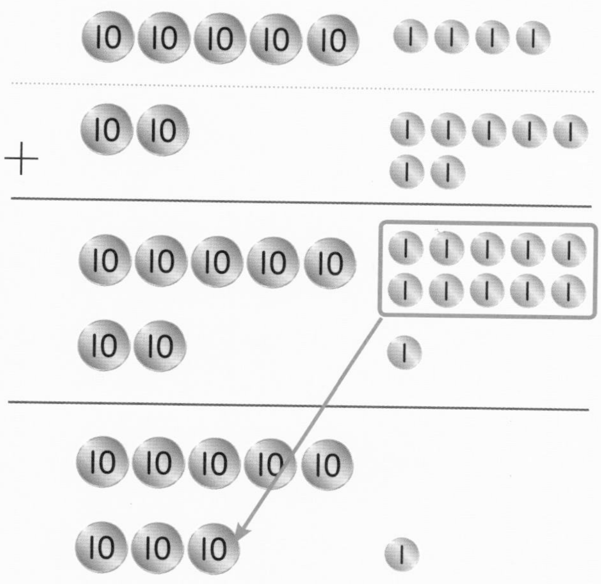

$$\begin{array}{rl} 54 & \\ +\,27 & \\ \hline 70 & \cdots 50+20 \\ 11 & \cdots 4+7 \\ \hline 81 & \end{array}$$

수 배열표와 수직선에 이어 받아올림의 과정을 눈으로 확인할 수 있도록 동전 모델을 제시한다. '두 자리 수의 받아올림'이라는 알고리즘의 완성은 결국 '세로식'이라는 새로운 형식의 수식으로 귀결되는데, 동전은 세로식 도입의 직전 단계에 도입하는 모델이다.

알고리즘을 점진적으로 도입하는 방안으로, 세로식 도입 직전에 동전 모델을 제시하여 이 둘을 비교할 수 있는 기회를 제공한다면, 세로식이 왜 필요한지 자연스럽게 이해할 수 있을 것이다. 부수적으로 '같은 자리에 있는 수끼리의 덧셈'을 쉽고 간편하게 처리할 수 있는 세로식의 장점도 이해할 수 있을 것이다.

동전 모델은 각 자리 수가 10이 되면 새로운 단위로 바뀌는 십진법의 특성에 대한 이해를 도모한다. 일원짜리 동전 4개와 7개를 합하여 11개가 되었을 때, 10개의 일원짜리 동전은 십원짜리 동전 1개로 바꿀 수 있으니, 이 과정에서 받아올림의 개념을 자연

스럽게 형성할 수 있다. 추후에 이를 수식으로 형식화하여 세로식으로 전환하면 덧셈 알고리즘이 완성된다.

④ 덧셈 알고리즘의 완성

덧셈 알고리즘의 완성이 최종 목표이지만, 계속 강조하는 것은 여기까지의 과정이 점진적인 도입이어야 한다는 원칙이다. 그럼으로써 알고리즘을 적용할 때 어떤 과정이 축약되어 간소화가 이루어졌는가를 이해할 수 있다. 다음 예가 이를 말해준다.

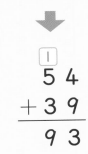

```
  5 4
+ 3 9
-----
  1 3  … 4 + 9
  8 0  … 50+30
-----
  9 3
```

↓

```
  1
  5 4
+ 3 9
-----
  ☐3  … 4 + 9
  8 0  … 50+30
-----
  9 3
```

↓

```
  1
  5 4
+ 3 9
-----
  9 3
```

지금까지 두 자리 수 덧셈의 알고리즘 도입을 위해 다양한 모델을 소개하며 각각의 단계를 점진적으로 천천히 전개하였다. 이는 덧셈 알고리즘이 어떻게 만들어지는지 그 과정을 스스로 발견하고 이해할 수 있도록 학습자의 경험을 점진적으로 축적하기 위한 의도이다. 물론 이를 위해서는 나름 치밀한 구성이 요구되는데, 교재에 제시된 활동들에서 이를 확인할 수 있다.

보충문제

문제 1 | 십의 자리부터 더하기를 표에 표시하고 □ 안에 알맞은 수를 넣으시오.

(1) 36+17=□

17 → □ □

31	32	33	34	35	36	37	38	39	40
41	42	43	44	45	46	47	48	49	50
51	52	53	54	55	56	57	58	59	60
61	62	63	64	65	66	67	68	69	70
71	72	73	74	75	76	77	78	79	80

(2) 45+38=□

38 → □ □

41	42	43	44	45	46	47	48	49	50
51	52	53	54	55	56	57	58	59	60
61	62	63	64	65	66	67	68	69	70
71	72	73	74	75	76	77	78	79	80
81	82	83	84	85	86	87	88	89	90

(3) 59+24=□

24 → □ □

41	42	43	44	45	46	47	48	49	50
51	52	53	54	55	56	57	58	59	60
61	62	63	64	65	66	67	68	69	70
71	72	73	74	75	76	77	78	79	80
81	82	83	84	85	86	87	88	89	90

(4) 22+39=□

39 → □ □

21	22	23	24	25	26	27	28	29	30
31	32	33	34	35	36	37	38	39	40
41	42	43	44	45	46	47	48	49	50
51	52	53	54	55	56	57	58	59	60
61	62	63	64	65	66	67	68	69	70

보충문제는! 유사한 문제를 지나치게 많이 반복하는 것은 오히려 흥미를 떨어뜨리고 학습 효과를 저해하게 하는 역효과를 초래할 수 있습니다. 본문 문제를 충분히 이해했다면 보충문제까지 풀이할 필요는 없습니다. 필요한 경우에만 보충문제를 적절하게 활용하는 것을 권장합니다.

보충문제

문제 2 | □ 안에 알맞은 수를 넣으시오.

(1) $15+39=\square$

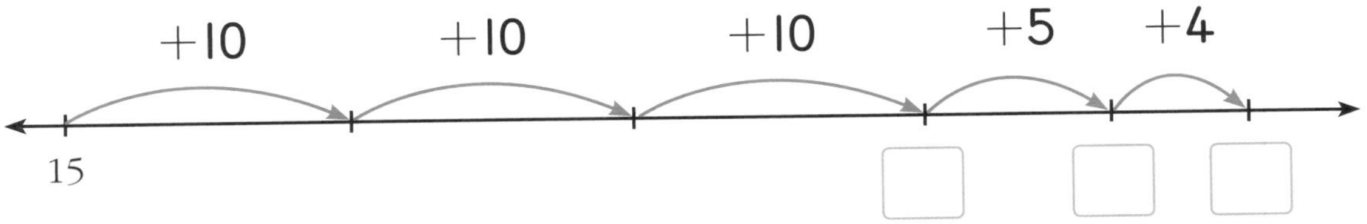

(2) $43+28=\square$

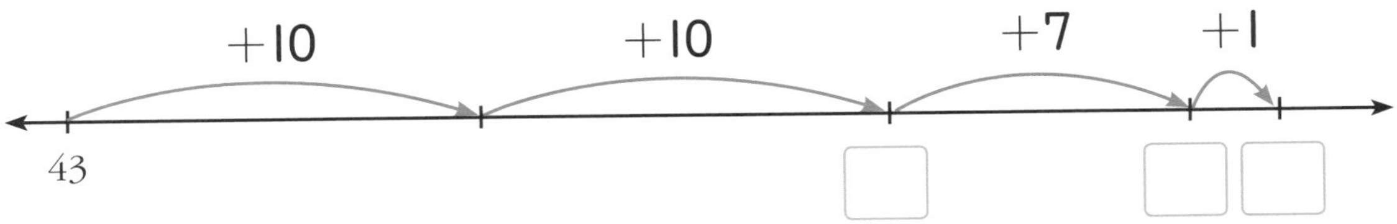

문제 3 | 동전을 그리고 □ 안에 알맞은 수를 넣으시오.

(1) $34+27=\square$

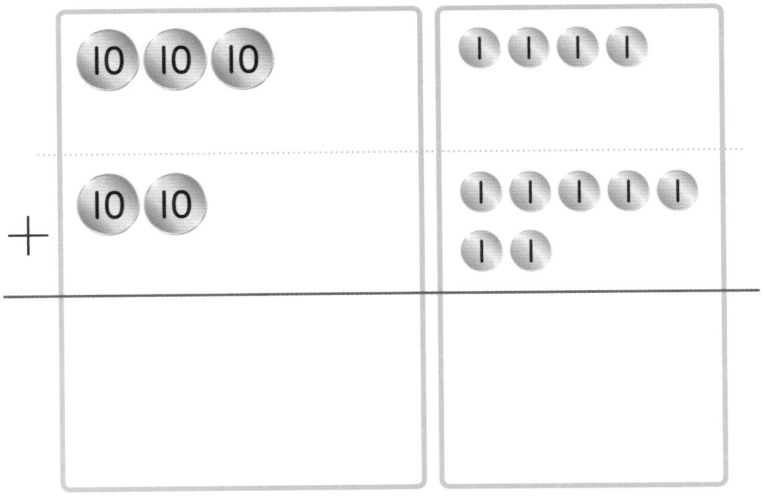

$$\begin{array}{r} 34 \\ +\ 27 \\ \hline 50 \\ \square \\ \hline \square \end{array}$$

50 … □ + □

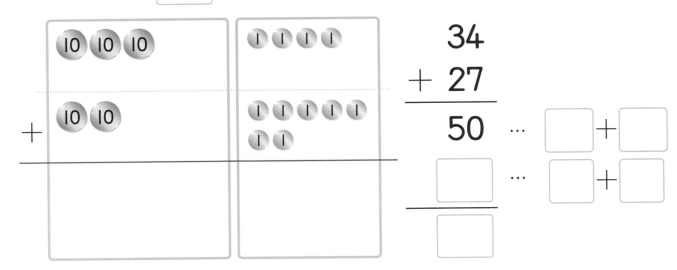

□ … □ + □

(2) $43+19=\square$

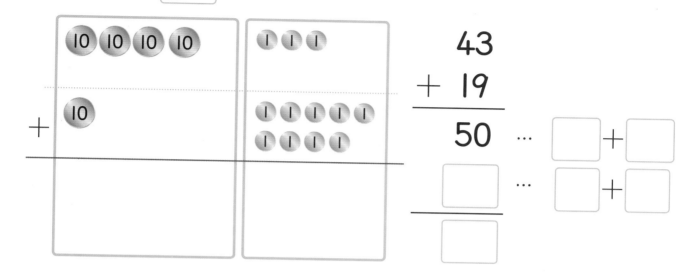

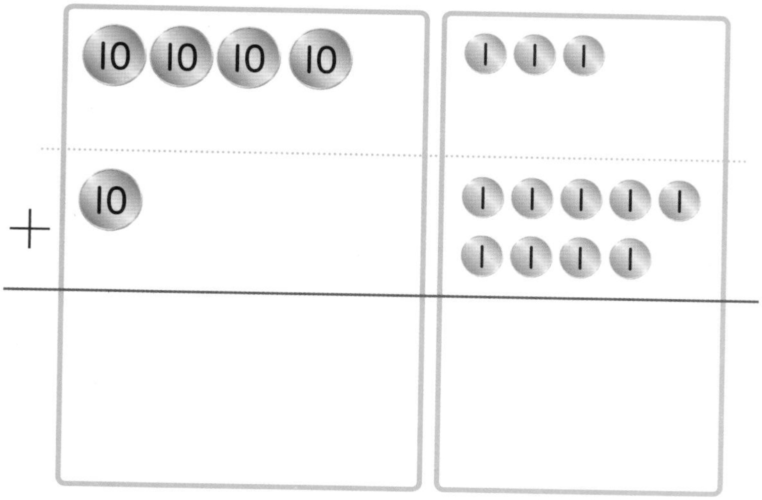

$$\begin{array}{r} 43 \\ +\ 19 \\ \hline 50 \\ \square \\ \hline \square \end{array}$$

50 … $\square + \square$

$\square$ … $\square + \square$

문제 4 | □ 안에 알맞은 수를 넣으시오.

(1) $37+16=\square$

$$\begin{array}{r} 37 \\ +\ 16 \\ \hline 40 \\ \square \\ \hline \square \end{array}$$

40 … $\square + \square$

$\square$ … $\square + \square$

(2) $53+28=\square$

$$\begin{array}{r} 53 \\ +\ 28 \\ \hline 70 \\ \square \\ \hline \square \end{array}$$

70 … $\square + \square$

$\square$ … $\square + \square$

보충문제

(3) $45+37=\square$

$$\begin{array}{r} 45 \\ +\ 37 \\ \hline 70 \\ \square \\ \hline \square \end{array}$$

70 … $\square + \square$

$\square$ … $\square + \square$

(4) $64+26=\square$

$$\begin{array}{r} 64 \\ +\ 26 \\ \hline 80 \\ \square \\ \hline \square \end{array}$$

80 … $\square + \square$

$\square$ … $\square + \square$

문제 5 | 일의 자리부터 더하기를 표에 표시하고 □ 안에 알맞은 수를 넣으시오.

(1) $27+14=\square$

11	12	13	14	15	16	17	18	19	20
21	22	23	24	25	26	(27)	28	29	30
31	32	33	34	35	36	37	38	39	40
41	42	43	44	45	46	47	48	49	50
51	52	53	54	55	56	57	58	59	60

(2) $38+26=\square$

31	32	33	34	35	36	37	(38)	39	40
41	42	43	44	45	46	47	48	49	50
51	52	53	54	55	56	57	58	59	60
61	62	63	64	65	66	67	68	69	70
71	72	73	74	75	76	77	78	79	80

(3) $19+35=$ □

11	12	13	14	15	16	17	18	19	20
21	22	23	24	25	26	27	28	29	30
31	32	33	34	35	36	37	38	39	40
41	42	43	44	45	46	47	48	49	50
51	52	53	54	55	56	57	58	59	60

(4) $46+27=$ □

31	32	33	34	35	36	37	38	39	40
41	42	43	44	45	46	47	48	49	50
51	52	53	54	55	56	57	58	59	60
61	62	63	64	65	66	67	68	69	70
71	72	73	74	75	76	77	78	79	80

문제 6 | □ 안에 알맞은 수를 넣으시오.

(1) $25+36=$ □

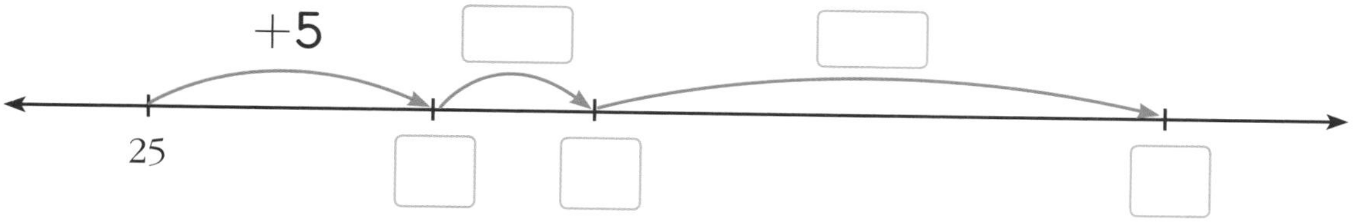

(2) $53+49=$ □

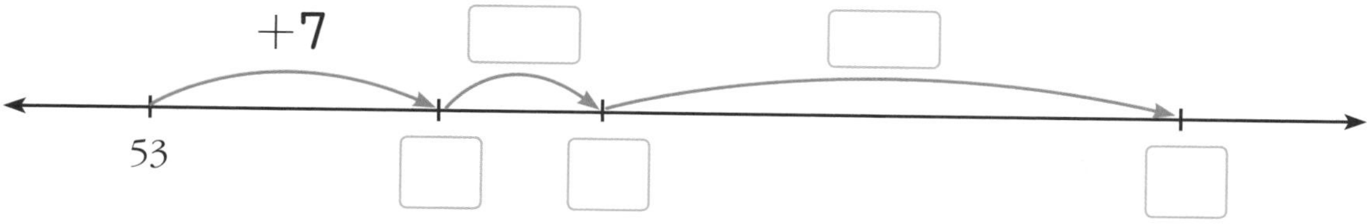

보충문제

문제 7 | □ 안에 알맞은 수를 넣으시오.

(1)

$$\begin{array}{r} 79 \\ +\ 16 \\ \hline \square \\ 80 \\ \hline \square \end{array}$$

$\square$ … $\square + \square$

80 … $\square + \square$

→

$$\begin{array}{r} \square\ \ \\ 7\ 9 \\ +\ 1\ 6 \\ \hline \end{array}$$

(2)

$$\begin{array}{r} 64 \\ +\ 18 \\ \hline \square \\ 70 \\ \hline \square \end{array}$$

$\square$ … $\square + \square$

70 … $\square + \square$

→

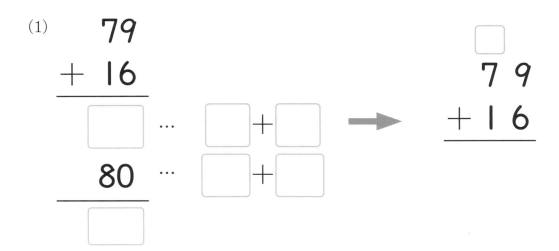

$$\begin{array}{r} \square\ \ \\ 6\ 4 \\ +\ 1\ 8 \\ \hline \end{array}$$

문제 8 | 다음을 계산하시오.

(1)

$$\begin{array}{r} \square\ \ \\ 2\ 8 \\ +\ 1\ 8 \\ \hline \end{array}$$

(2)

$$\begin{array}{r} \square\ \ \\ 4\ 7 \\ +\ 4\ 6 \\ \hline \end{array}$$

(3)

$$\begin{array}{r} \square\ \ \\ 5\ 4 \\ +\ 3\ 9 \\ \hline \end{array}$$

(4)
$$\begin{array}{r} \square \\ 3\ 5 \\ +\ 2\ 6 \\ \hline \end{array}$$

(5)
$$\begin{array}{r} \square \\ 6\ 9 \\ +\ 2\ 9 \\ \hline \end{array}$$

(6)
$$\begin{array}{r} \square \\ 1\ 6 \\ +\ 5\ 6 \\ \hline \end{array}$$

문제 9 | □ 안에 알맞은 수를 넣으시오.

(1) $65+72=\square$

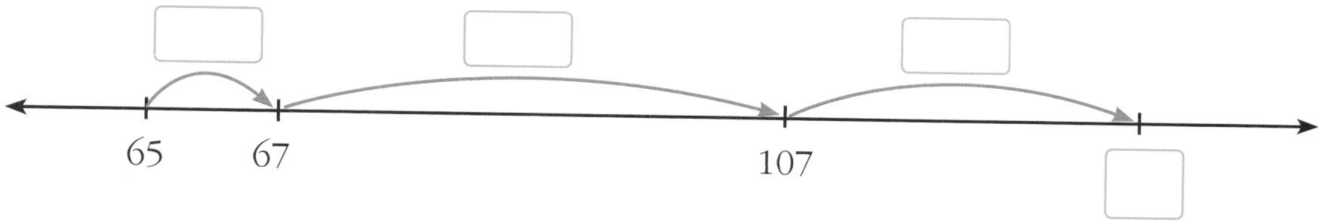

(2) $76+53=\square$

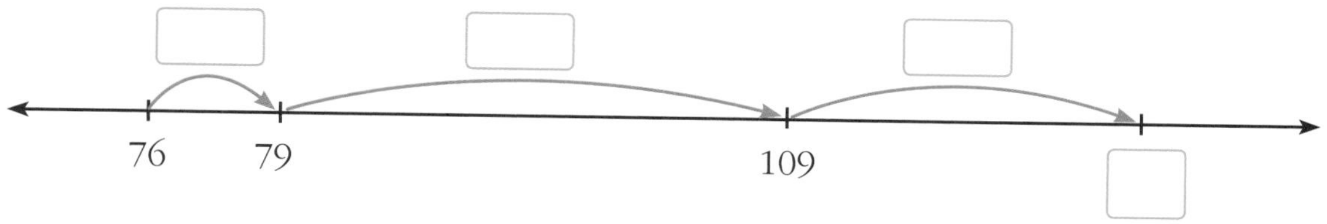

보충문제

문제 10 | 동전을 그리고 □ 안에 알맞은 수를 넣으시오.

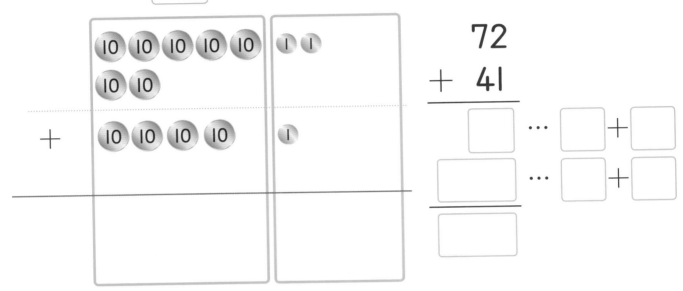

(1) $72+41=$ □

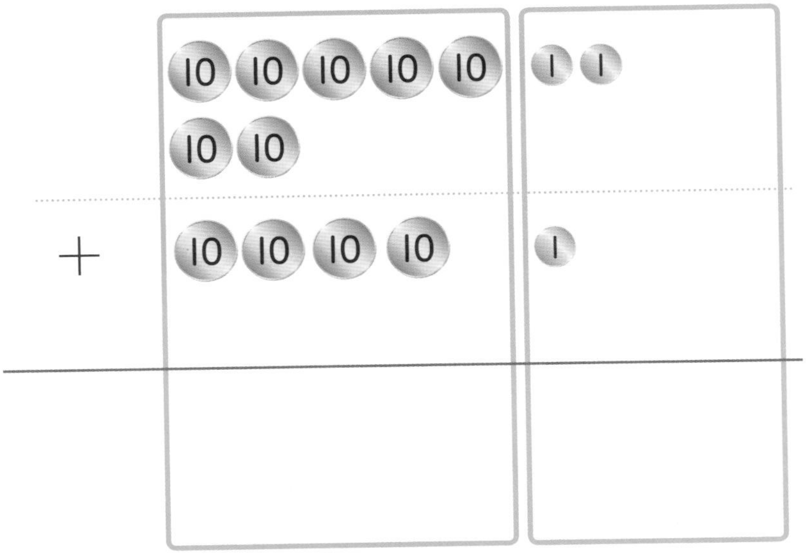

$$\begin{array}{r} 72 \\ +\ 41 \\ \hline \square \\ \square \\ \hline \square \end{array}$$

□ … □ + □

□ … □ + □

(2) $95+63=$ □

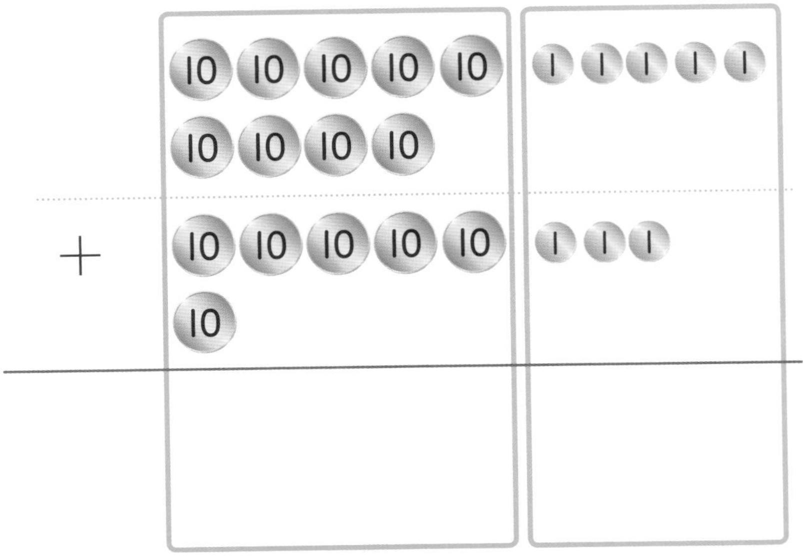

$$\begin{array}{r} 95 \\ +\ 63 \\ \hline \square \\ \square \\ \hline \square \end{array}$$

□ … □ + □

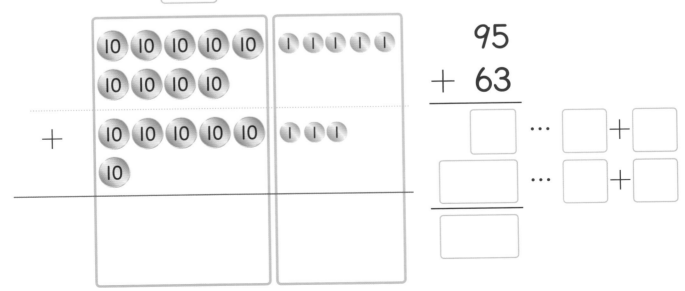

□ … □ + □

문제 11 | □ 안에 알맞은 수를 넣으시오.

(1)

$$\begin{array}{r} 84 \\ +\ 54 \\ \hline \square \\ \square \\ \hline \square \end{array}$$

… □ + □

… □ + □

(2)

$$\begin{array}{r} 70 \\ +\ 39 \\ \hline \square \\ \square \\ \hline \square \end{array}$$

… □ + □

… □ + □

(3)

$$\begin{array}{r} 93 \\ +\ 42 \\ \hline \square \\ \square \\ \hline \square \end{array}$$

… □ + □

… □ + □

(4)

$$\begin{array}{r} 61 \\ +\ 55 \\ \hline \square \\ \square \\ \hline \square \end{array}$$

… □ + □

… □ + □

보충문제

문제 12 | 다음을 계산하시오.

(1)
$$\begin{array}{r} 71 \\ +\ 75 \\ \hline \square \end{array}$$

(2)
$$\begin{array}{r} 82 \\ +\ 43 \\ \hline \square \end{array}$$

(3)
$$\begin{array}{r} 55 \\ +\ 74 \\ \hline \square \end{array}$$

(4)
$$\begin{array}{r} 93 \\ +\ 93 \\ \hline \square \end{array}$$

(5)
$$\begin{array}{r} 69 \\ +\ 80 \\ \hline \square \end{array}$$

(6)
$$\begin{array}{r} 41 \\ +\ 67 \\ \hline \square \end{array}$$

문제 13 | 동전을 그리고 □ 안에 알맞은 수를 넣으시오.

(1) $89+37=\square$

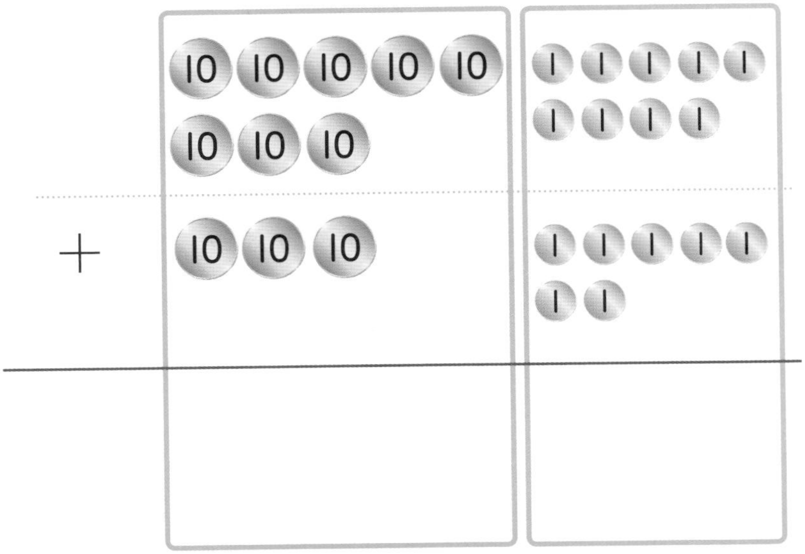

$$\begin{array}{r} 89 \\ +\ 37 \\ \hline \square \\ \square \\ \hline \square \end{array}$$

□ … □ + □

□ … □ + □

(2) $68+54=\square$

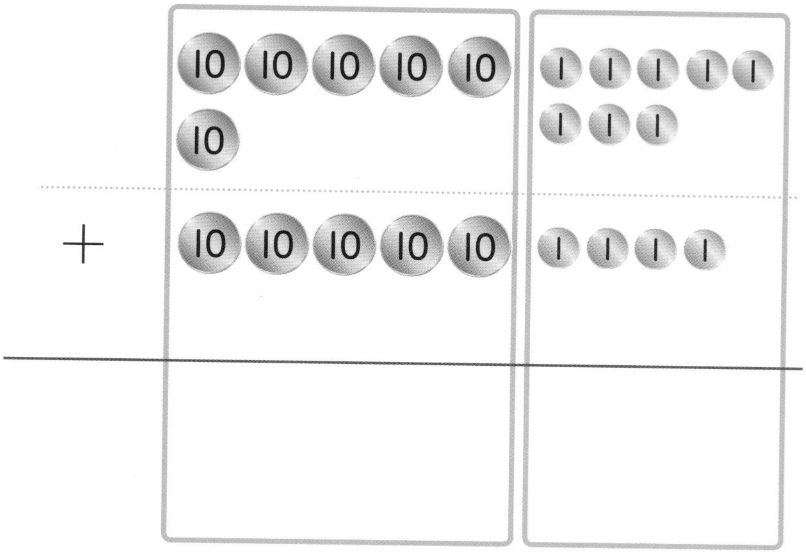

$$\begin{array}{r} 68 \\ +\ 54 \\ \hline \square \\ \square \\ \hline \square \end{array} \quad \begin{array}{l} \\ \\ \cdots \square+\square \\ \cdots \square+\square \\ \\ \end{array}$$

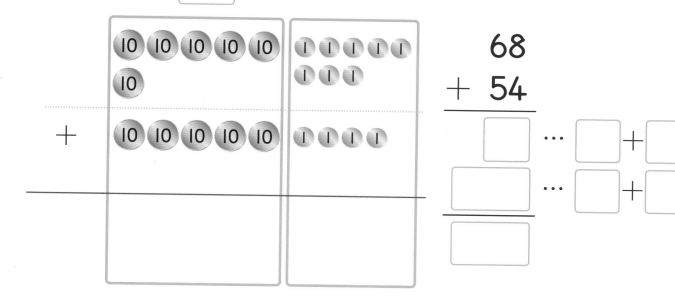

문제 14 | □ 안에 알맞은 수를 넣으시오.

(1)

$$\begin{array}{r} 54 \\ +\ 87 \\ \hline \square \\ \square \\ \hline \square \end{array} \quad \begin{array}{l} \\ \\ \cdots 4+7 \\ \cdots 50+80 \\ \\ \end{array} \quad \longrightarrow \quad \begin{array}{r} \square\ \ \ \\ 5\ 4 \\ +\ \ 8\ 7 \\ \hline \square \end{array}$$

(2)

$$\begin{array}{r} 96 \\ +\ 36 \\ \hline \square \\ \square \\ \hline \square \end{array} \quad \begin{array}{l} \\ \\ \cdots 6+6 \\ \cdots 90+30 \\ \\ \end{array} \quad \rightarrow \quad \begin{array}{r} \square\ \ \\ 9\ 6 \\ +\ \ 3\ 6 \\ \hline \square \end{array}$$

(3)

$$\begin{array}{r} 71 \\ +\ 29 \\ \hline \square \\ \square \\ \hline \square \end{array} \quad \begin{array}{l} \\ \\ \cdots 1+9 \\ \cdots 70+20 \\ \\ \end{array} \quad \rightarrow \quad \begin{array}{r} \square\ \ \\ 7\ 1 \\ +\ \ 2\ 9 \\ \hline \square \end{array}$$

(4)

$$\begin{array}{r} 35 \\ +\ 68 \\ \hline \square \\ \square \\ \hline \square \end{array}$$

… 5+8

… 30+60

→

$$\begin{array}{r} \square \\ 35 \\ +\ 68 \\ \hline \square \end{array}$$

문제 15 | 다음을 계산하시오.

(1) $\begin{array}{r} \square \\ 73 \\ +\ 48 \\ \hline \square \end{array}$

(2) $\begin{array}{r} \square \\ 96 \\ +\ 54 \\ \hline \square \end{array}$

(3) $\begin{array}{r} \square \\ 87 \\ +\ 65 \\ \hline \square \end{array}$

(4) $\begin{array}{r} \square \\ 89 \\ +\ 12 \\ \hline \square \end{array}$

(5) $\begin{array}{r} \square \\ 48 \\ +\ 56 \\ \hline \square \end{array}$

(6) $\begin{array}{r} \square \\ 25 \\ +\ 79 \\ \hline \square \end{array}$

보충문제

문제 16 | 다음을 계산하시오.

(1) $84+48=\square$

(2) $91+19=\square$

(3) $17+83=\square$

(4) $56+54=\square$

(5) $79+75=\square$

(6) $63+99=\square$

문제 17 | □ 안에 알맞은 수를 넣으시오.

(1)

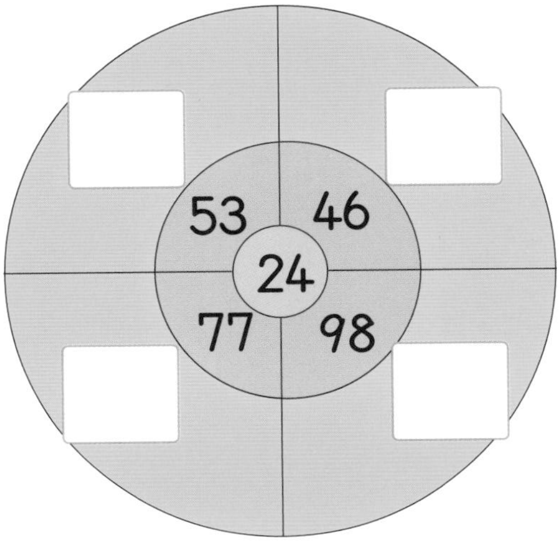

(2)

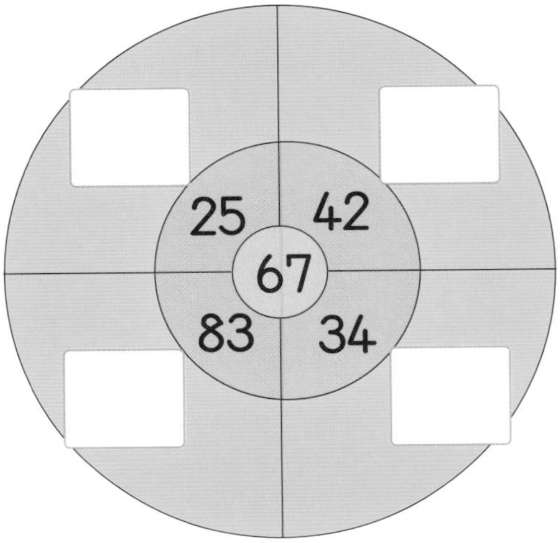

(3)

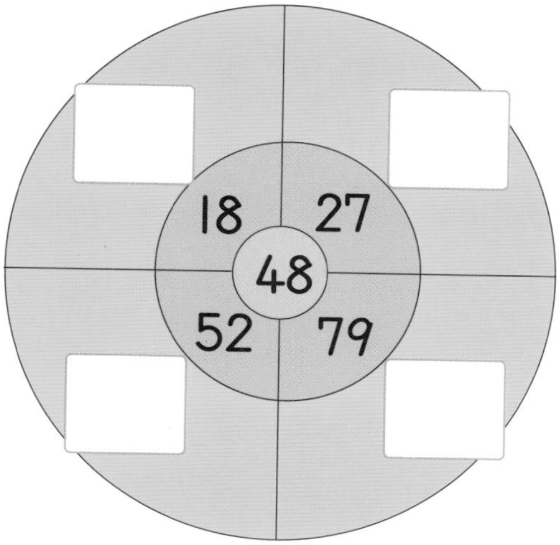

(4)

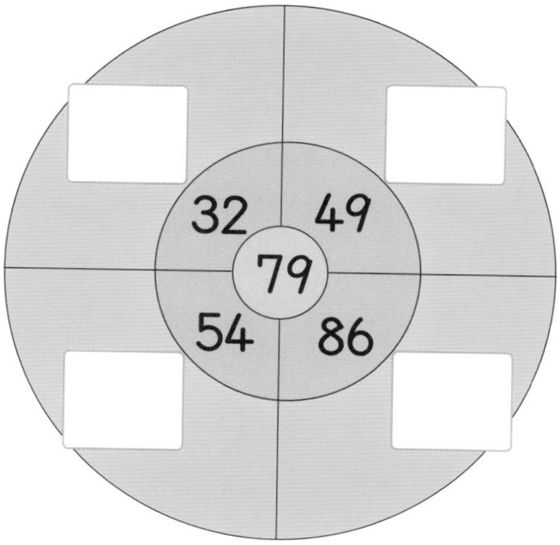

문제 18 | 두 수의 합이 같으면 =, 다르면 〈 또는 〉을 넣으시오.

(1) 64+63 ◯ 96+21

(2) 58+49 ◯ 78+29

(3) 42+85 ◯ 42+95

(4) 23+86 ◯ 23+68

(5) 81+69 ◯ 46+96

(6) 59+83 ◯ 51+91

보충문제

문제 19 | 직접 채점하고, 틀린 답은 바르게 고치시오.

(1) $57+83=$ 140

(2) $45+68=$ 103

(3) $69+65=$ 134

(4) $81+23=$ 114

(5) $76+26=$ 92

(6) $92+98=$ 190

(7) $38+54=$ 192

(8) $25+96=$ 121

(9) $37+73=$ 1010

문제 20 | 다음을 계산하시오.

(1)

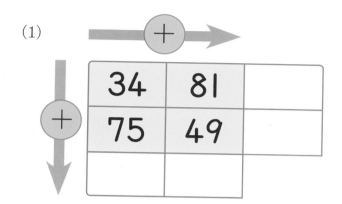

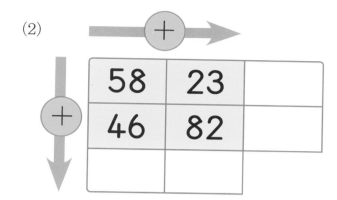

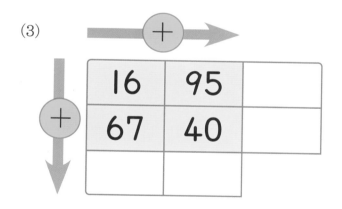

34	81	
75	49	

(2)

58	23	
46	82	

(3)

16	95	
67	40	

(4)

64	48	
57	34	

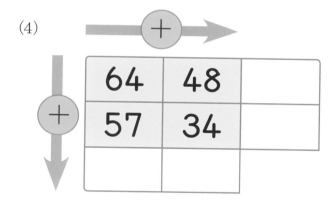

문제 21 | 다음을 식으로 나타내고 물음에 답하시오.

(1) 딸기맛 사탕 67개와 귤맛 사탕 59개가 있습니다. 사탕은 모두 몇 개인가요?

식: ______________________ **답:** __________

(2) 책 46권이 있었습니다. 35권을 더 가져왔다면 모두 몇 권인가요?

식: ______________________ **답:** __________

(3) 파란색 구슬 35개, 초록색 구슬 29개, 노란색 구슬 42개가 있습니다. 구슬은 모두 몇 개 인가요?

식: ______________________ **답:** __________

(4) 아침에 24명, 점심에 47명, 저녁에 58명의 환자가 들어왔다고 합니다. 병원에 있는 환자는 모두 몇 명일까요?

식: ______________________ **답:** __________

4 받아내림이 있는 두자리 수 **뺄셈**

1 일차 | **십의 자리부터 빼는 받아내림이 있는 두 자리 수 뺄셈** 수 배열표와 수직선
2 일차 | **일의 자리부터 빼는 받아내림이 있는 두 자리 수 뺄셈** 수 배열표와 수직선
3 일차 | **받아내림이 있는 두 자리 수 뺄셈** 동전 모델
4 일차 | **받아내림이 있는 두 자리 수 뺄셈** 세로식
5 일차 | **받아내림이 있는 두 자리 수 뺄셈** 연습(1)
6 일차 | **받아내림이 있는 두 자리 수 뺄셈** 연습(2)
7 일차 | **받아내림이 있는 두 자리 수 뺄셈** 간단하고 쉬운 덧셈과 뺄셈
8 일차 | **덧셈과 뺄셈 연습(1)**
9 일차 | **덧셈과 뺄셈 연습(2)**
10 일차 | **덧셈과 뺄셈의 관계(1)**
11 일차 | **덧셈과 뺄셈의 관계(2)**
12 일차 | **덧셈과 뺄셈의 관계(3)**

1 일차 십의 자리부터 빼는 받아내림이 있는 두 자리 수 뺄셈

수 배열표와 수직선

공부한 날짜 월 일

문제 1 | □ 안에 알맞은 수를 넣으시오.

(1) $31-5=\square$　　(2) $46-8=\square$

(3) $25-9=\square$　　(4) $52-3=\square$

(5) $87-9=\square$　　(6) $64-7=\square$

문제 2 | 보기와 같이 숫자에 표시하고 □ 안에 알맞은 수를 넣으시오.

보기

20　7

$56-27=$ 29

11	12	13	14	15	16	17	18	19	20
21	22	23	24	25	26	27	28	29	30
31	32	33	34	35	36	37	38	39	40
41	42	43	44	45	46	47	48	49	50
51	52	53	54	55	56	57	58	59	60

(1) $43-15=\square$

□　□

1	2	3	4	5	6	7	8	9	10
11	12	13	14	15	16	17	18	19	20
21	22	23	24	25	26	27	28	29	30
31	32	33	34	35	36	37	38	39	40
41	42	43	44	45	46	47	48	49	50

선생님만 보세요

문제 1 받아내림이 있는 두 자리 수와 한 자리 수의 뺄셈을 복습한다. 자릿값에 맞추어 계산하는 것을 기억하자.

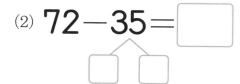

(2) $72-35=\square$

31	32	33	34	35	36	37	38	39	40
41	42	43	44	45	46	47	48	49	50
51	52	53	54	55	56	57	58	59	60
61	62	63	64	65	66	67	68	69	70
71	72	73	74	75	76	77	78	79	80

(3) $64-26=\square$

21	22	23	24	25	26	27	28	29	30
31	32	33	34	35	36	37	38	39	40
41	42	43	44	45	46	47	48	49	50
51	52	53	54	55	56	57	58	59	60
61	62	63	64	65	66	67	68	69	70

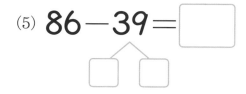

(4) $63-38=\square$

21	22	23	24	25	26	27	28	29	30
31	32	33	34	35	36	37	38	39	40
41	42	43	44	45	46	47	48	49	50
51	52	53	54	55	56	57	58	59	60
61	62	63	64	65	66	67	68	69	70

(5) $86-39=\square$

41	42	43	44	45	46	47	48	49	50
51	52	53	54	55	56	57	58	59	60
61	62	63	64	65	66	67	68	69	70
71	72	73	74	75	76	77	78	79	80
81	82	83	84	85	86	87	88	89	90

선생님만 보세요

문제 2 수 배열표를 이용하여 받아내림이 있는 두 자리수의 뺄셈을 익힌다. 두 자리 수의 뺄셈도 일의 자리부터 또는 십의 자리부터 실행할 수 있다. 앞의 덧셈에서와 같이 우선 십의 자리부터 빼는 것을 실행한다.

문제 3 | 보기와 같이 □ 안에 알맞은 수를 넣으시오.

보기

63－27＝ 36

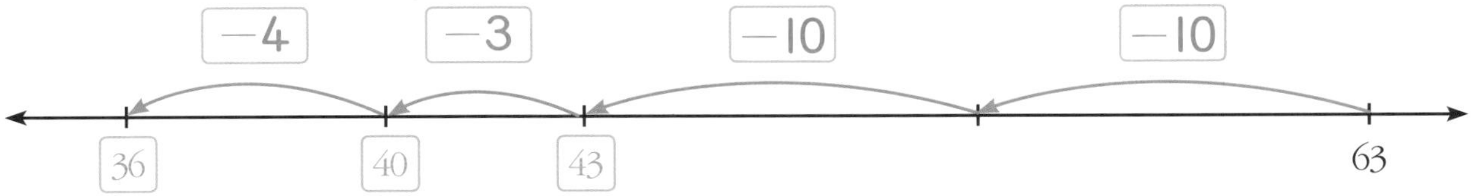

(1) 47－28＝□

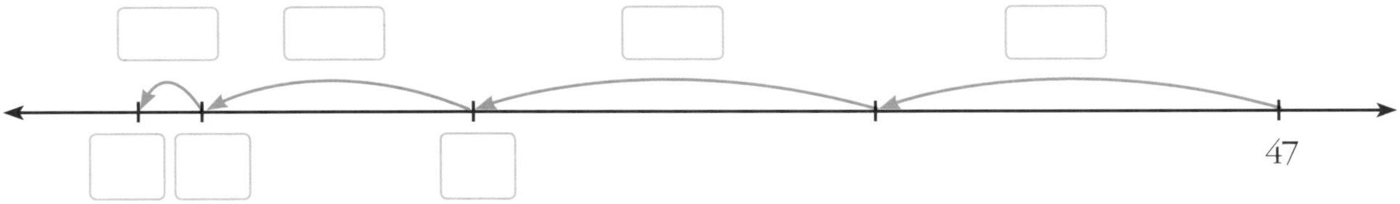

(2) 61－25＝□

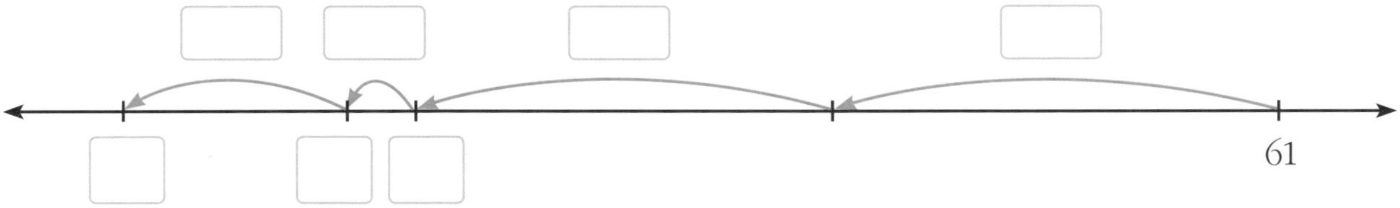

(3) 53－36＝□

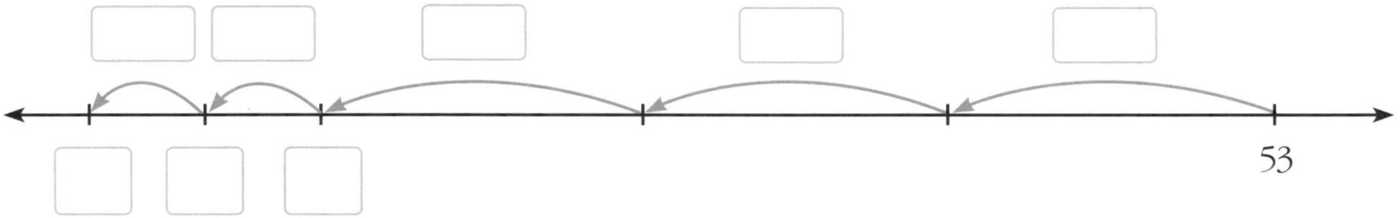

문제 3 받아올림이 있는 두 자리 수끼리의 뺄셈을 수직선에서 익힌다. 수 배열표에서와 같이 십의 자리와 일의 자리 순으로 뺄셈을 실행한다. 처음에 10씩 차례대로 뺄셈을 하다가 익숙해지면, 몇십을 한꺼번에 빼도록 한다. 한편, 일의 자리끼리의 뺄셈에서 몇십을 만드는 받아내림에도 주의해야 한다.

(4) $73-47=\square$

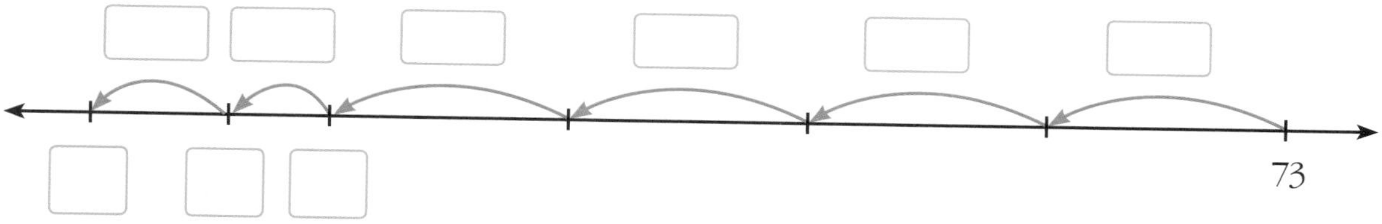

(5) $56-49=\square$

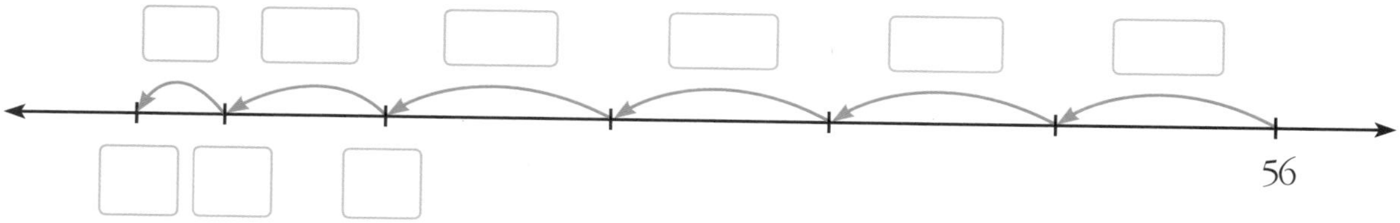

(6) $83-27=\square$

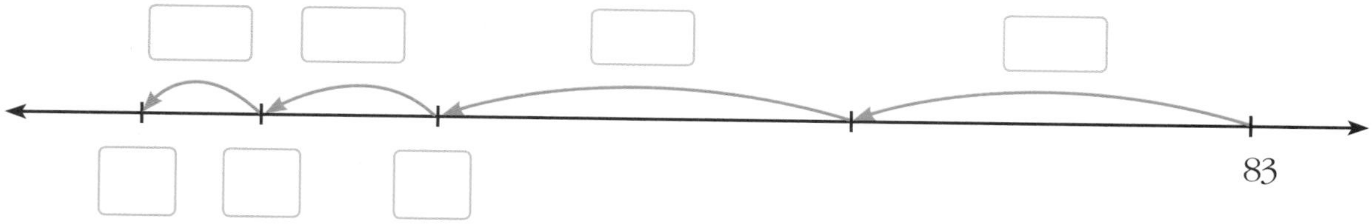

2일차 일의 자리부터 빼는 받아내림이 있는 두 자리 수 뺄셈

수배열표와 수직선

공부한 날짜 월 일

문제 1 | 보기와 같이 표시하고 □ 안에 알맞은 수를 넣으시오.(이번에는 일의 자리부터 뺍니다.)

보기

56－27＝29

11	12	13	14	15	16	17	18	19	20
21	22	23	24	25	26	27	28	29	30
31	32	33	34	35	36	37	38	39	40
41	42	43	44	45	46	47	48	49	50
51	52	53	54	55	56	57	58	59	60

(1) 43－15＝□

1	2	3	4	5	6	7	8	9	10
11	12	13	14	15	16	17	18	19	20
21	22	23	24	25	26	27	28	29	30
31	32	33	34	35	36	37	38	39	40
41	42	43	44	45	46	47	48	49	50

(2) 72－35＝□

31	32	33	34	35	36	37	38	39	40
41	42	43	44	45	46	47	48	49	50
51	52	53	54	55	56	57	58	59	60
61	62	63	64	65	66	67	68	69	70
71	72	73	74	75	76	77	78	79	80

(3) 64－26＝□

21	22	23	24	25	26	27	28	29	30
31	32	33	34	35	36	37	38	39	40
41	42	43	44	45	46	47	48	49	50
51	52	53	54	55	56	57	58	59	60
61	62	63	64	65	66	67	68	69	70

선생님만 보세요

문제 1 앞 차시와 같은 문제로, 수 배열표를 이용하여 받아내림이 있는 두 자리수의 뺄셈을 익힌다. 다만 일의 자리부터 빼기를 하는 것만 다르다.

(4) 63 − 38 = ☐

21	22	23	24	25	26	27	28	29	30
31	32	33	34	35	36	37	38	39	40
41	42	43	44	45	46	47	48	49	50
51	52	53	54	55	56	57	58	59	60
61	62	63	64	65	66	67	68	69	70

(5) 86 − 39 = ☐

41	42	43	44	45	46	47	48	49	50
51	52	53	54	55	56	57	58	59	60
61	62	63	64	65	66	67	68	69	70
71	72	73	74	75	76	77	78	79	80
81	82	83	84	85	86	87	88	89	90

문제 2 | 보기와 같이 ☐ 안에 알맞은 수를 넣으시오.

보기

63 − 27 = 36

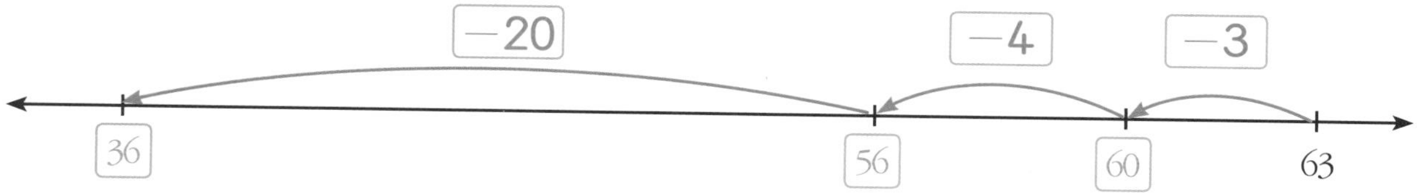

(1) 47 − 28 = ☐

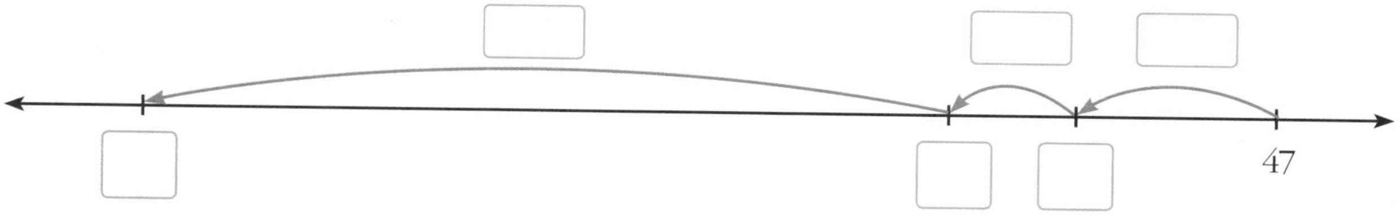

선생님만 보세요 **문제 2** 역시 앞차시의 (3)과 같은 문제다. 다만 일의 자리부터 빼기를 하는 것만 다르다.

(2) 61－25＝☐

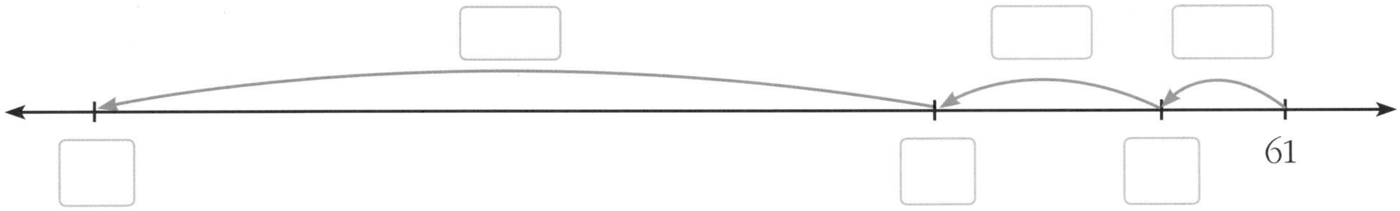

(3) 53－36＝☐

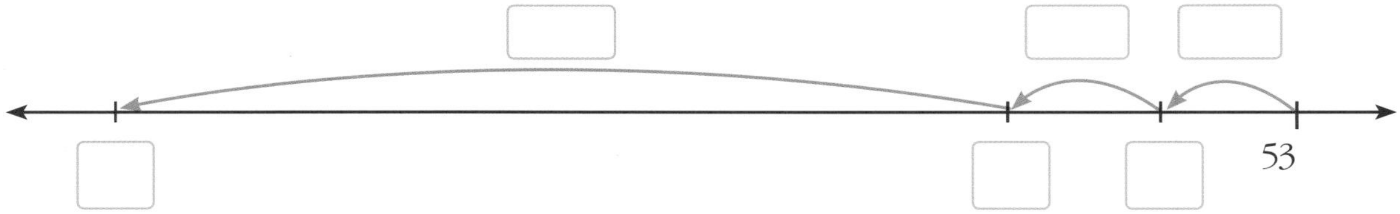

(4) 73－47＝☐

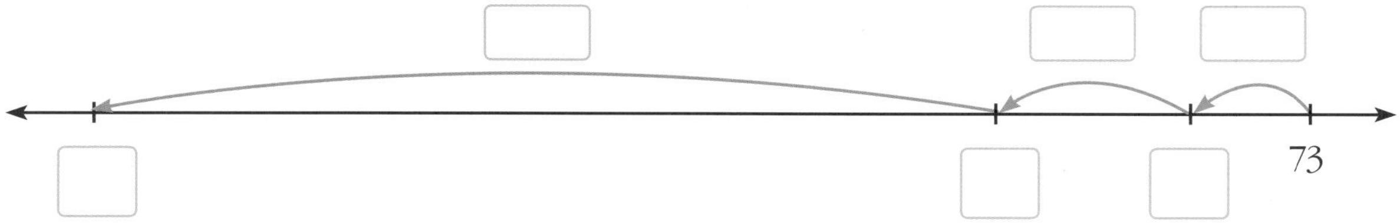

(5) 56－49＝☐

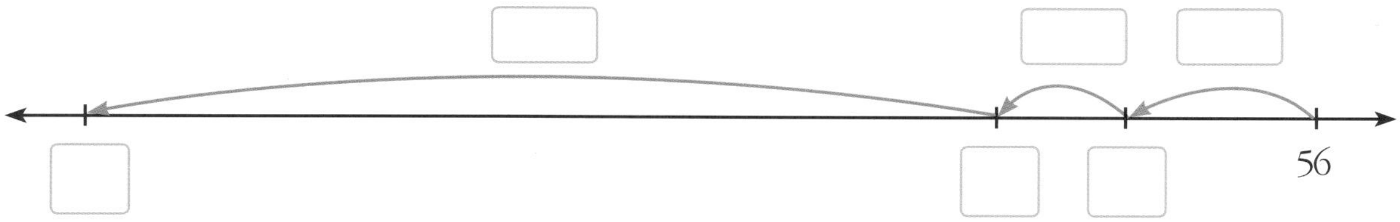

3일차 받아내림이 있는 두 자리 수 뺄셈 동전 모델

공부한 날짜 월 일

문제 1 | 다음 뺄셈을 수 배열표와 수직선에 나타내고 답을 구하시오.

(1) $64-38=\square$

21	22	23	24	25	26	27	28	29	30
31	32	33	34	35	36	37	38	39	40
41	42	43	44	45	46	47	48	49	50
51	52	53	54	55	56	57	58	59	60
61	62	63	64	65	66	67	68	69	70

(2) $56-18=\square$

11	12	13	14	15	16	17	18	19	20
21	22	23	24	25	26	27	28	29	30
31	32	33	34	35	36	37	38	39	40
41	42	43	44	45	46	47	48	49	50
51	52	53	54	55	56	57	58	59	60

(3) $76-29=\square$

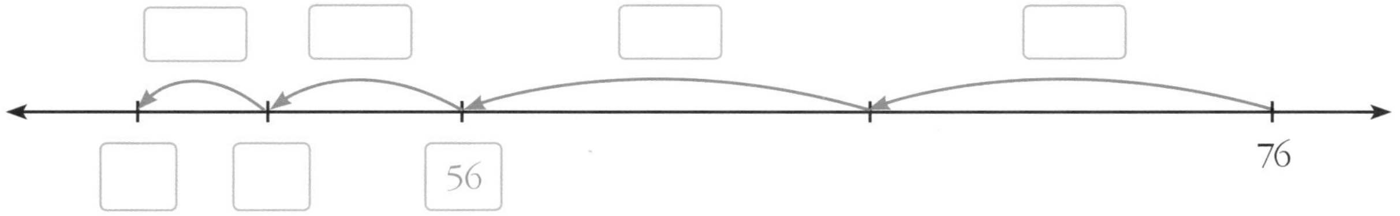

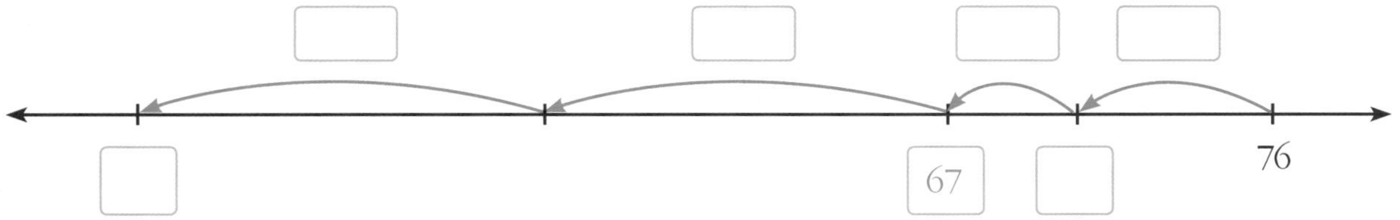

선생님만 보세요

문제 1 앞에서 익힌 수 배열표와 수직선을 이용한 받아내림이 있는 두 자리 뺄셈의 복습이다. 이때 각각 일의 자리부터 뺄셈과 십의 자리부터 뺄셈을 한 결과가 같음을 확인한다. 실제로 아이들은 이를 확인하고 신기하다는 반응을 보이기도 한다.

(4) $82-49=$ ☐

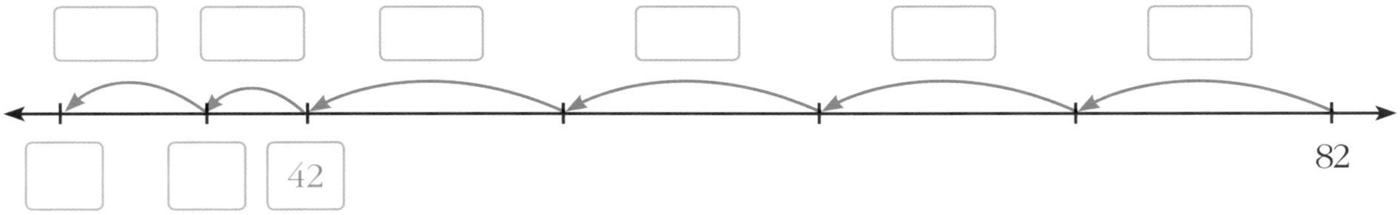

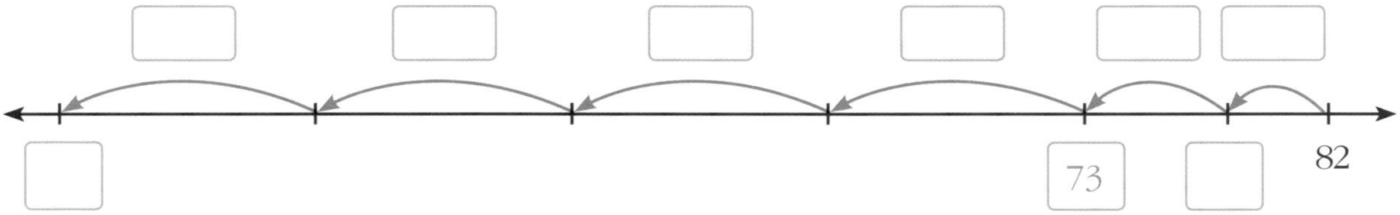

(5) $64-25=$ ☐

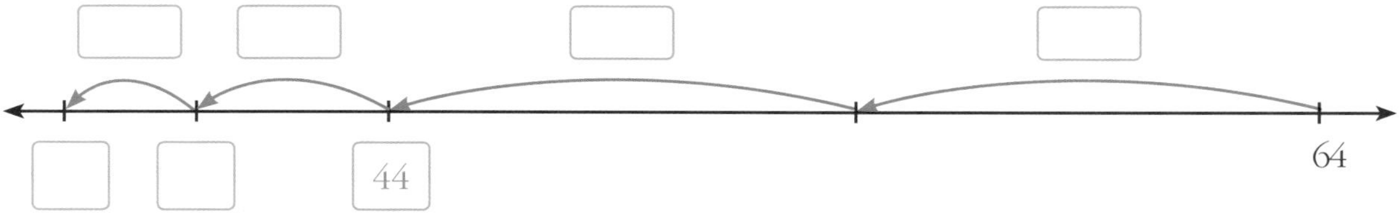

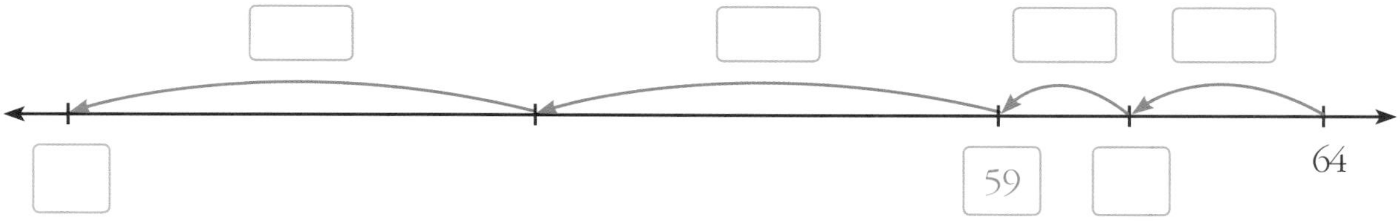

(6) 53−38=☐

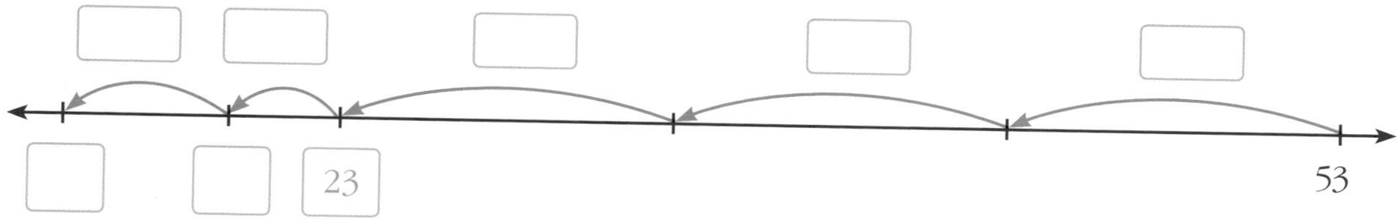

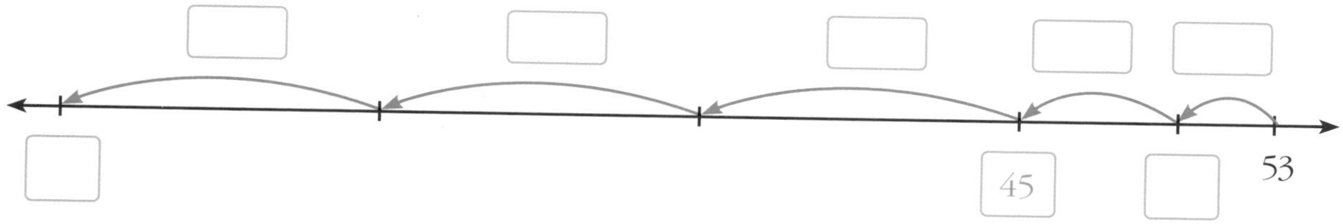

문제 2 | 보기와 같이 그림을 보고 계산하시오.

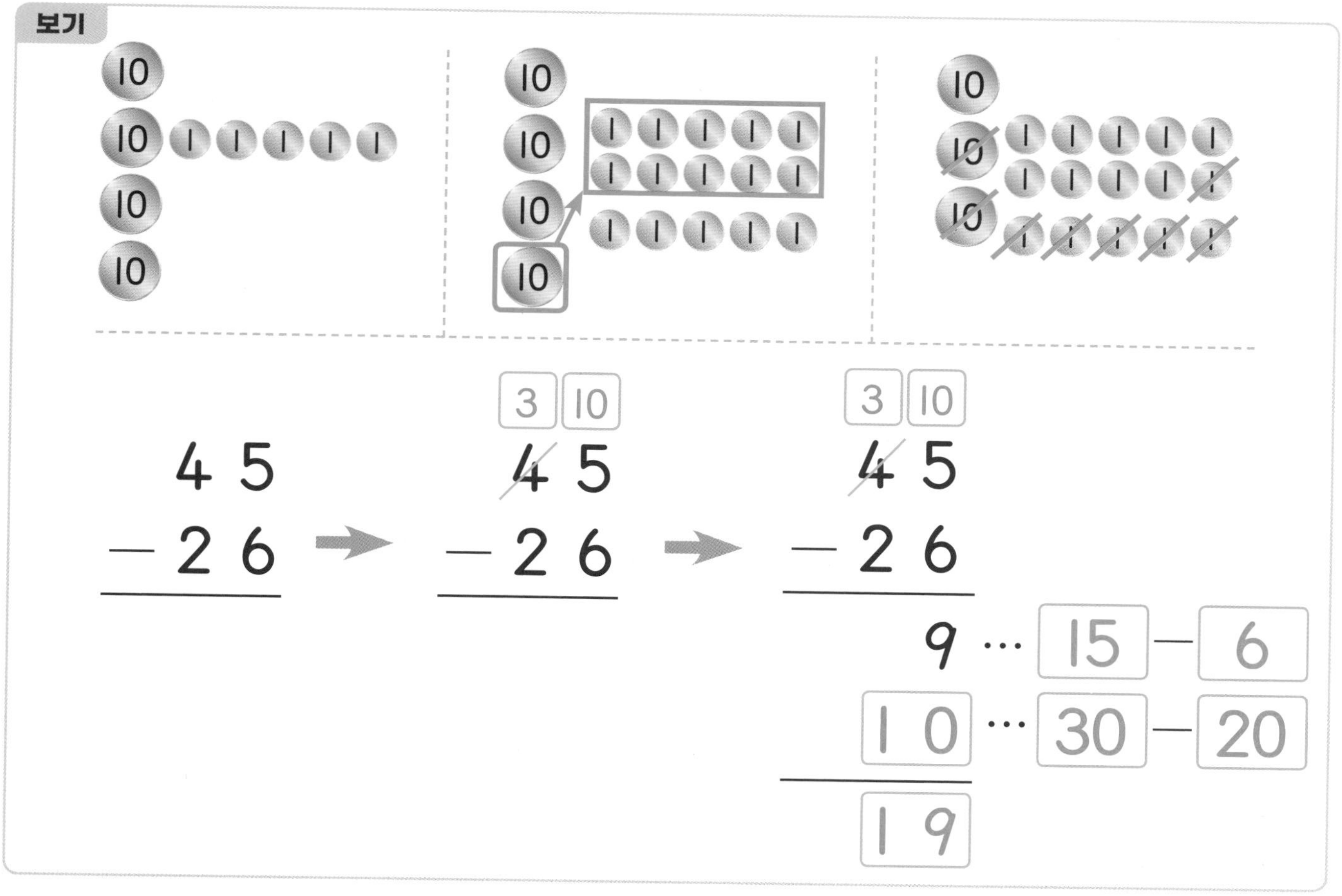

선생님만 보세요

문제 2 뺄셈은 덧셈보다 어렵게 느껴질 수 있지만 동전 모델로 나타내면 훨씬 이해하기 쉽다. 동전 모델로 뺄셈이 구현되는 과정을 세로셈과 비교한다. 실제 문제 풀이에서 제시된 피감수의 동전을 하나씩 지워가며 받아내림 과정을 직접 체험하는 것이다. 이를 위해 일 원짜리 동전을 직접 그려보기를 할 수도 있다. 5번부터 굳이 그림을 직접 그리도록 강요할 필요는 없다.

(1)

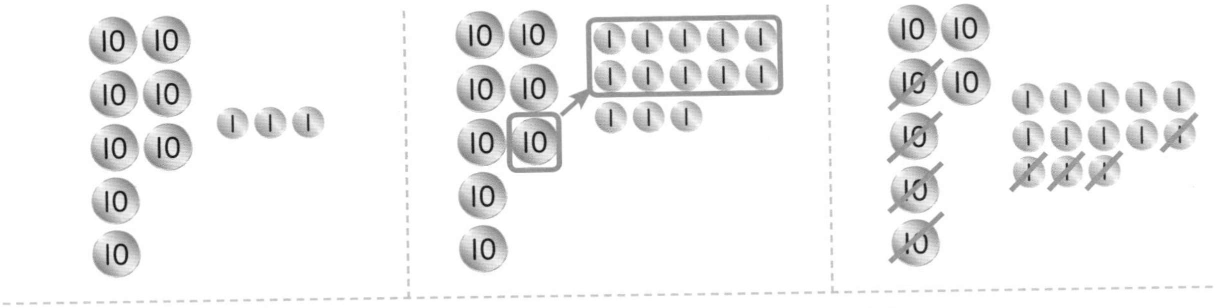

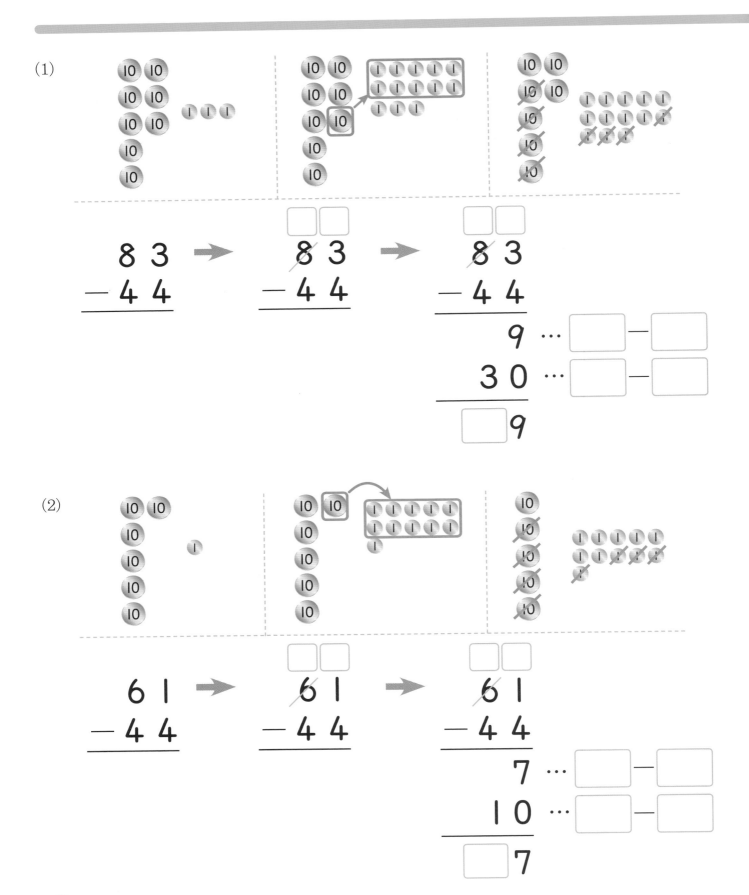

$$\begin{array}{r} 83 \\ -\ 44 \\ \hline \end{array} \rightarrow \begin{array}{r} \square\square \\ \not{8}3 \\ -\ 44 \\ \hline \end{array} \rightarrow \begin{array}{r} \square\square \\ \not{8}3 \\ -\ 44 \\ \hline 9 \\ 30 \\ \hline \square 9 \end{array}$$

9 … □ − □

30 … □ − □

(2)

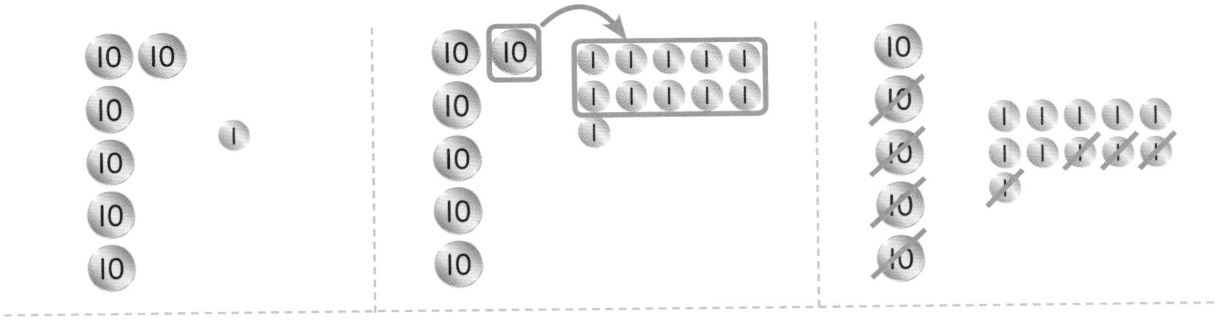

$$\begin{array}{r} 61 \\ -\ 44 \\ \hline \end{array} \rightarrow \begin{array}{r} \square\square \\ \not{6}1 \\ -\ 44 \\ \hline \end{array} \rightarrow \begin{array}{r} \square\square \\ \not{6}1 \\ -\ 44 \\ \hline 7 \\ 10 \\ \hline \square 7 \end{array}$$

7 … □ − □

10 … □ − □

선생님만 보세요

주의 십의 자리에서 받아내림 이후에 감수를 10에서 빼고 나서 피감수의 일의 자리 수와 더하거나, 또는 피감수의 일의 자리와 10을 합한 십몇에서 빼는 두 가지 경우가 있다. 각자 스스로 선택하면 된다. 이 뺄셈은 세로식에서는 나타내지 못하므로 머릿속에서 이루어진다. 다만 어떤 방식으로 답을 얻었는가에 대해 설명하도록 하는 것은 매우 중요하다. 대화가 필요한 순간이다.

(3)

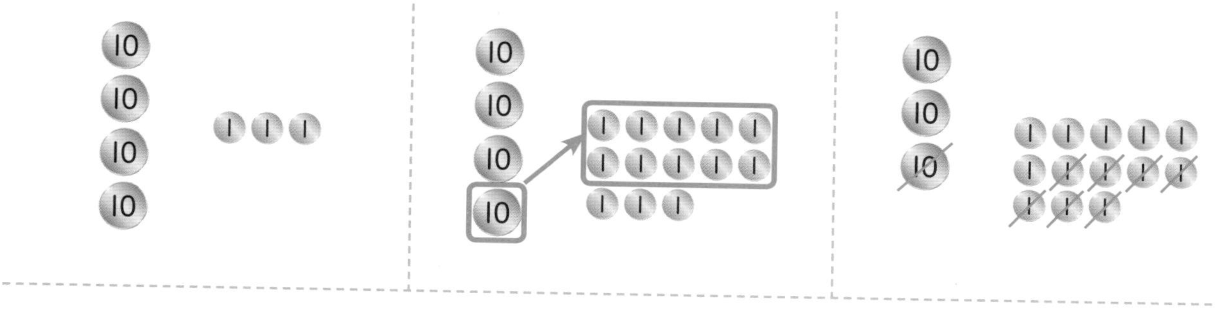

```
  4 3          □□           □□
- 1 7    →     4̸ 3    →     4̸ 3
-----        - 1 7        - 1 7
             -----        -----
                              6 ··· □ - □
                            2 0 ··· □ - □
                            -----
                            □ 6
```

(4)

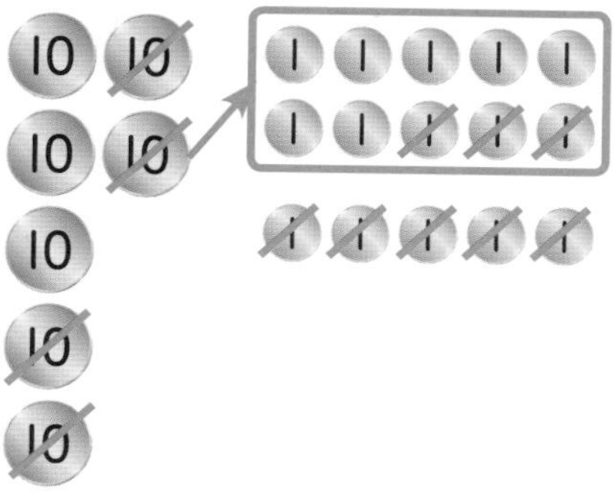

```
  □□
  7 5
- 3 8
-----
  □   ··· □ - □
  3 0 ··· □ - □
-----
  □
```

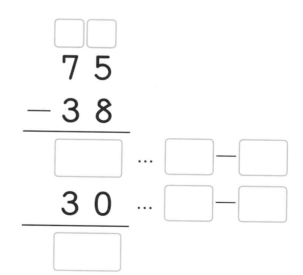

(5)

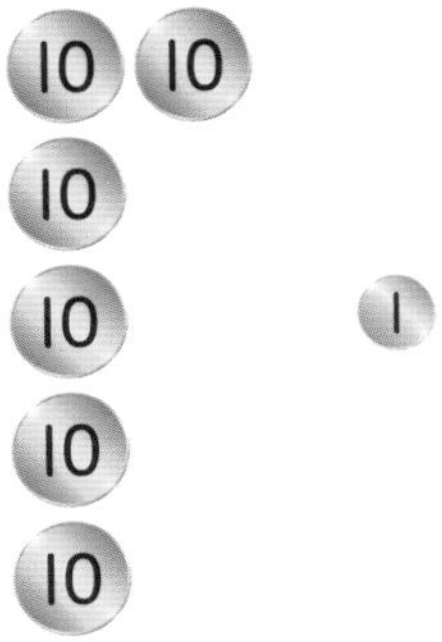

[ ][ ]

  6 1
− 2 9

[ ] … [ ] − [ ]

  3 0 … [ ] − [ ]

[ ]

(6)

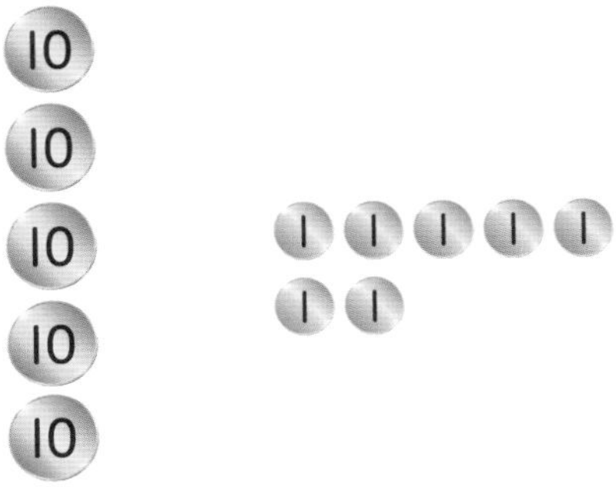

[ ][ ]

  5 7
− 2 9

[ ] … [ ] − [ ]

  2 0 … [ ] − [ ]

[ ]

(7)

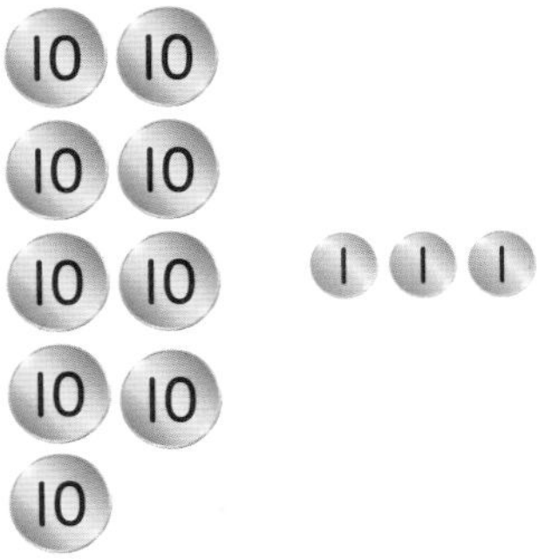

[ ][ ]

  9 3
− 4 7

[ ] … [ ] − [ ]

  4 0 … [ ] − [ ]

[ ]

(8)

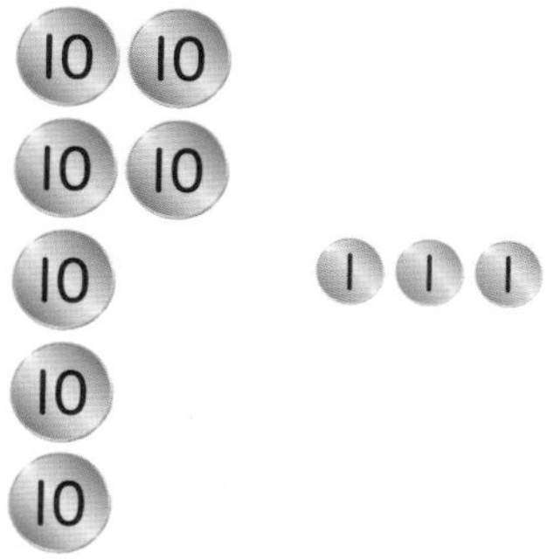

□□
7 3
− 2 7
□ … □ − □
4 0 … □ − □
□

(9)

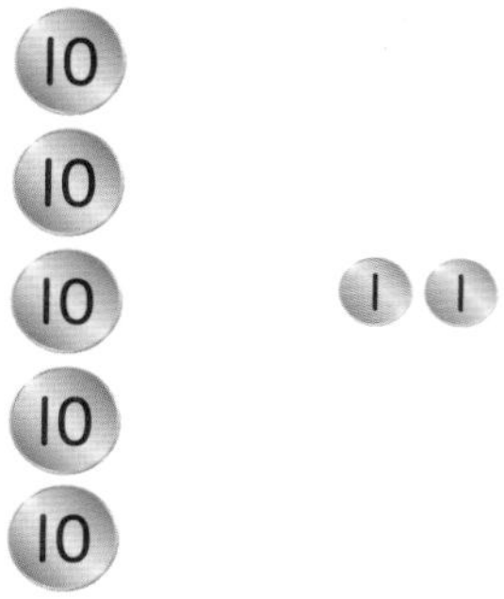

□□
5 2
− 2 8
□ … □ − □
2 0 … □ − □
□

(10)

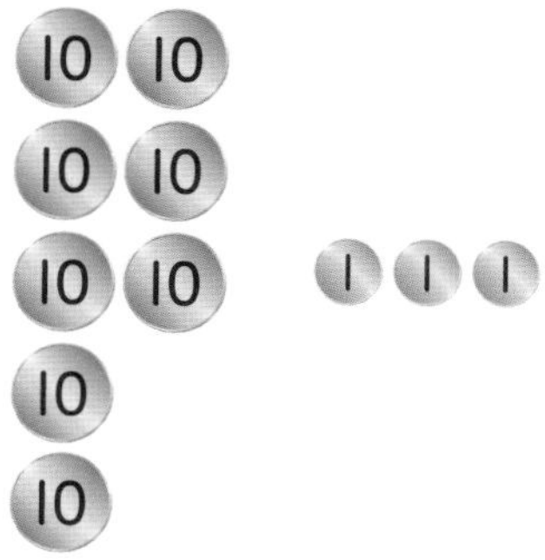

□□
8 3
− 5 9
□ … □ − □
2 0 … □ − □
□

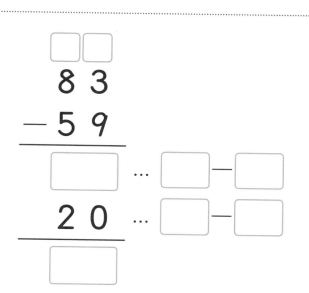

공부한 날짜 월 일

문제 1 | □ 안에 알맞은 수를 넣으시오.

보기

```
  [7][10]
   8  3
 - 4  4
 ------
  [  9] … [13]-[4]
   3  0 … [70]-[40]
 ------
  [3 9]
```

(1)

```
  [ ][ ]
   4  8
 - 1  9
 ------
  [   ] … [ ]-[ ]
   2  0 … [ ]-[ ]
 ------
  [   ]
```

(2)

```
  [ ][ ]
   6  5
 - 1  7
 ------
  [   ] … [ ]-[ ]
   4  0 … [ ]-[ ]
 ------
  [   ]
```

(3)

```
  [ ][ ]
   7  1
 - 3  8
 ------
  [   ] … [ ]-[ ]
   3  0 … [ ]-[ ]
 ------
  [   ]
```

선생님만 보세요

문제 1 앞에서 익힌 받아내림이 있는 두 자리 수 뺄셈의 복습니다.

(4)

$$\begin{array}{r} \square\square \\ 92 \\ -\ 46 \\ \hline \square \\ 40 \\ \hline \square \end{array}$$

$\square \cdots \square - \square$

$40 \cdots \square - \square$

(5)

$$\begin{array}{r} \square\square \\ 36 \\ -\ 17 \\ \hline \square \\ 10 \\ \hline \square \end{array}$$

$\square \cdots \square - \square$

$10 \cdots \square - \square$

(6)

$$\begin{array}{r} \square\square \\ 87 \\ -\ 29 \\ \hline \square \\ 50 \\ \hline \square \end{array}$$

$\square \cdots \square - \square$

$50 \cdots \square - \square$

(7)

$$\begin{array}{r} \square\square \\ 54 \\ -\ 29 \\ \hline \square \\ 20 \\ \hline \square \end{array}$$

$\square \cdots \square - \square$

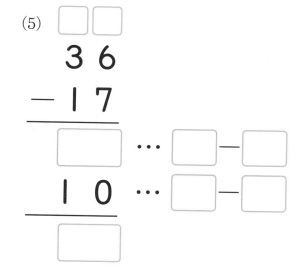

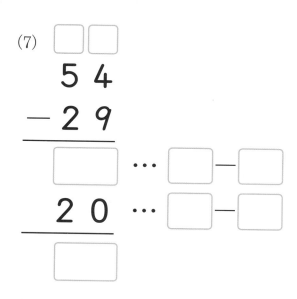

$20 \cdots \square - \square$

(8)

$$\begin{array}{r} \square\square \\ 74 \\ -59 \\ \hline \square \cdots \square - \square \\ 10 \cdots \square - \square \\ \hline \square \end{array}$$

(9)

$$\begin{array}{r} \square\square \\ 61 \\ -18 \\ \hline \square \cdots \square - \square \\ 40 \cdots \square - \square \\ \hline \square \end{array}$$

문제 2 | 다음을 계산하시오.

보기

76−49

$$\begin{array}{r} \boxed{6}\boxed{10} \\ \not{7}6 \\ -49 \\ \hline \boxed{27} \end{array}$$

(1) 63−16

$$\begin{array}{r} \square\square \\ 63 \\ -16 \\ \hline \square \end{array}$$

(2) 88−79

$$\begin{array}{r} \square\square \\ 88 \\ -79 \\ \hline \square \end{array}$$

선생님만 보세요

문제 2 받아내림이 있는 두 자리 수 뺄셈을 세로식에서 완성한다.

(3) $87-69$

$$\begin{array}{r} 8\ 7 \\ -\ 6\ 9 \\ \hline \square \end{array}$$

(4) $92-77$

$$\begin{array}{r} 9\ 2 \\ -\ 7\ 7 \\ \hline \square \end{array}$$

(5) $56-38$

$$\begin{array}{r} 5\ 6 \\ -\ 3\ 8 \\ \hline \square \end{array}$$

(6) $72-44$

$$\begin{array}{r} 7\ 2 \\ -\ 4\ 4 \\ \hline \square \end{array}$$

(7) $61-23$

$$\begin{array}{r} 6\ 1 \\ -\ 2\ 3 \\ \hline \square \end{array}$$

(8) $45-18$

$$\begin{array}{r} 4\ 5 \\ -\ 1\ 8 \\ \hline \square \end{array}$$

(9) $55-19$

$$\begin{array}{r} 5\ 5 \\ -\ 1\ 9 \\ \hline \square \end{array}$$

(10) $76-39$

$$\begin{array}{r} 7\ 6 \\ -\ 3\ 9 \\ \hline \square \end{array}$$

5일차 받아 내림이 있는 두 자리 수 뺄셈 연습(1)

공부한 날짜 월 일

문제 1 | 다음을 계산하시오.

(1)
$$\begin{array}{r} 44 \\ -\ 28 \\ \hline \square \end{array}$$

(2)
$$\begin{array}{r} 64 \\ -\ 37 \\ \hline \square \end{array}$$

(3)
$$\begin{array}{r} 82 \\ -\ 19 \\ \hline \square \end{array}$$

(4)
$$\begin{array}{r} 73 \\ -\ 46 \\ \hline \square \end{array}$$

(5)
$$\begin{array}{r} 56 \\ -\ 37 \\ \hline \square \end{array}$$

(6)
$$\begin{array}{r} 75 \\ -\ 36 \\ \hline \square \end{array}$$

(7) $21-15=\square$

(8) $43-14=\square$

(9) $76-38=\square$

(10) $64-29=\square$

선생님만 보세요

문제 1 세로식과 가로식에서 받아내림이 있는 두 자리 수의 뺄셈 연습이다.

(11) $91-37=\square$

(12) $85-46=\square$

(13) $52-38=\square$

(14) $71-54=\square$

(15) $63-39=\square$

(16) $35-19=\square$

(17) $83-66=\square$

(18) $46-29=\square$

(19) $57-19=\square$

(20) $94-67=\square$

(21) $65-58=\square$

문제 2 | 보기와 같이 □ 안에 알맞은 수를 넣고 가장 큰 수가 나오는 뺄셈식을 적으시오.

보기

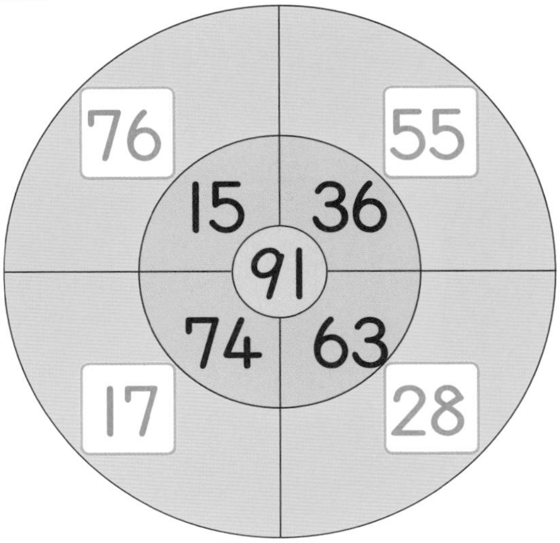

식: 91－15＝76 **답:** 76

(1)

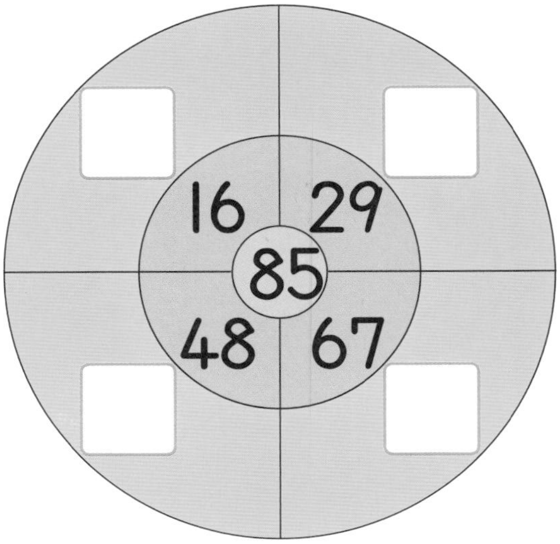

식: ______ **답:** ______

(2)

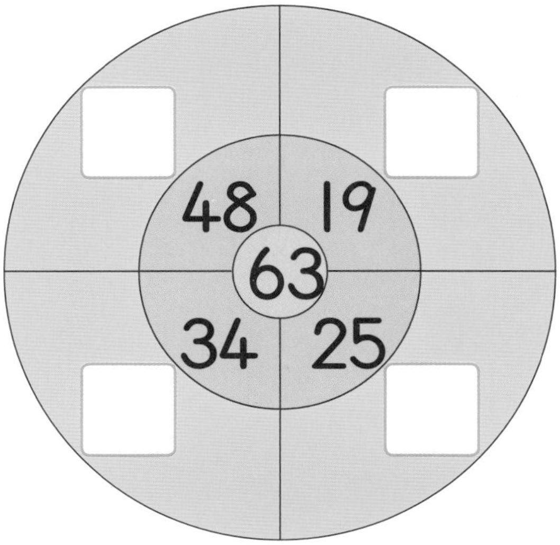

식: ______ **답:** ______

(3)

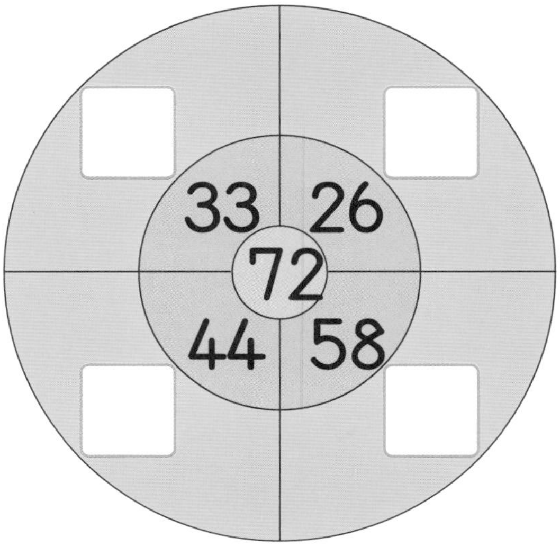

식: ______ **답:** ______

선생님만 보세요

문제 2 똑같은 피감수에 대하여 서로 다른 수를 빼는 문제다. 답이 가장 큰 수가 나오는 식은 빼는 수(감수가) 최소라는 사실도 함께 파악한다.

(4)

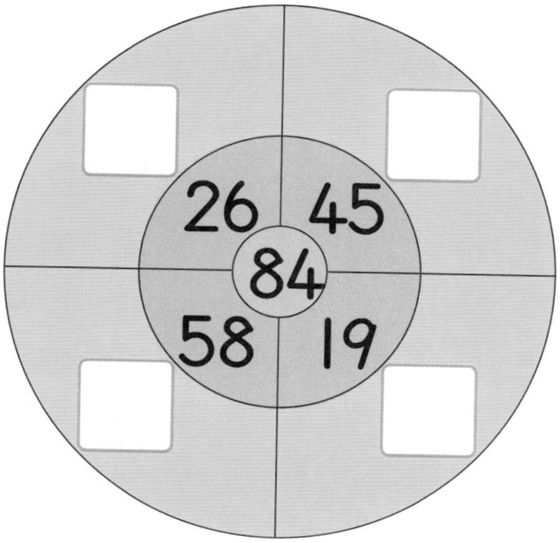

식: ______ 답: ______

(5)

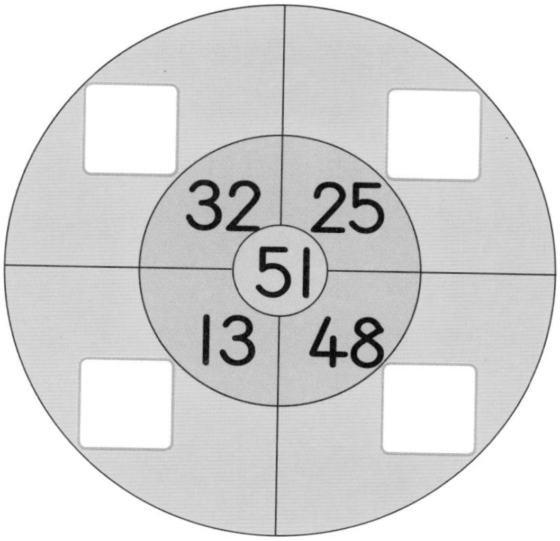

식: ______ 답: ______

받아 내림이 있는 두 자리 수 뺄셈 연습 (2)

공부한 날짜 월 일

문제 1 | 다음을 계산하시오.

(1)
$$\begin{array}{r} 35 \\ -\ 17 \\ \hline \square \end{array}$$

(2)
$$\begin{array}{r} 43 \\ -\ 24 \\ \hline \square \end{array}$$

(3)
$$\begin{array}{r} 82 \\ -\ 25 \\ \hline \square \end{array}$$

(4) $41-13=\square$

(5) $65-47=\square$

(6) $76-48=\square$

(7) $54-29=\square$

(8) $98-79=\square$

(9) $61-26=\square$

(10) $82-46=\square$

선생님만 보세요 **문제 1** 세로식과 가로식에서 받아내림이 있는 두 자리 수의 뺄셈 연습이다.

문제 2 | 뺄셈의 결과가 같으면 =, 다르면 < 또는 >를 넣으시오.

(1) 84－55 ◯ 42－13 (2) 82－35 ◯ 79－42

(3) 53－38 ◯ 74－45 (4) 51－16 ◯ 84－49

(5) 65－36 ◯ 73－45

문제 3 | 보기와 같이 직접 채점을 해보고, 틀린 답을 바르게 고치시오.

보기

41－28＝~~17~~ 13

(1) 94－38＝66

(2) 52－34＝18

(3) 72－46＝34

(4) 45－27＝31

(5) 83－57＝27

(6) 64－29＝35

(7) 75－38＝37

선생님만 보세요

문제 2 받아 내림이 있는 두 자리 수의 뺄셈 연습이다. 두 결과를 비교하려면 양쪽의 계산이 정확해야 한다.

문제 3 오답 정정도 효과적인 뺄셈 연습이다. 이때 오답의 출처를 함께 이야기하는 것도 효과적인 수학 지도의 한 방안이다.

문제 4 | 다음 문제의 식과 답을 구하시오.

(1) 사탕 51개가 있었습니다. 27개를 먹어 버렸다면 남은 사탕은 모두 몇 개인가요?

식: ______________________ **답:** __________

(2) 귤 73개를 가지고 있었는데 46개를 먹었습니다. 남은 귤은 모두 몇 개인가요?

식: ______________________ **답:** __________

(3) 고양이와 강아지가 모두 42마리 있습니다. 고양이가 27마리라면 강아지는 모두 몇 마리인가요?

식: ______________________ **답:** __________

(4) 31명의 학생 중에 여학생이 14명이라면 남학생은 모두 몇 명인가요?

식: ______________________ **답:** __________

선생님만 보세요

문제 4 (1)–(3)은 제거하는 상황을 (4)–(6)은 여집합의 개수, 즉 제외한 나머지의 개수를 구하기 위해 뺄셈을 적용하는 문제다. 문제를 잘 이해하지 못하는 경우 숫자를 줄여 문제를 재구성하는 것을 권한다. 예를 들어 사탕 5개에서 3개를 먹었을 때 남는 사탕의 개수를 뺄셈으로 풀이할 수 있다는 것을 이해한 후에 문제 풀이에 들어가도록 한다.

(5) 다영이의 할머니는 71세이고 다영이의 어머니는 45세입니다. 할머니는 어머니보다 얼마나 나이가 더 많을까요?

식: ______________________ **답:** __________

(6) 밭에 무 68개와 당근 39개가 심겨 있습니다. 무는 당근보다 얼마나 더 심겨 있을까요?

식: ______________________ **답:** __________

(7) 닭 17마리와 병아리 56마리가 있습니다. 병아리는 닭보다 몇 마리 더 많은가요?

식: ______________________ **답:** __________

7 일차 간단하고 쉬운 덧셈과 뺄셈

공부한 날짜 월 일

문제 1 | 다음을 계산하시오.

(1)
$$\begin{array}{r} 17 \\ +\ 48 \\ \hline \square \end{array}$$

(2)
$$\begin{array}{r} 52 \\ +\ 73 \\ \hline \square \end{array}$$

(3)
$$\begin{array}{r} 74 \\ +\ 69 \\ \hline \square \end{array}$$

(4)
$$\begin{array}{r} 45 \\ -\ 16 \\ \hline \square \end{array}$$

(5)
$$\begin{array}{r} 84 \\ -\ 67 \\ \hline \square \end{array}$$

(6)
$$\begin{array}{r} 93 \\ -\ 57 \\ \hline \square \end{array}$$

(7) $41+13=\square$

(8) $65+47=\square$

(9) $76+48=\square$

(10) $54-29=\square$

(11) $98-79=\square$

(12) $61-26=\square$

선생님만 보세요

문제 1 지금까지 배운 두 자리수의 덧셈과 뺄셈을 세로식과 가로식에서 연습한다.

문제 2 | 보기와 같이 계산하시오.

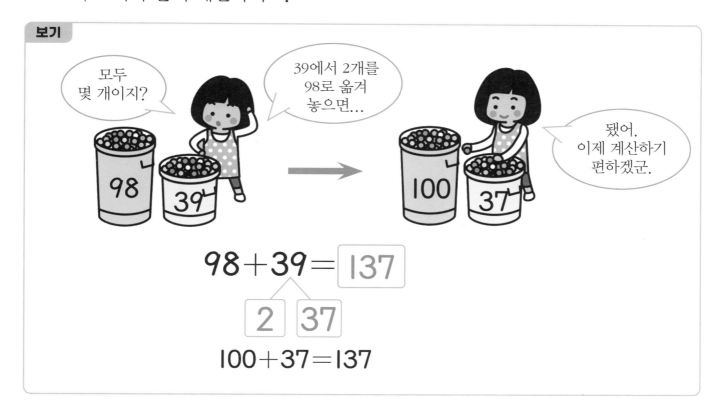

보기

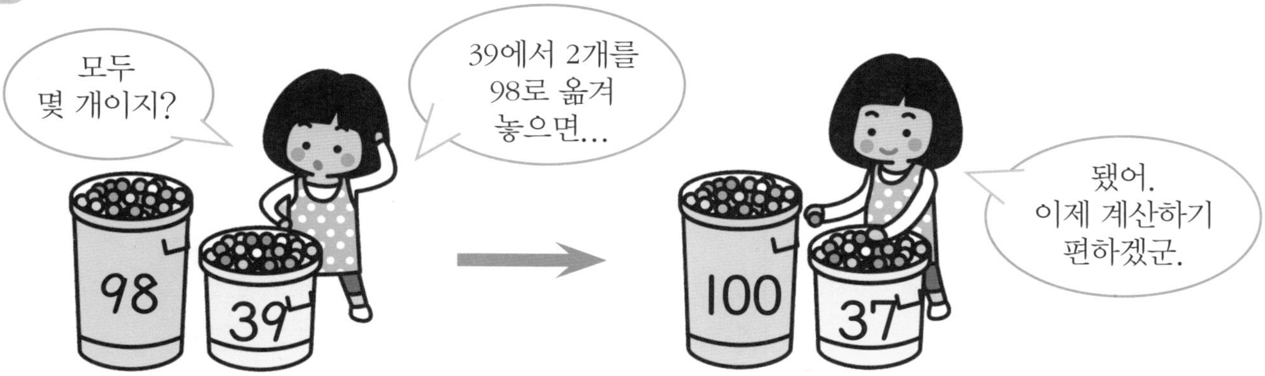

모두
몇 개이지?
39에서 2개를
98로 옮겨
놓으면...
98
39
100
37
됐어.
이제 계산하기
편하겠군.

$98+39=\boxed{137}$

(39 → $\boxed{2}$ $\boxed{37}$)

$100+37=137$

(1) $95+7=\square$ (7 → $\square$ $\square$)

(2) $98+13=\square$ (13 → $\square$ $\square$)

(3) $8+97=\square$ (8 → $\square$ $\square$)

(4) $96+47=\square$ (47 → $\square$ $\square$)

선생님만 보세요

문제 2 두 자리 수의 덧셈에서 100에 가까운 수의 덧셈은 먼저 100을 만들면 더 쉽고 간편하게 덧셈을 할 수 있다. 이를 위해서는 덧셈을 실행하기 전에 주어진 식에 대한 관찰이 먼저 이루어져야 한다. 따라서 계산에만 몰두하기보다는 식에 들어 있는 수를 먼저 살펴보는 것이 중요함을 깨닫도록 하는 것이 중요하다.

(5) $92+9=\square$

(6) $7+94=\square$

(7) $91+29=\square$

(8) $26+95=\square$

(9) $24+98=\square$

(10) $37+96=\square$

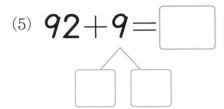

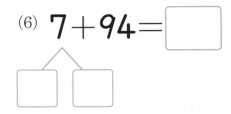

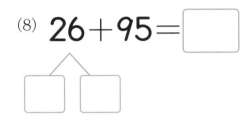

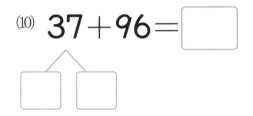

8 일차 덧셈과 뺄셈 연습 (1)

공부한 날짜 월 일

문제 1 | 다음을 계산하시오.

(1)
$$\begin{array}{r} 63 \\ +\ 28 \\ \hline \square \end{array}$$

(2)
$$\begin{array}{r} 95 \\ +\ 28 \\ \hline \square \end{array}$$

(3)
$$\begin{array}{r} 86 \\ +\ 92 \\ \hline \square \end{array}$$

(4)
$$\begin{array}{r} 46 \\ -\ 27 \\ \hline \square \end{array}$$

(5)
$$\begin{array}{r} 74 \\ -\ 46 \\ \hline \square \end{array}$$

(6)
$$\begin{array}{r} 32 \\ -\ 15 \\ \hline \square \end{array}$$

(7) $98+13=\square$

(8) $25+96=\square$

(9) $32+28=\square$

(10) $61-33=\square$

(11) $54-19=\square$

(12) $25-17=\square$

선생님만 보세요

문제 1 덧셈과 뺄셈 연습의 반복이다. 앞 차시에서 100에 가까운 수의 덧셈에서는 먼저 100을 만드는 것이 더 쉽고 간편하게 덧셈을 할 수 있다는 것을 보여주기 위해 (7), (8)은 십의 자리가 9인 수의 덧셈 문제를 추가했다.

문제 2 | 쿠폰을 모두 더한 값이 같은 것끼리 선으로 연결하시오.

왼쪽		오른쪽
5 5 5 / 5 5 5	• •	10 10 / 5 2 / 2 2 2 2
10 10 / 10 5 5 / 10 10 5	• •	10 10 5 5 / 5 5 5 5 5 / 2 2 2 2 2 / 1 1 1
1 1 1 1 / 1 2 2 2 / 2 2 5 5 / 5 5	• •	10 1 1 1 / 5 5 5 / 2
10 10 5 5 / 10 5 5 2 / 10 2 2 2	• •	5 5 5 5 / 2 2 2 2 2 2 / 2 2 2 2 2 2 / 1 1 1
10 10 / 10 5 / 10 1 1	• •	5 5 5 5 5 / 5 5 5 5 5 / 2 2 2 2 2 2 / 1 1 1

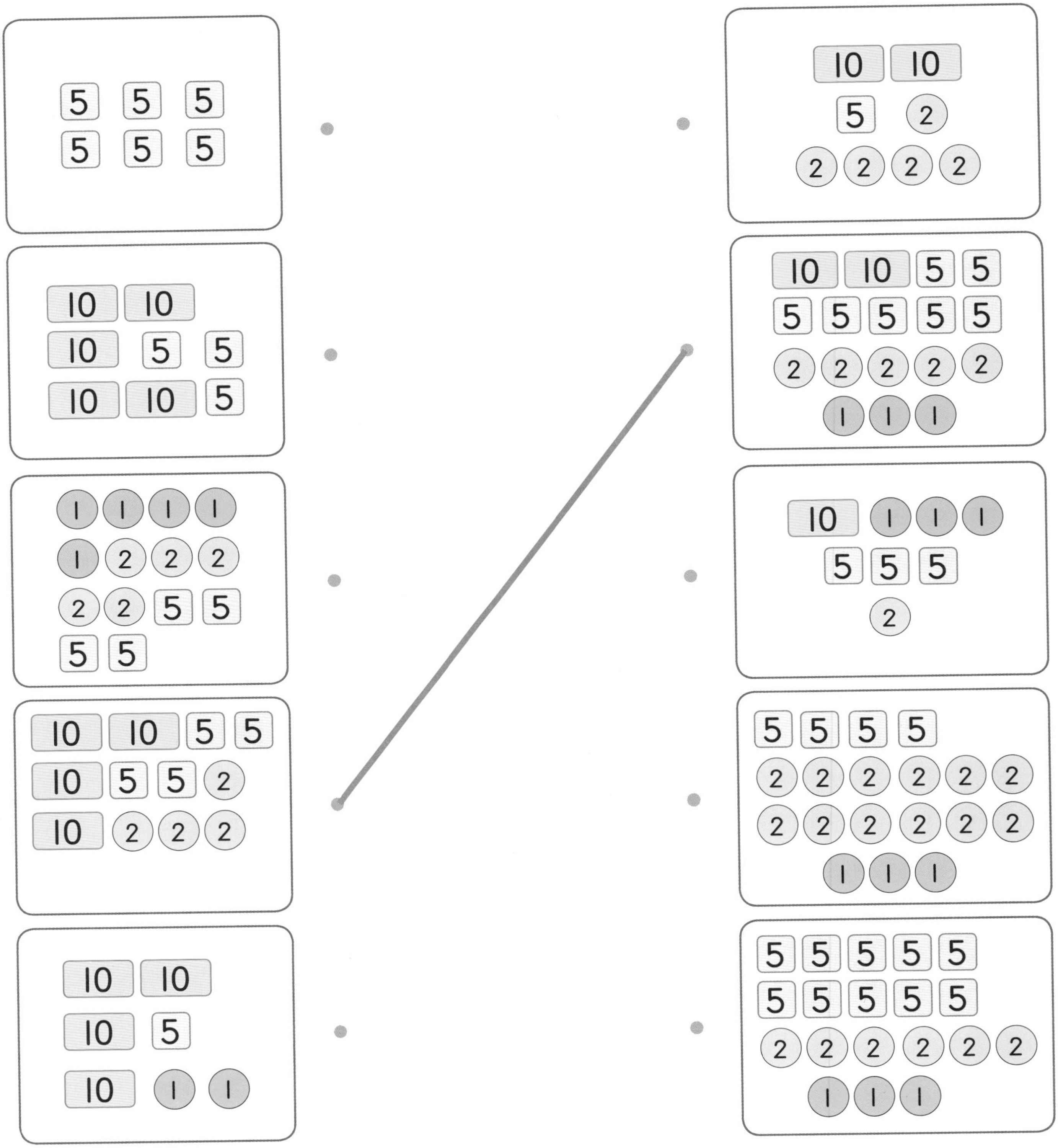

문제 2 동전과 유사한 쿠폰을 제시하여 합이 같은 금액을 찾는 문제다. 십 만들기가 문제 풀이의 핵심이다.

문제 3 | 책상 위에는 쿠폰으로 살 수 있는 물건들이 놓여있습니다. 아래의 질문에 알맞은 식과 답을 쓰시오.

(1) 자와 캐릭터 사진을 사려면 칭찬쿠폰이 모두 몇 장 필요할까요?

식: ______________________ **답:** ____________

(2) 칭찬쿠폰 19장을 갖고 있습니다. 필통을 사려면 몇 장의 칭찬쿠폰을 더 모아야 할까요?

식: ______________________ **답:** ____________

(3) 공책과 컵을 사려면 칭찬쿠폰이 모두 몇 장 필요한가요?

식: ______________________ **답:** ____________

(4) 사인펜을 사려면 책을 살 때보다 몇 장의 칭찬쿠폰이 더 많이 필요할까요?

식: ______________________ **답:** ____________

선생님만 보세요

문제 3 동전 대신 쿠폰을 제시한 덧셈과 뺄셈의 응용문제이다. "더 모은다" 또는 "더 갖는다"라는 구절에서 뺄셈이 필요하다는 점을 깨닫는 것이 중요하다.

9일차 덧셈과 뺄셈 연습 (2)

공부한 날짜 월 일

문제 1 | 다음을 계산하시오.

(1)
$$\begin{array}{r} 94 \\ +\ 47 \\ \hline \square \end{array}$$

(2)
$$\begin{array}{r} 99 \\ +\ 14 \\ \hline \square \end{array}$$

(3)
$$\begin{array}{r} 74 \\ +18 \\ \hline \square \end{array}$$

(4)
$$\begin{array}{r} 64 \\ -46 \\ \hline \square \end{array}$$

(5)
$$\begin{array}{r} 93 \\ -78 \\ \hline \square \end{array}$$

(6)
$$\begin{array}{r} 75 \\ -37 \\ \hline \square \end{array}$$

선생님만 보세요

문제 2 앞 차시의 활동과 동일하다. 세로식과 가로식에서 받아내림이 있는 두 자리 수의 뺄셈 연습이다. 역시 100에 가까운 수의 덧셈에서는 먼저 100을 만드는 것이 보다 쉽고 간편하게 덧셈을 할 수 있다는 것을 보여주기 위해 (8)과 (9)의 문제를 구별했다.

(7) $38+73=\square$

(8) $16+96=\square$

(9) $97+25=\square$

(10) $36-19=\square$

(11) $57-38=\square$

(12) $85-59=\square$

문제 2 | 보기와 같이 계산하시오.

보기

$54-26+23=\boxed{51}$

$$\begin{array}{r} 54 \\ -\ 26 \\ \hline \boxed{28} \end{array} \rightarrow \begin{array}{r} \boxed{28} \\ +\ 23 \\ \hline \boxed{51} \end{array}$$

(1) $63-16+28=\square$

$$\begin{array}{r} 63 \\ -\ 16 \\ \hline \square \end{array} \rightarrow \begin{array}{r} \square \\ +\ 28 \\ \hline \square \end{array}$$

선생님만 보세요

문제 2 가로식으로 주어진 세 수의 덧셈과 뺄셈을 세로식으로 바꿔 두 번 계산하는 연습 문제다. 받아올림과 받아내림 연습의 완결이다.

(2) $73-35+49=\square$

$$\begin{array}{r} 73 \\ -\ 35 \\ \hline \square \end{array} \rightarrow \begin{array}{r} \square \\ +\ 49 \\ \hline \square \end{array}$$

(3) $56+28-58=\square$

$$\begin{array}{r} 56 \\ +\ 28 \\ \hline \square \end{array} \rightarrow \begin{array}{r} \square \\ -\ 58 \\ \hline \square \end{array}$$

(4) $57+36-48=\square$

$$\begin{array}{r} 57 \\ +\ 36 \\ \hline \square \end{array} \rightarrow \begin{array}{r} \square \\ -\ 48 \\ \hline \square \end{array}$$

(5) $61-42+34=\square$

$$\begin{array}{r} 61 \\ -\ 42 \\ \hline \square \end{array} \rightarrow \begin{array}{r} \square \\ +\ 34 \\ \hline \square \end{array}$$

(6) $45-18+34=\square$

$$\begin{array}{r} 45 \\ -\ 18 \\ \hline \square \end{array} \rightarrow \begin{array}{r} \square \\ +\ 34 \\ \hline \square \end{array}$$

(7) $46+38-29=\square$

$$\begin{array}{r} 46 \\ +\ 38 \\ \hline \square \end{array} \rightarrow \begin{array}{r} \square \\ -\ 29 \\ \hline \square \end{array}$$

10일차 덧셈과 뺄셈의 관계 (1)

공부한 날짜 월 일

문제 1 | 보기와 같이 수직선을 보고 □ 안에 알맞은 수를 쓰시오.

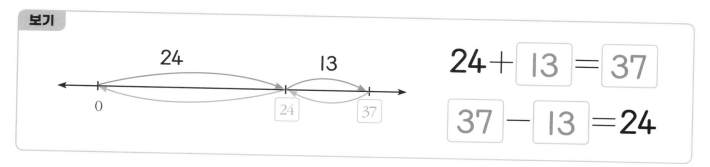

보기

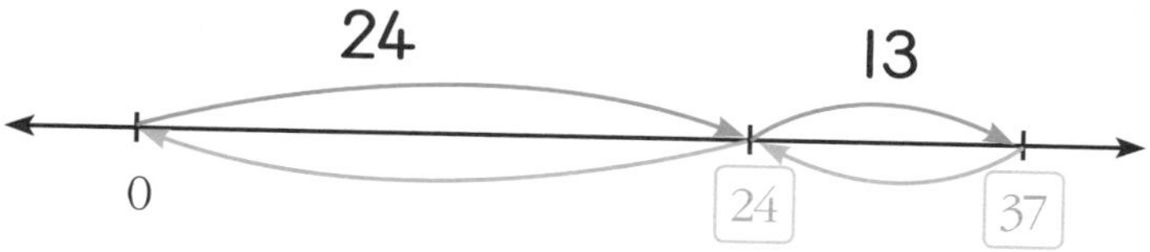

24 + [13] = [37]

[37] − [13] = 24

(1)

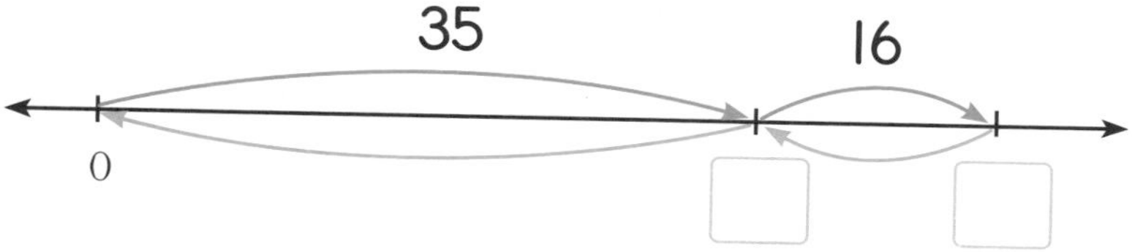

35 + □ = □

□ − □ = 35

(2)

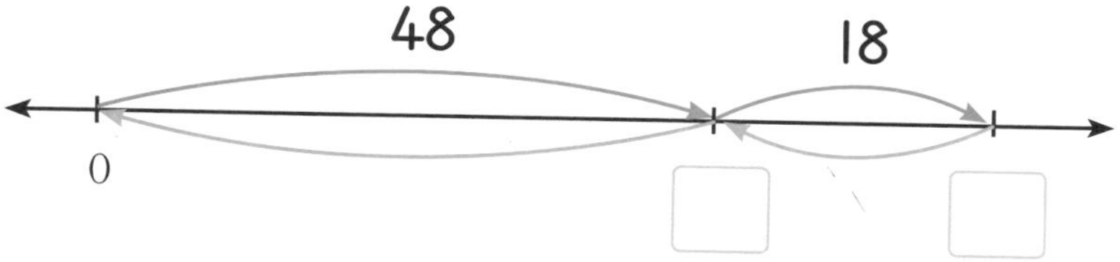

48 + □ = □

□ − □ = 48

(3)

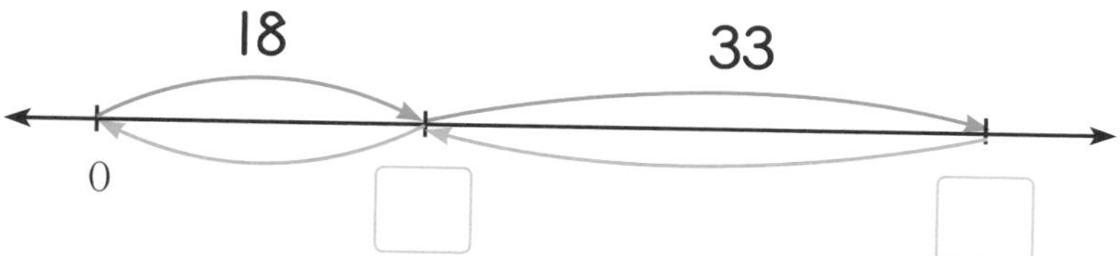

18 + □ = □

□ − □ = 18

선생님만 보세요 **문제 1** 수직선에 표시된 덧셈을 거꾸로 뺄셈식으로 나타내며 덧셈과 뺄셈의 역의 관계를 파악한다.

(4)

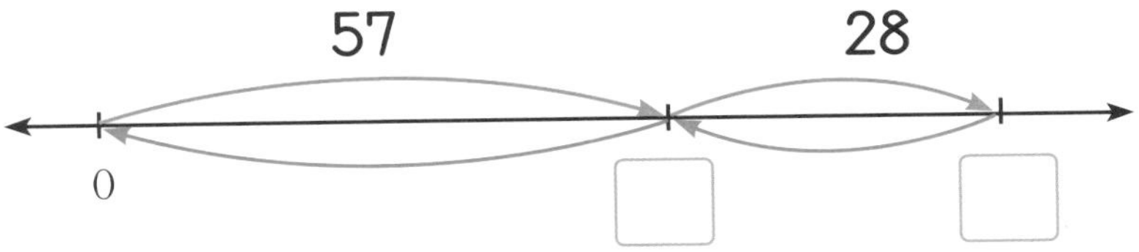

57＋□＝□

□－□＝57

(5)

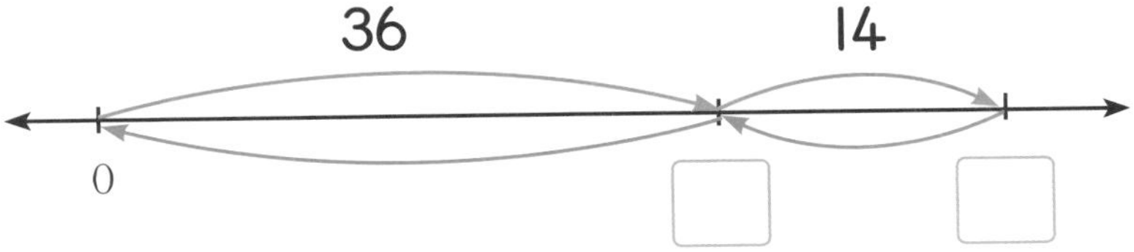

36＋□＝□

□－□＝36

문제 2 | 보기와 같이 알맞은 수와 식을 쓰시오.

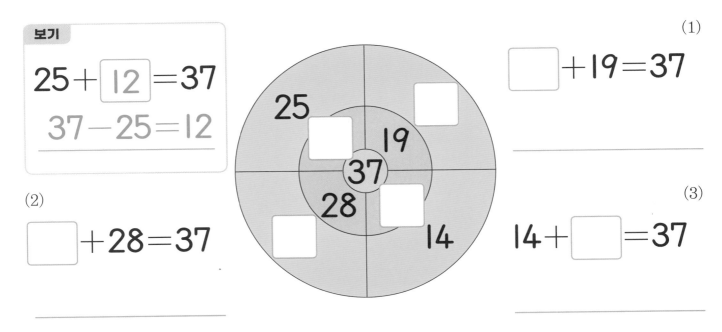

보기

25＋[12]＝37

37－25＝12

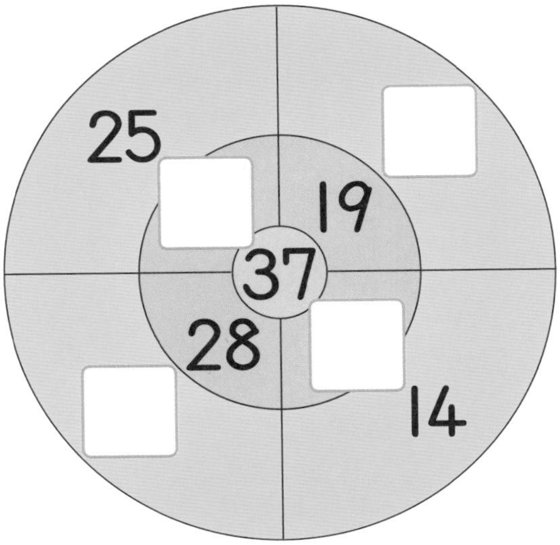

(1)

□＋19＝37

(2)

□＋28＝37

(3)

14＋□＝37

선생님만 보세요

문제 2 덧셈과 뺄셈의 역의 관계를 파악하는 또 다른 형식의 문제다. 덧셈식의 □를 채우기 위해 뺄셈이 필요함을 깨닫는 것이 중요하다.

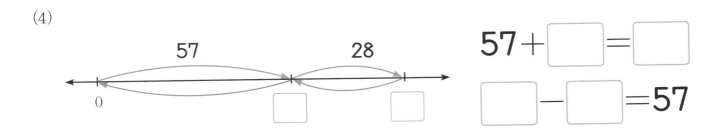

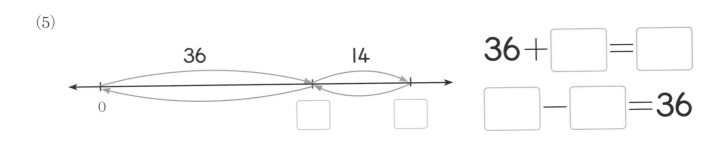

(4)

$47+\square=72$

(5)

$\square+34=72$

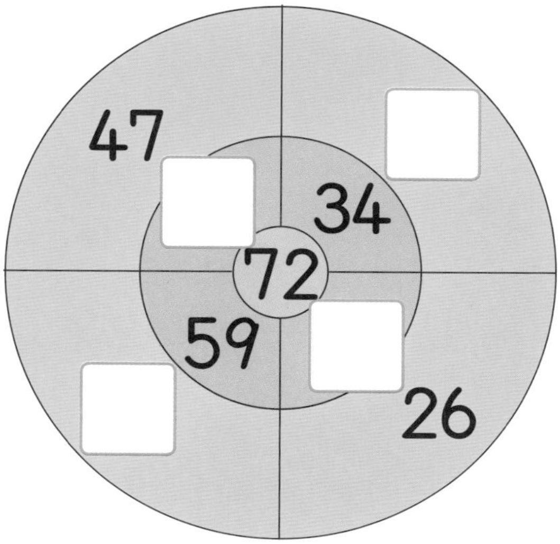

(6)

$\square+59=72$

(7)

$26+\square=72$

(8)

$15+\square=64$

(9)

$\square+28=64$

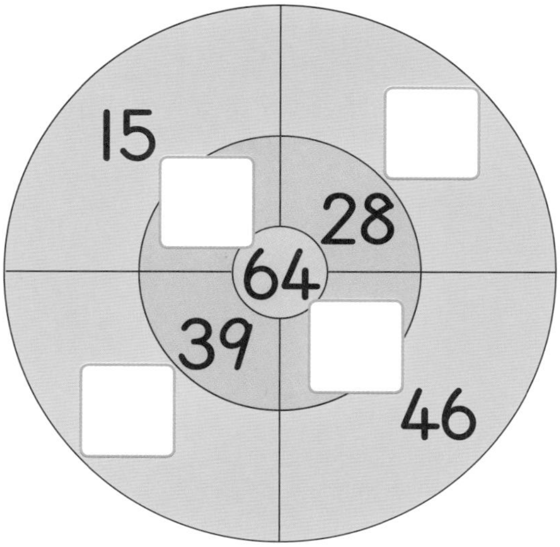

(10)

$\square+39=64$

(11)

$46+\square=64$

11 일차 덧셈과 뺄셈의 관계 (2)

✎ 공부한 날짜 월 일

문제 1 | □ 안에 알맞은 수를 넣으시오.

(1)

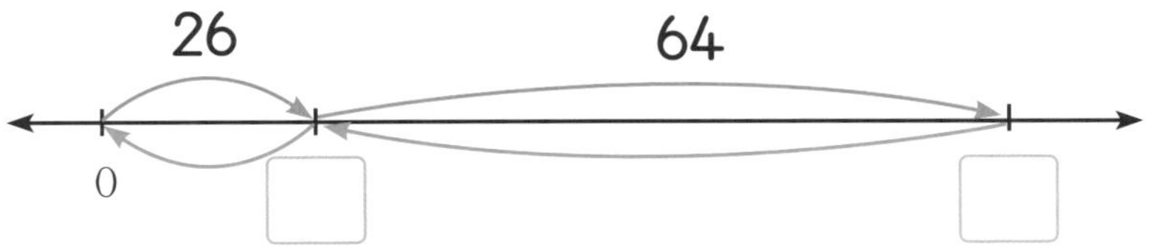

26 + □ = □

□ − □ = 26

(2)

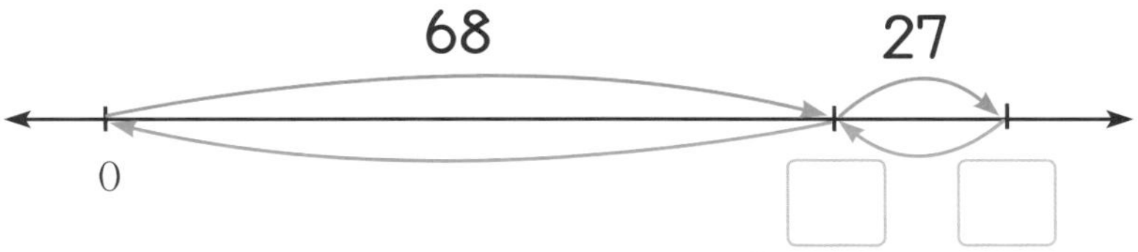

68 + □ = □

□ − □ = 68

(3)

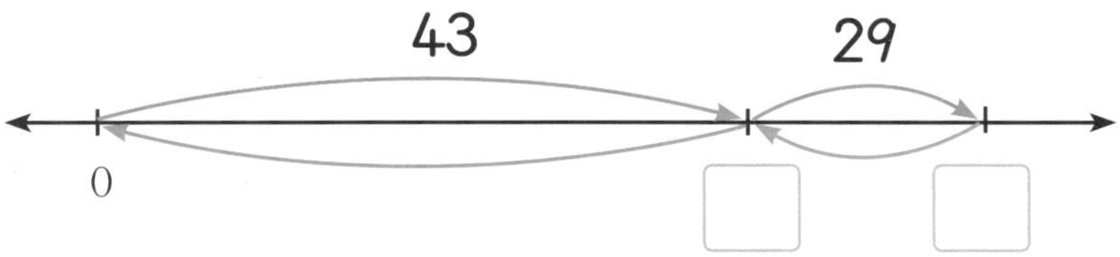

43 + □ = □

□ − □ = 43

선생님만 보세요 **문제 1** 앞 차시에서 익힌 덧셈과 뺄셈의 관계에 대한 복습이다.

문제 2 | □ 안에 알맞은 수를 넣고 뺄셈식으로 고치시오.

(1)

39＋□＝53

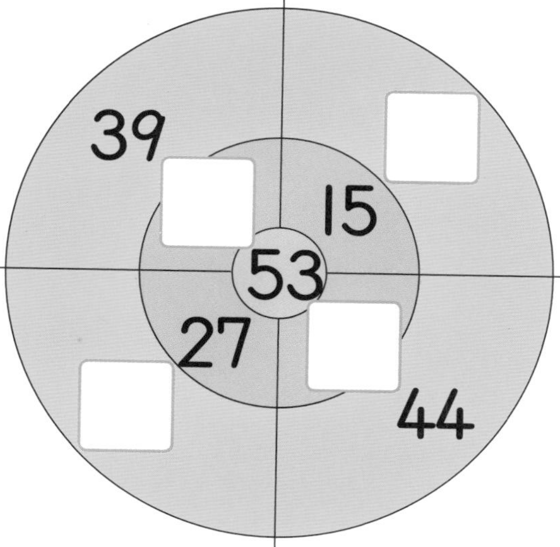

(2)

□＋15＝53

(3)

□＋27＝53

(4)

44＋□＝53

문제 3 | 다음 문제를 읽고, 식을 완성하시오.

보기

상준이의 형은 13살입니다. 형이 아버지 나이인 42살이 되려면 몇 년이 지나야 할까요?

13 ＋ 29 ＝ 42 → 42－13＝29

(13: 형의 나이, 42: 아버지 나이)

선생님만 보세요

문제 3 두 수량의 비교 또는 증가량을 파악할 때 □라는 미지수를 사용하여 덧셈으로 나타내고 이를 다시 뺄셈으로 전환함으로써 덧셈과 뺄셈의 관계를 파악하는 문제다.

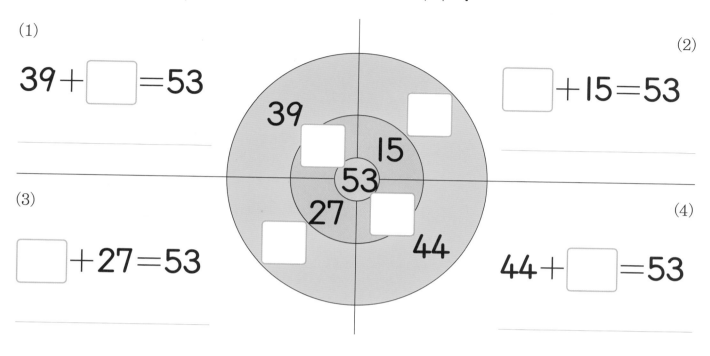

(1) 지유는 오늘 책을 48쪽 읽었습니다. 오늘까지 총 91쪽 읽었다면 어제는 몇 쪽을 읽었을까요?

$\square + 48 = 91$ ➡ ______

어제 읽은 쪽수	오늘 읽은 쪽수	오늘까지 읽은 쪽수

(2) 범준이는 지금까지 수학 문제를 19문제 풀었습니다. 문제는 모두 35문제입니다. 앞으로 몇 문제를 더 풀어야 할까요?

$19 + \square = 35$ ➡ ______

지금까지 푼 문제		전체 문제

(3) 수정이는 63층에 가야 합니다. 지금 37층까지 올라왔습니다. 앞으로 몇 층을 더 올라가야 할까요?

$37 + \square = 63$ ➡ ______

올라온 층수		전체 층수

(4) 시현이네 가족은 과수원에서 51개의 사과를 수확하려고 합니다. 어제 사과를 26개 수확했다면 오늘은 몇 개 수확해야 할까요?

□ + □ = □ → ________

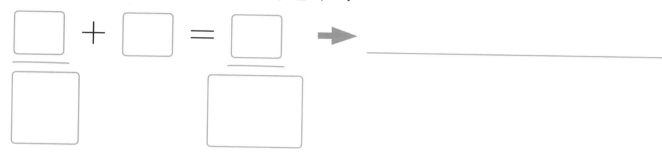

(5) 서준이 학급에서 70개의 스티커를 모으면 상품을 받을 수 있습니다. 지금까지 52개를 모았습니다. 앞으로 몇 개를 더 모아야 할까요?

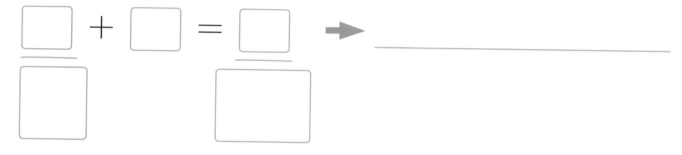

□ + □ = □ → ________

12일차 덧셈과 뺄셈의 관계 (3)

공부한 날짜 월 일

문제 1 | 식을 완성하고 뺄셈식으로 고치시오.

(1) 시원이의 언니는 15살입니다. 언니가 아버지 나이인 53살이 되려면 몇 년이 지나야 할까요?

☐ + ☐ = ☐ → ____________

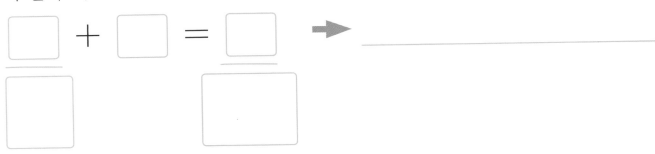

(2) 서원이는 가족들과 여행을 가는 중입니다. 여행지에 도착할 때까지 총 23시간이 걸린다고 합니다. 출발해서 지금까지 14시간이 지났다면 앞으로 도착까지 몇 시간 남았을까요?

☐ + ☐ = ☐ → ____________

선생님만 보세요

문제 1 앞 차시의 활동에 대한 복습이다.

문제 2 | 보기와 같이 세 개의 식을 더 만드시오.

보기

$38+26=64$

$26+38=64$

$64-26=38$

$64-38=26$

(1) $24 + 67 =$

$+ \quad =$

$- \quad =$

$- \quad =$

(2) $81 - 23 =$

$- \quad =$

$+ \quad =$

$+ \quad =$

(3) $47 - 19 =$

$- \quad =$

$+ \quad =$

$+ \quad =$

선생님만 보세요

문제 2 주어진 덧셈식을 덧셈에 대한 교환법칙으로 또 하나의 덧셈식으로 나타내고, 덧셈과 뺄셈의 역의 관계를 이용하여 다시 두 개의 뺄셈식으로 나타낸다. 네 개의 식을 만드는 것이 어렵지만, 각각의 식에 들어 있는 규칙과 의미를 설명해주어 식을 완성하도록 권한다. 이로써 덧셈과 뺄셈이라는 계산에서 벗어나 이들 사이의 관계를 인식하는 한 단계 높은 수준에 놓이게 된다.

(4) $56 + 17 =$

$+ \quad =$

$- \quad =$

$- \quad =$

(5) $91 - 59 =$

$- \quad =$

$+ \quad =$

$+ \quad =$

문제 3 | 보기와 같이 뺄셈은 다른 뺄셈으로, 덧셈은 뺄셈으로 바꾸고 □ 안에 알맞은 수를 넣으시오.

보기 1

$46 - \boxed{29} = 17$

$46 - 17 = 29$

보기 2

$26 + \boxed{36} = 62$

$62 - 26 = 36$

(1) $14 + \square = 31$

(2) $77 - \square = 28$

(3) $53 - \square = 16$

(4) $36 + \square = 85$

선생님만 보세요

문제 3 보기 (1)과 같은 뺄셈은 다른 뺄셈에 의해, 그리고 보기 (2)와 같은 덧셈은 뺄셈에 의해 답을 구할 수 있다는 덧셈과 뺄셈의 관계에 대한 완벽한 이해가 요구된다.

(5) $72-\square=39$

(6) $64+\square=92$

(7) $47+\square=62$

(8) $57-\square=19$

(9) $56-\square=37$

(10) $29+\square=81$

(11) $92-\square=64$

(12) $51-\square=26$

선생님만 보세요

주의 아직 이를 잘 파악하지 못하면 수의 크기를 줄여 다시 반복할 필요가 있다. 즉, 한자리 수의 덧셈과 뺄셈, 예를 들어 2+□=5를 5−2=□로, 그리고 5−□=2를 5−2=□로 바꿔 답할 수 있음을 확인하여 이를 두 자리 수로 확장하면 된다.

교사용 해설

받아내림의 알고리즘

두 자리 수 뺄셈 알고리즘의 핵심도 결국 받아내림이다. 일의 자리끼리 뺄 수 없는 경우 십의 자리에서 받아내림을 해야 하는데, 이를 어떻게 처리하느냐에 관한 것이다. 받아내림도 받아올림의 경우와 마찬가지로 학습자 스스로 그 원리를 깨닫게 하는 것이 우리의 목표이며, 이를 위해 적절한 모델과 활동과 함께 다음과 같은 점진적인 단계를 제시한다.

① 수 배열표를 활용한 뺄셈 과정의 시각화

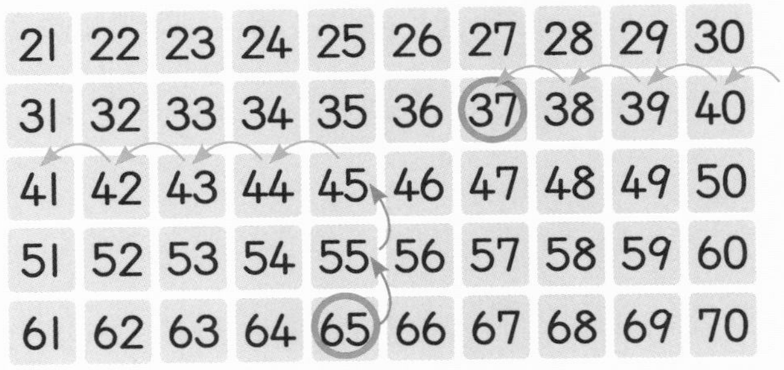

21 22 23 24 25 26 27 28 29 30
31 32 33 34 35 36 37 38 39 40
41 42 43 44 45 46 47 48 49 50
51 52 53 54 55 56 57 58 59 60
61 62 63 64 65 66 67 68 69 70

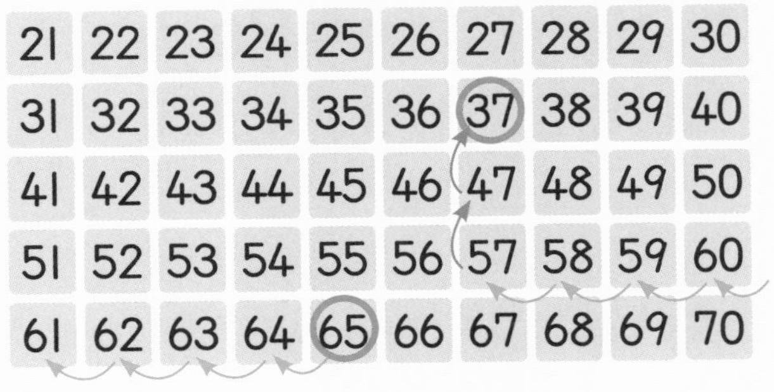

21 22 23 24 25 26 27 28 29 30
31 32 33 34 35 36 37 38 39 40
41 42 43 44 45 46 47 48 49 50
51 52 53 54 55 56 57 58 59 60
61 62 63 64 65 66 67 68 69 70

65−28= 37

수 배열표에서 두 자리 수의 뺄셈을 나타낼 때도, 일의 자리부터 빼거나 십의 자리부터 빼는 두 가지 경우가 있다. 먼저 십의 자리부터 빼기를 한 다음에 일의 자리부터 빼기를 제시한다.

수 배열표에서 받아내림은 일의 자리 뺄셈에서 확인할 수 있는데, 위의 예와 같이 65에서 8을 빼기 위해 먼저 5를 빼고 나서 다시 60에서 3을 더 빼는 과정에 나타나는 줄 바뀜이 그것이다.

② 수직선을 활용한 뺄셈 과정의 시각화

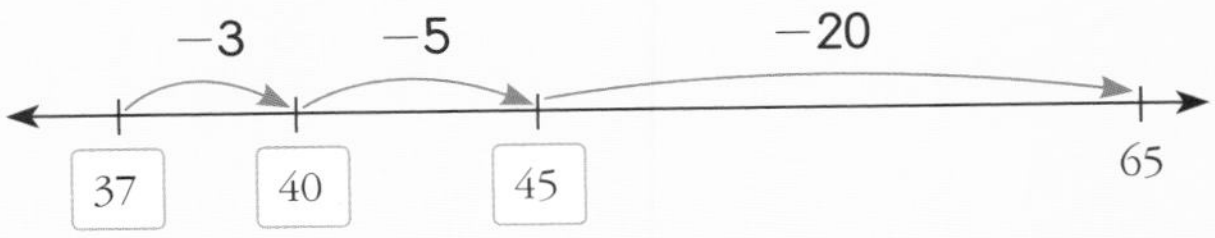

65−28= 37

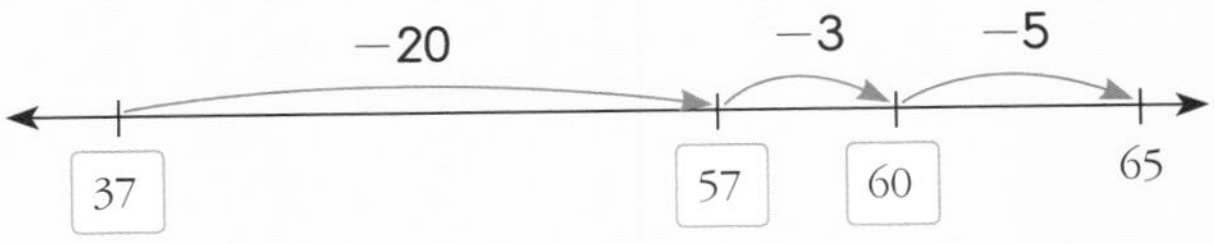

65−28= 37

수직선에서 구현되는 두 자리 수의 뺄셈도 십의 자리부터 또는 일의 자리부터 빼는 두 가지가 있다. 역시 먼저 십의 자리부터 빼기를 한 다음에 일의 자리부터 빼는 것을 제시한다.

수직선에서 빼는 수의 일의 자리가 어떻게 나타나

는지 눈으로 확인하는 것이 중요하다. 65에서 8을 빼기 위해 먼저 5만큼 왼쪽으로 이동하여 60에서 멈추고 다시 3만큼 왼쪽으로 이동하여 57에 도착하는 과정이 받아내림이다. 그리고 마지막으로 십의 자리에서 20을 빼면 답을 얻을 수 있다.

또는 65에서 먼저 20을 뺀 45에서 8을 빼기 위해 5만큼 왼쪽으로 이동하여 40을 얻는다. 그리고 다시 3만큼 왼쪽으로 이동하여 37에 도착하는 과정이 받아내림이다.

어느 경우이건 빼는 수의 가르기를 어떻게 할 것인지 결정하는 것이 중요하다.

③ 동전을 활용한 뺄셈 덧셈 과정의 시각화

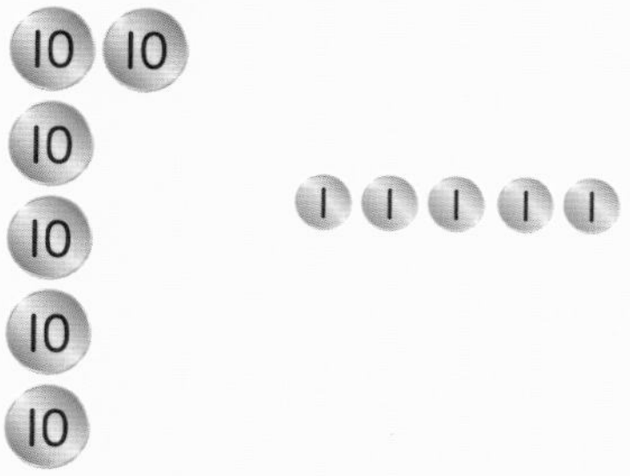

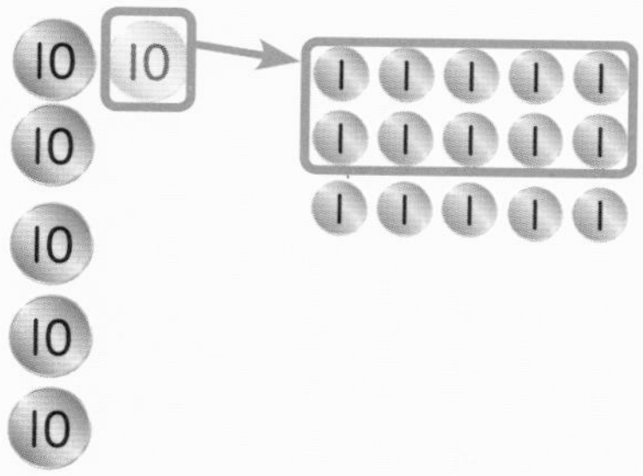

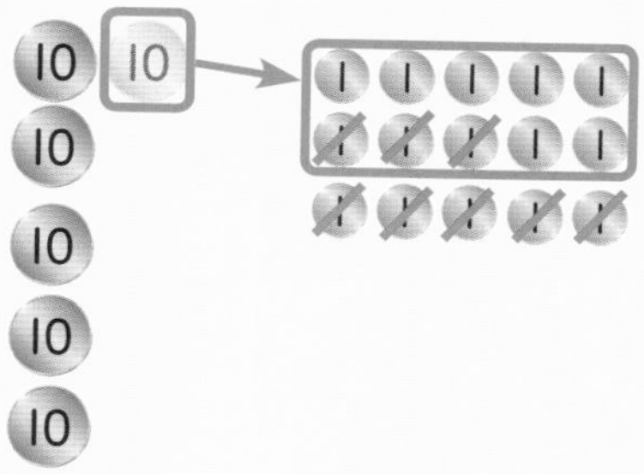

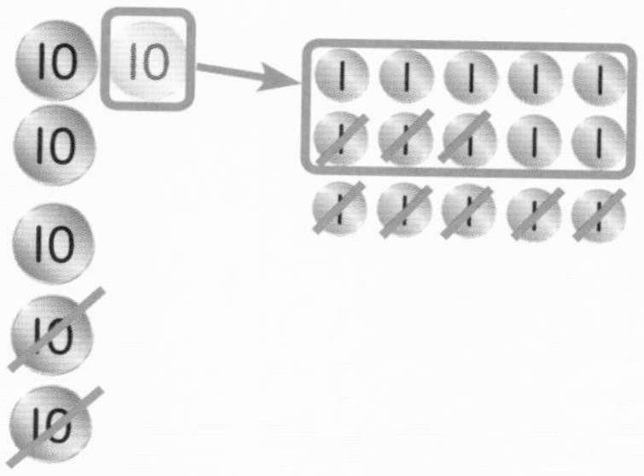

동전 모델의 도입도 받아내림의 과정을 눈으로 확인하기 위한 것이다. '두 자리 수의 받아내림'이라는 알고리즘의 완성은 결국 '세로식'이라는 새로운 형식의 수식으로 귀결되는데, 동전 모델을 세로식 도입의 직전 단계에 제시하여 이 둘을 비교하며 세로식이 왜 필요한지 자연스럽게 이해하도록 한다. 같은 자리에 있는 수끼리의 뺄셈을 쉽고 간편하게 처리할 수 있는 세로식의 장점도 동전 모델을 통해 이해할 수 있다.

동전 모델은 각 자리 수가 10이 되면 새로운 단위로 바뀌는 십진법의 특성에 대한 이해를 도모한다. 65원의 십 원짜리 동전 하나를 일 원짜리 동전 10개로 바꿔 15개의 일 원짜리 동전에서 8개를 제외하면 7개의 일원짜리 동전이 남는다. 다시 남은 십 원짜리 동전 5개 가운데 2개를 제외하면 3개만 남으므로 답

37원을 얻는다. 이 과정이 받아내림을 말하는데, 추후에 이를 수식으로 형식화하여 세로식으로 전환하면서 자릿값의 변화를 파악하게 된다.

④ 뺄셈 알고리즘의 완성

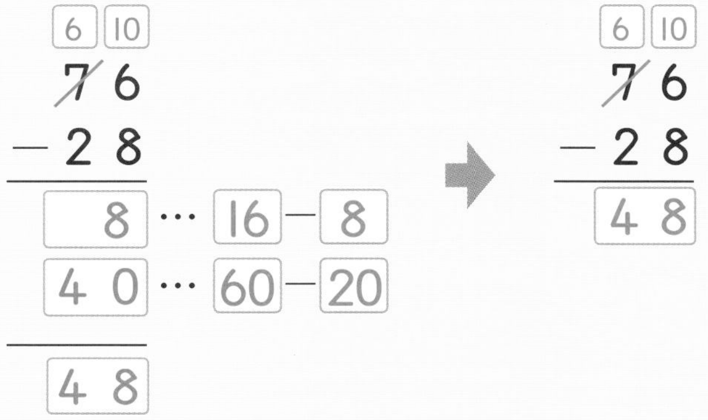

마지막으로 뺄셈 알고리즘의 완성이다. 위의 예에 제시된 십의 자리에서 받아내림하여 얻은 16에서 빼는 수(가수)인 8을 빼는 과정에 주목하자. 실제로 16에서 8을 뺄 수도 있지만, 받아내림하는 10에서 8을 빼고 얻은 2와 일의 자리 수였던 6을 더하여 8을 얻을 수도 있다. 세로식에는 나타나 있지 않지만 머릿속에서의 계산을 위해서는 이 두 가지 가운데 하나를 선택해야 하는데, 이에 대한 지도가 필요하다.

지금까지 두 자리 수 뺄셈의 알고리즘을 도입하기 위해 다양한 모델을 소개하며 각각의 단계를 점진적으로 천천히 전개하였다. 이는 뺄셈 알고리즘이 어떻게 만들어지는지 그 과정을 스스로 발견하고 이해할 수 있도록 학습자의 경험을 점진적으로 축적하기 위한 의도다. 물론 이를 위해서는 나름 치밀한 구성이 요구되는데, 교재에 제시된 활동들에서 이를 확인할 수 있다.

주의 | 지금까지 덧셈과 뺄셈의 알고리즘 지도를 위한 모델을 소개하면서 단계별 지도방안에 대한 핵심 개념을 살펴보았는데, 어쩌면 이런 의문을 제시할 수도 있을 것이다.

"두 자리 수끼리의 단순한 받아올림과 받아내림이라는 덧셈과 뺄셈을 뭐 그렇게 복잡하게 가르쳐야 하는가?, 더 어려운 것 아닌가?"

많은 연습을 통해 덧셈과 뺄셈을 습득하여 능숙하게 할 수 있는 어른들의 입장에서는 그렇게 느낄 수 있다. 하지만 자릿값에 대한 이해가 채 완성되지 않았거나 능숙하게 처리할 수 없는 아이들에게는 세로식과 같은 새로운 형식의 수식 도입은 결코 쉬운 것이 아니다. 앞에서도 언급했듯이 우리의 목표는 알고리즘 기능만을 익혀 아이들을 싸구려 계산기로 만드는 것이 아니다. 알고리즘의 생성과정을 체험하여 원리를 재발견하는 과정을 이해하도록 하는 것이야말로 우리가 지향하는 수학적으로 올바른 연산 교육이다. 그렇다고 기능 익히기에 소홀히 하자는 것은 물론 아니다. 처음부터 점진적인 단계를 밟아갈 수 있도록 조금만 더 시간을 들인다면 오히려 알고리즘 기능을 더욱 완벽하게 익힐 수 있을 것이다.

보충문제

문제 1 | 표에 화살표를 그리고, □ 안에 알맞은 수를 넣으시오.

(1) $54-27=\square$

11	12	13	14	15	16	17	18	19	20
21	22	23	24	25	26	27	28	29	30
31	32	33	34	35	36	37	38	39	40
41	42	43	44	45	46	47	48	49	50
51	52	53	54	55	56	57	58	59	60

(2) $62-38=\square$

21	22	23	24	25	26	27	28	29	30
31	32	33	34	35	36	37	38	39	40
41	42	43	44	45	46	47	48	49	50
51	52	53	54	55	56	57	58	59	60
61	62	63	64	65	66	67	68	69	70

(3) $75-29=\square$

31	32	33	34	35	36	37	38	39	40
41	42	43	44	45	46	47	48	49	50
51	52	53	54	55	56	57	58	59	60
61	62	63	64	65	66	67	68	69	70
71	72	73	74	75	76	77	78	79	80

(4) $83-16=\square$

41	42	43	44	45	46	47	48	49	50
51	52	53	54	55	56	57	58	59	60
61	62	63	64	65	66	67	68	69	70
71	72	73	74	75	76	77	78	79	80
81	82	83	84	85	86	87	88	89	90

보충문제는! 유사한 문제를 지나치게 많이 반복하는 것은 오히려 흥미를 떨어뜨리고 학습 효과를 저해하게 하는 역효과를 초래할 수 있습니다. 본문 문제를 충분히 이해했다면 보충문제까지 풀이할 필요는 없습니다. 필요한 경우에만 보충문제를 적절하게 활용하는 것을 권장합니다.

보충문제

문제 2 | □ 안에 알맞은 수를 넣으시오.

(1) 34－26＝□

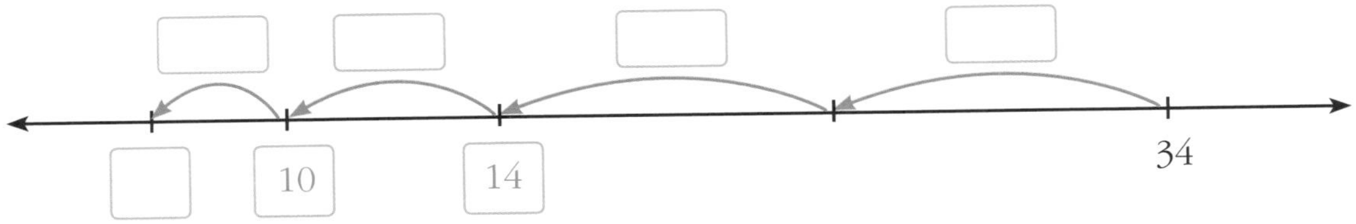

(2) 65－48＝□

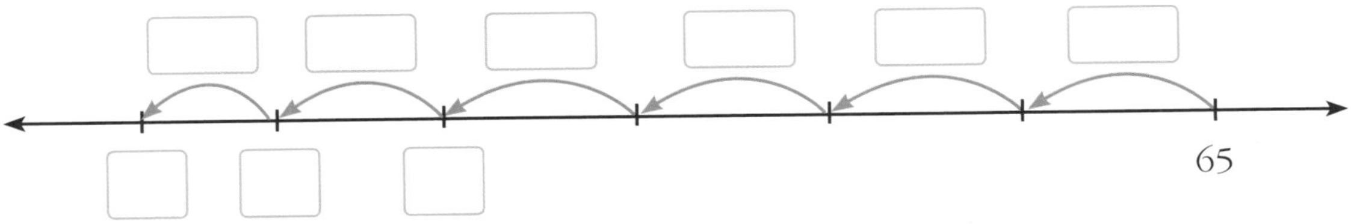

문제 3 | 표에 화살표를 그리고, □ 안에 알맞은 수를 넣으시오.

(1) 46－37＝□

1	2	3	4	5	6	7	8	9	10
11	12	13	14	15	16	17	18	19	20
21	22	23	24	25	26	27	28	29	30
31	32	33	34	35	36	37	38	39	40
41	42	43	44	45	46	47	48	49	50

(2) 52－26＝□

11	12	13	14	15	16	17	18	19	20
21	22	23	24	25	26	27	28	29	30
31	32	33	34	35	36	37	38	39	40
41	42	43	44	45	46	47	48	49	50
51	52	53	54	55	56	57	58	59	60

(3) $73-35=\square$

31	32	33	34	35	36	37	38	39	40
41	42	43	44	45	46	47	48	49	50
51	52	53	54	55	56	57	58	59	60
61	62	63	64	65	66	67	68	69	70
71	72	73	74	75	76	77	78	79	80

(4) $85-28=\square$

41	42	43	44	45	46	47	48	49	50
51	52	53	54	55	56	57	58	59	60
61	62	63	64	65	66	67	68	69	70
71	72	73	74	75	76	77	78	79	80
81	82	83	84	85	86	87	88	89	90

문제 4 | □ 안에 알맞은 수를 넣으시오.

(1) $56-27=\square$

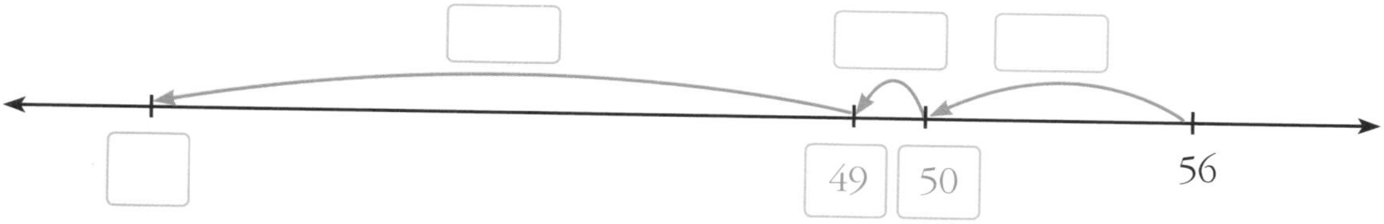

(2) $61-45=\square$

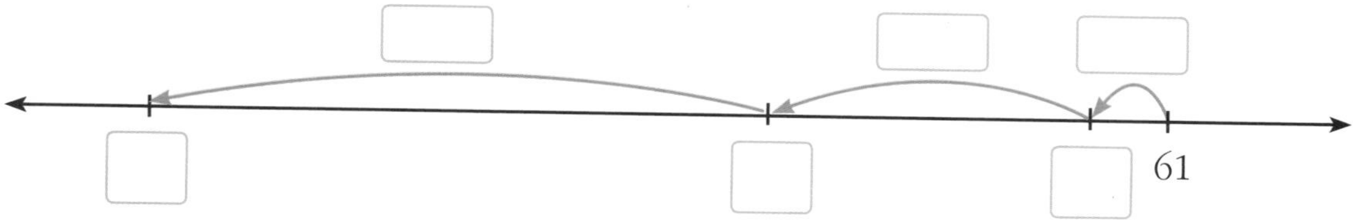

보충문제

문제 5 | 동전에 ×표를 하고 □ 안에 알맞은 수를 넣으시오.

(1)

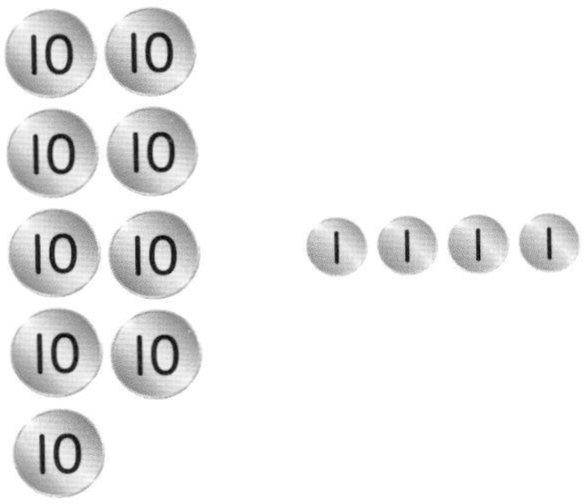

$$\begin{array}{r} \square\square \\ 94 \\ -\ 25 \\ \hline \square \\ 60 \\ \hline \square \end{array}$$

$\square$ … $\square - \square$

60 … $\square - \square$

(2)

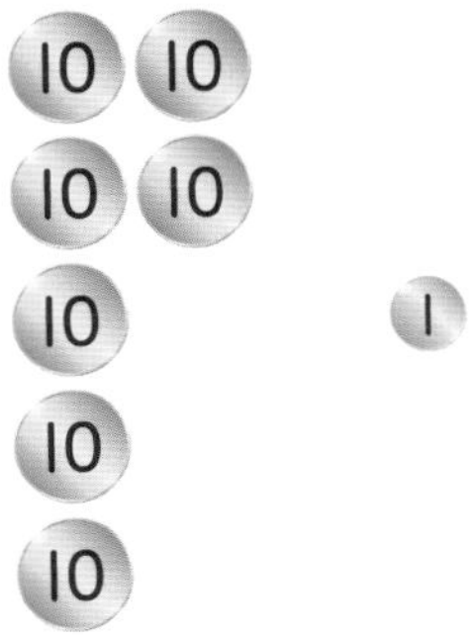

$$\begin{array}{r} \square\square \\ 71 \\ -\ 36 \\ \hline \square \\ 30 \\ \hline \square \end{array}$$

$\square$ … $\square - \square$

30 … $\square - \square$

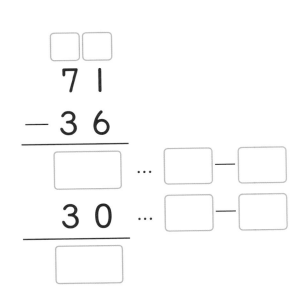

문제 6 | □ 안에 알맞은 수를 넣으시오.

(1)

```
  □□
  5 6
- 2 9
-----
  □   … □ − □
  2 0 … □ − □
-----
  □
```

(2)

```
  □□
  8 1
- 4 5
-----
  □   … □ − □
  3 0 … □ − □
-----
  □
```

(3)

```
  □□
  3 0
- 1 8
-----
  □   … □ − □
  1 0 … □ − □
-----
  □
```

(4)

```
  □□
  6 0
- 3 7
-----
  □   … □ − □
  2 0 … □ − □
-----
  □
```

보충문제

문제 7 | 다음을 계산하시오.

(1) $70-59$

$$\begin{array}{r} \square\square \\ 70 \\ -\ 59 \\ \hline \square \end{array}$$

(2) $81-37$

$$\begin{array}{r} \square\square \\ 81 \\ -\ 37 \\ \hline \square \end{array}$$

(3) $45-38$

$$\begin{array}{r} \square\square \\ 45 \\ -\ 38 \\ \hline \square \end{array}$$

(4) $33-17$

$$\begin{array}{r} \square\square \\ 33 \\ -\ 17 \\ \hline \square \end{array}$$

(5) $20-15$

$$\begin{array}{r} \square\square \\ 20 \\ -\ 15 \\ \hline \square \end{array}$$

(6) $65-26$

$$\begin{array}{r} \square\square \\ 65 \\ -\ 26 \\ \hline \square \end{array}$$

(7) $97-28=\square$

(8) $30-14=\square$

(9) $52-34=\square$

문제 8 | 두 수를 뺀 결과를 □ 안에 쓰고, 가장 큰 수가 나오는 뺄셈식을 써넣으시오.

(1)

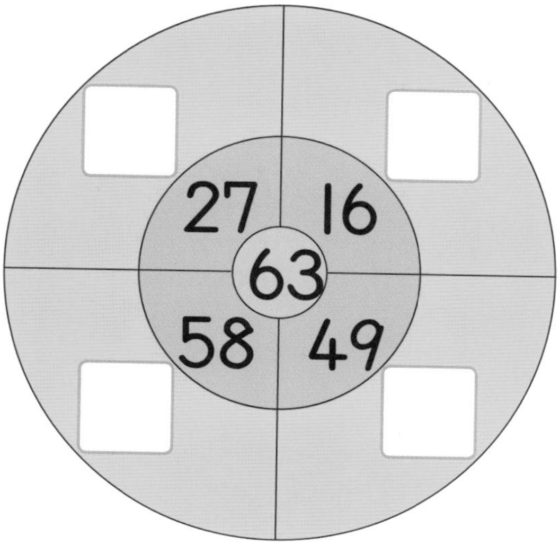

식: ________ **답:** ______

(2)

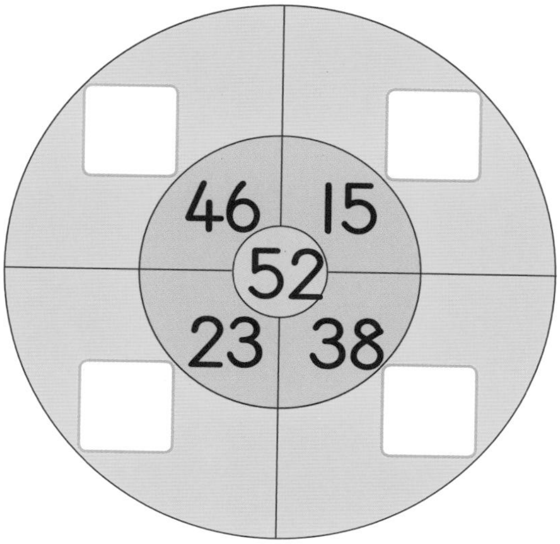

식: ________ **답:** ______

(3)

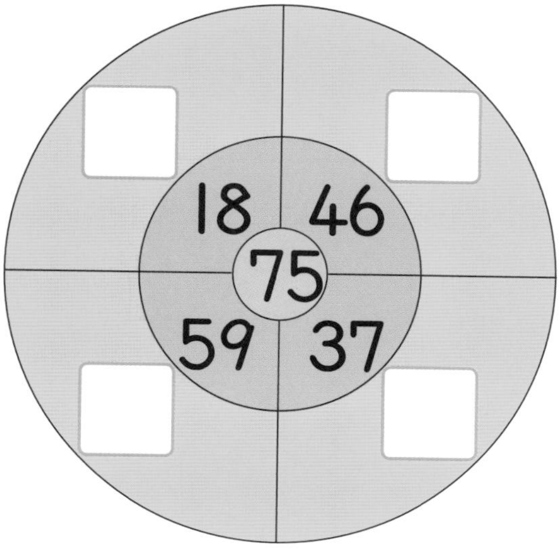

식: ________ **답:** ______

(4)

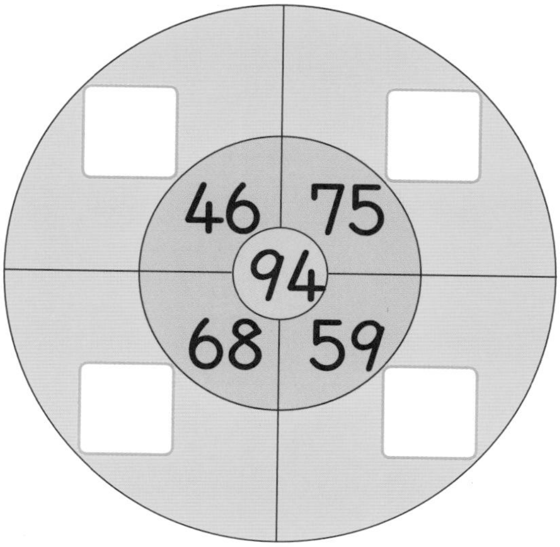

식: ________ **답:** ______

보충문제

문제 9 | 뺄셈을 하고 답이 가장 큰 수가 나오는 식과 답을 쓰시오.

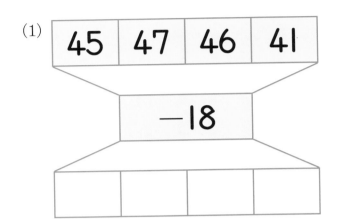

(1)

45	47	46	41
	−18		

식: ____________ 답: ______

(2)

83	82	81	80
	−44		

식: ____________ 답: ______

(3)

56	58	55	52
	−29		

식: ____________ 답: ______

(4)

91	92	93	94
	−36		

식: ____________ 답: ______

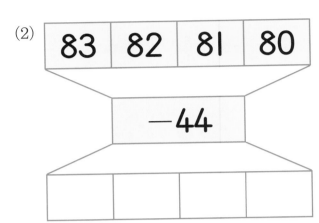

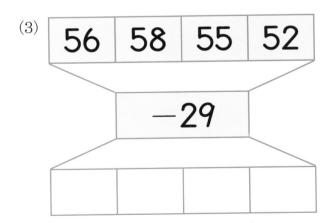

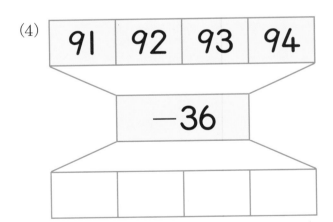

문제 10 | 두 수의 합이 같으면 =, 다르면 〈 또는 〉를 넣으시오.

(1) $93-45$ ◯ $74-18$ (2) $51-24$ ◯ $51-23$

(3) $82-37$ ◯ $64-37$ (4) $45-18$ ◯ $56-29$

문제 11 | 직접 채점을 하고, 틀린 답을 바르게 고치시오.

(1) $74-26=48$ (2) $35-19=26$

(3) $48-39=9$ (4) $63-38=35$

(5) $55-47=12$ (6) $27-18=11$

보충문제

문제 12 | 다음을 식으로 나타내고 물음에 답하시오.

(1) 사과 43개가 있었습니다. 27개를 먹어 버렸다면 남은 사과는 모두 몇 개인가요?

식: ______________________ **답:** __________

(2) 건전지 52개 중에서 26개를 사용했습니다. 남은 건전지는 모두 몇 개인가요?

식: ______________________ **답:** __________

(3) 축구공이 38개, 농구공이 76개 있습니다. 농구공은 축구공보다 몇 개 더 많을까요?

식: ______________________ **답:** __________

(4) 할아버지는 71세이고 손자는 13세입니다. 할아버지는 손자보다 나이가 얼마나 더 많을까요?

식: ______________________ **답:** __________

문제 13 | 다음을 계산하시오.

(1) $95+6=\square$

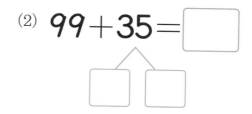

(2) $99+35=\square$

(3) $7+94=\square$

(4) $23+98=\square$

(5) $91+39=\square$

(6) $94+56=\square$

(7) $48+92=\square$

(8) $65+97=\square$

보충문제

문제 14 | 쿠폰을 모두 더한 값이 같은 것끼리 선으로 연결하시오.

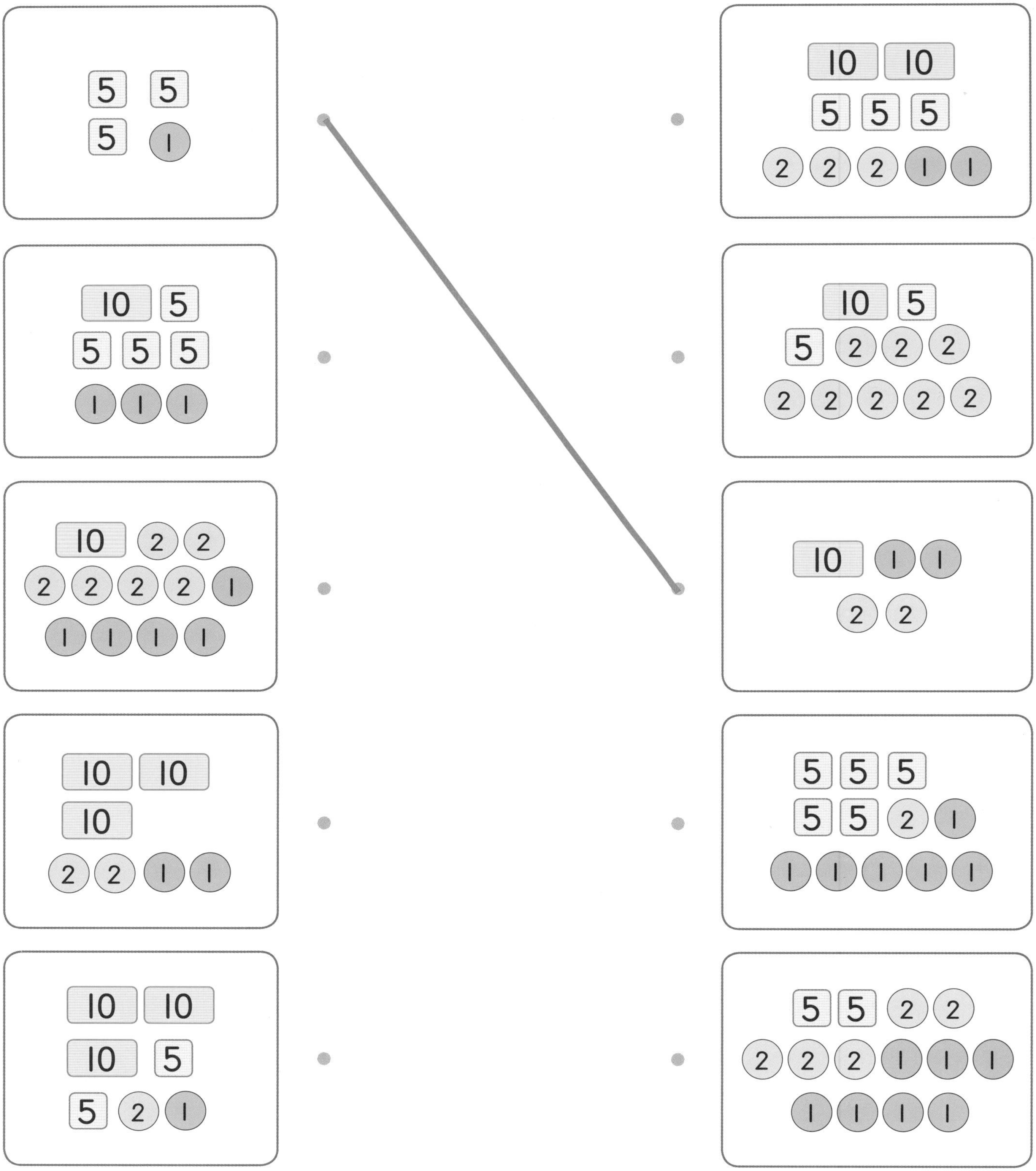

문제 15 | 화살표 식을 이용하여 계산하시오.

(1) 버스에 59명이 타고 있습니다. 정류장에서 16명이 내리고, 7명이 탔습니다. 현재 버스에는 몇 명이 타고 있을까요?

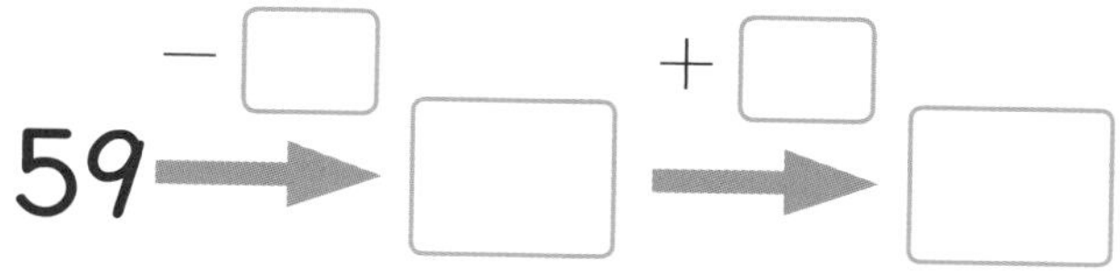

(2) 버스에 34명이 타고 있습니다. 정류장에서 28명이 타고, 15명이 내렸습니다. 현재 버스에는 몇 명이 타고 있을까요?

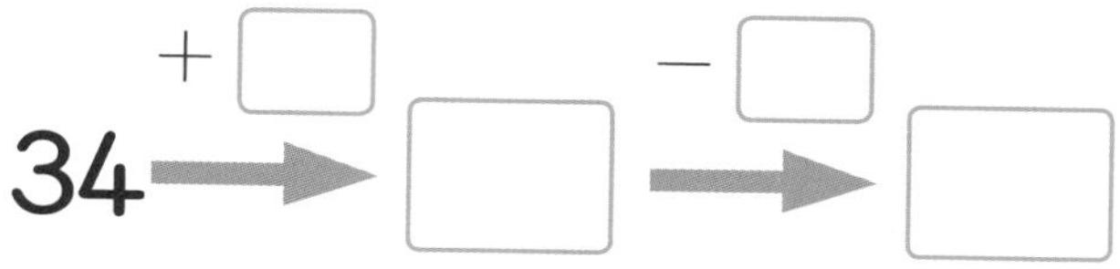

(3) 민수는 구슬을 45개 갖고 있습니다. 동생에게 13개를 얻었고 친구에게 27개를 잃었다면 현재 민수가 갖고 있는 구슬은 몇 개일까요?

(4) 유진이는 연필을 28자루를 갖고 있습니다. 친구에게 14자루를 주고 언니에게 19자루를 받았습니다. 현재 유진이가 갖고 있는 연필은 몇 자루일까요?

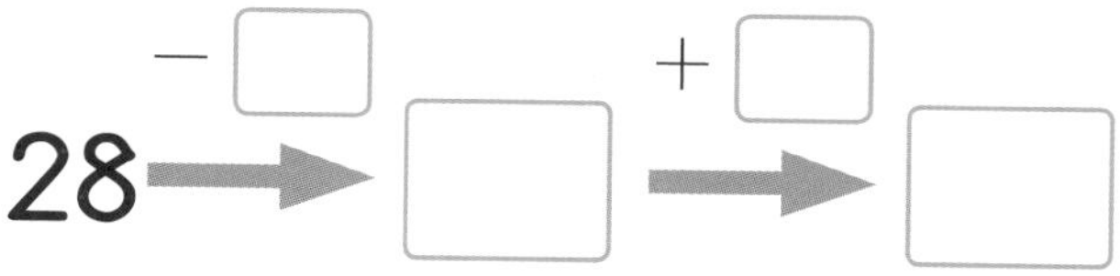

보충문제

문제 16 | 다음을 계산하시오.

(1) $82-15+29=\square$

$$\begin{array}{r} 82 \\ -\ 15 \\ \hline \square \end{array} \rightarrow \begin{array}{r} \square \\ +\ 29 \\ \hline \square \end{array}$$

(2) $26+37-44=\square$

$$\begin{array}{r} 26 \\ +\ 37 \\ \hline \square \end{array} \rightarrow \begin{array}{r} \square \\ -\ 44 \\ \hline \square \end{array}$$

(3) $91-48+54=\square$

$$\begin{array}{r} 91 \\ -\ 48 \\ \hline \square \end{array} \rightarrow \begin{array}{r} \square \\ +\ 54 \\ \hline \square \end{array}$$

(4) $36+13-39=\square$

$$\begin{array}{r} 36 \\ +\ 13 \\ \hline \square \end{array} \rightarrow \begin{array}{r} \square \\ -\ 39 \\ \hline \square \end{array}$$

문제 17 | 수직선을 보고 □ 안에 알맞은 수를 쓰시오.

(1)

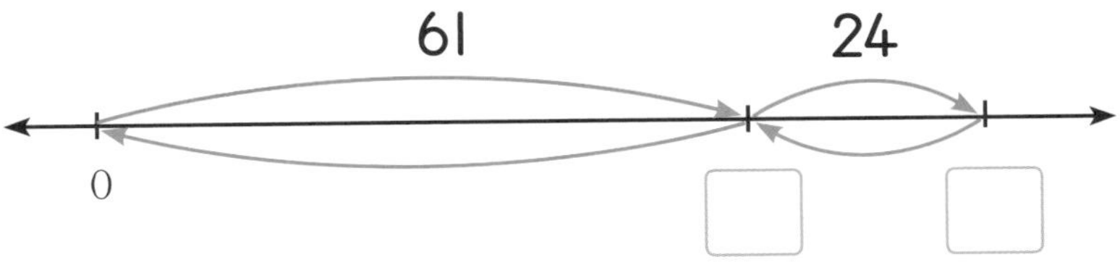

$61+\square=\square$

$\square-\square=61$

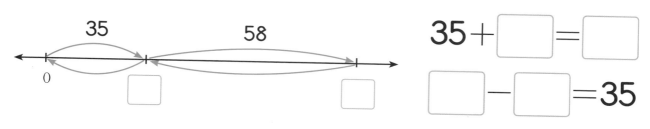

(2)

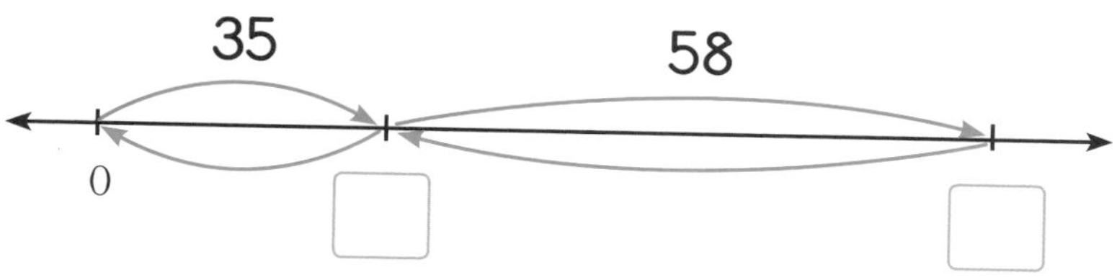

$35 + \square = \square$

$\square - \square = 35$

문제 18 | □ 안에 알맞은 수를 넣고 뺄셈식으로 고치시오.

(1)

$35 + \square = 80$

$\square + 52 = 80$

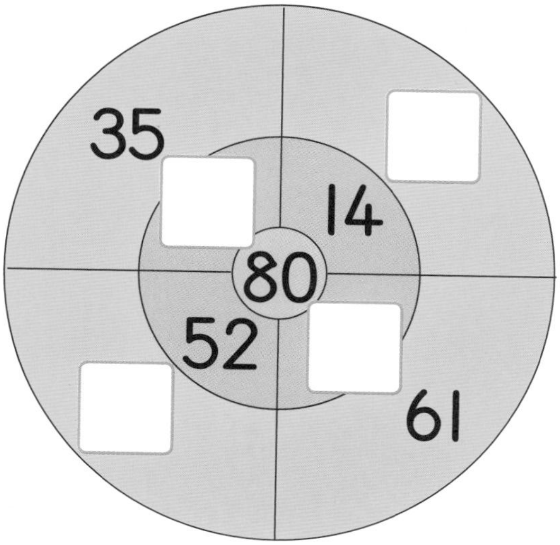

$\square + 14 = 80$

$61 + \square = 80$

보충문제

(2)

$16 + \square = 95$

$\square + 29 = 95$

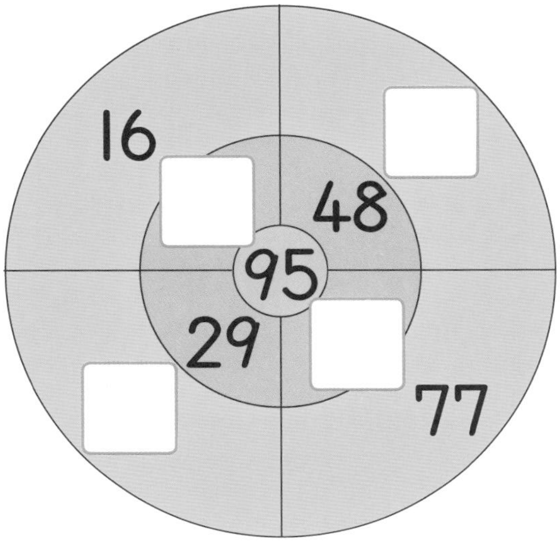

$\square + 48 = 95$

$77 + \square = 95$

문제 19 | 식을 완성하고 뺄셈식으로 고치시오.

(1) 서영이는 지금까지 수학 문제를 35문제 풀었습니다. 문제는 모두 64문제입니다. 앞으로 몇 문제를 더 풀어야 할까요?

$35 + \square = 64$ → ______________

35: 지금까지 푼 문제
64: 전체 문제

(2) 수정이는 47층에 가야 합니다. 이제 29층까지 올라왔습니다. 앞으로 몇 층을 더 올라가야 할까요?

29 + ☐ = 47 ➡ ____________

29: 올라온 층수 / 47: 올라가야 할 층수

(3) 규식이는 오늘 줄넘기를 37회 했습니다. 오늘까지 총 65회 했다면 어제는 줄넘기를 몇 회 했을까요?

☐ + 37 = 65 ➡ ____________

☐: 어제 한 줄넘기 수 / 37: 오늘 한 줄넘기 수 / 65: 오늘까지 한 줄넘기 횟수

(4) 지우네 가족은 과수원에서 사과와 귤을 모두 75개 거둬들였습니다. 귤이 48개였다면 사과는 몇 개일까요?

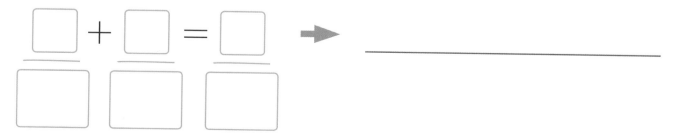

☐ + ☐ = ☐ ➡ ____________

☐ / ☐ / ☐

보충문제

문제 20 | □ 안에 알맞은 수를 넣으시오.

(1) $41 - 35 = \square$

$\square - \square = \square$

$\square + \square = \square$

$\square + \square = \square$

(2) $33 - 17 = \square$

$\square - \square = \square$

$\square + \square = \square$

$\square + \square = \square$

(3) $29 + 14 = \square$

$\square + \square = \square$

$\square - \square = \square$

$\square - \square = \square$

(4) $92 - 48 = \square$

$\square - \square = \square$

$\square + \square = \square$

$\square + \square = \square$

문제 21 | 뺄셈은 다른 뺄셈으로, 덧셈은 뺄셈으로 바꾸고 □ 안에 알맞은 수를 넣으시오.

(1) $16+\square=42$

(2) $38-\square=29$

(3) $85-\square=47$

(4) $54+\square=71$

(5) $49+\square=62$

(6) $61-\square=13$

+ 정답 ÷

1 받아올림이 있는 두 자리 수와 한 자리 수의 덧셈

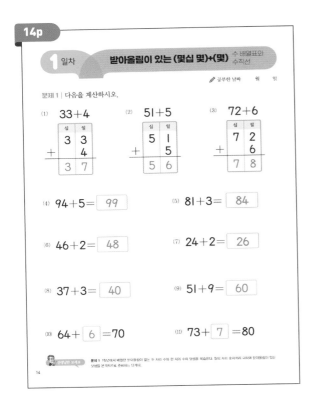

14p

1일차 받아올림이 있는 (몇십 몇)+(몇) 수 배열표와 수직선

공부한 날짜 월 일

문제 1 | 다음을 계산하시오.

(1) 33+4

	십	일
	3	3
+		4
	3	7

(2) 51+5

	십	일
	5	1
+		5
	5	6

(3) 72+6

	십	일
	7	2
+		6
	7	8

(4) 94+5= 99

(5) 81+3= 84

(6) 46+2= 48

(7) 24+2= 26

(8) 37+3= 40

(9) 51+9= 60

(10) 64+ 6 =70

(11) 73+ 7 =80

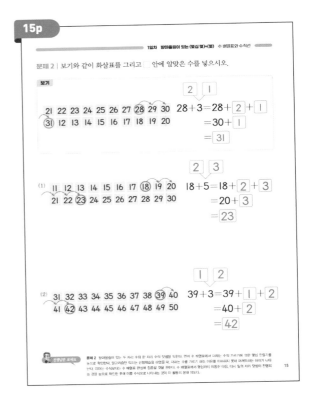

선생님만 보세요

15p

문제 2 | 보기와 같이 화살표를 그리고 □ 안에 알맞은 수를 넣으시오.

보기

21 22 23 24 25 26 27 (28) 29 30
(31) 12 13 14 15 16 17 18 19 20

2 1
28+3=28+ 2 + 1
=30+ 1
= 31

(1) 11 12 13 14 15 16 17 (18) 19 20
21 22 (23) 24 25 26 27 28 29 30

2 3
18+5=18+ 2 + 3
=20+ 3
= 23

(2) 31 32 33 34 35 36 37 38 (39) 40
41 (42) 43 44 45 46 47 48 49 50

1 2
39+3=39+ 1 + 2
=40+ 2
= 42

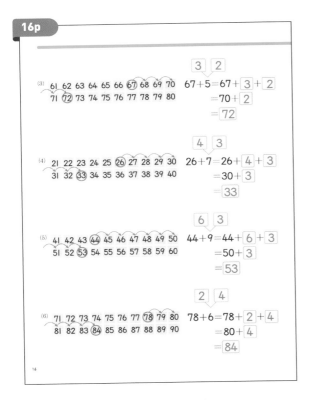

선생님만 보세요

16p

(3) 61 62 63 64 65 66 (67) 68 69 70
71 (72) 73 74 75 76 77 78 79 80

3 2
67+5=67+ 3 + 2
=70+ 2
= 72

(4) 21 22 23 24 25 (26) 27 28 29 30
31 32 (33) 34 35 36 37 38 39 40

4 3
26+7=26+ 4 + 3
=30+ 3
= 33

(5) 41 42 43 (44) 45 46 47 48 49 50
51 52 (53) 54 55 56 57 58 59 60

6 3
44+9=44+ 6 + 3
=50+ 3
= 53

(6) 71 72 73 74 75 76 77 (78) 79 80
81 82 83 (84) 85 86 87 88 89 90

2 4
78+6=78+ 2 + 4
=80+ 4
= 84

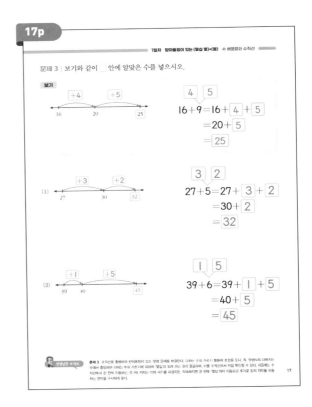

17p

문제 3 | 보기와 같이 □ 안에 알맞은 수를 넣으시오.

보기

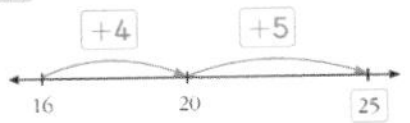

4 5
16+9=16+ 4 + 5
=20+ 5
= 25

(1)

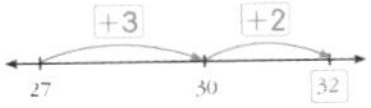

3 2
27+5=27+ 3 + 2
=30+ 2
= 32

(2)

1 5
39+6=39+ 1 + 5
=40+ 5
= 45

선생님만 보세요

18p

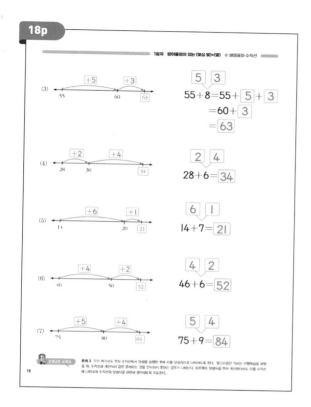

1일차 받아올림이 있는 (몇십 몇)+(몇) 수 배열표와 수직선

(3)

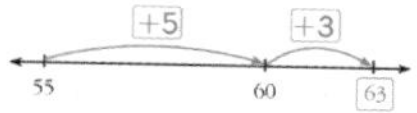

5 3

55+8=55+5+3
=60+3
=63

(4)

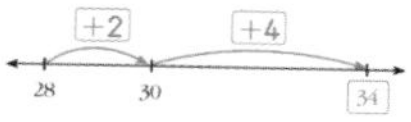

2 4

28+6=34

(5)

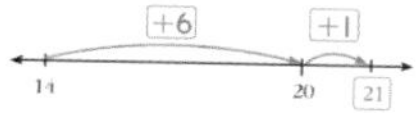

6 1

14+7=21

(6)

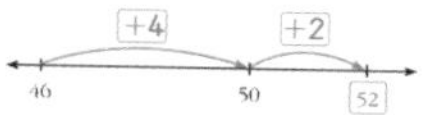

4 2

46+6=52

(7)

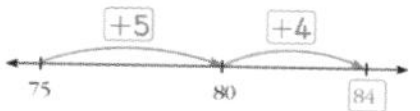

5 4

75+9=84

선생님만 보세요

문제 3 주의 여기서도 먼저 수직선에서 덧셈을 실행한 후에 이를 덧셈식으로 나타내도록 한다. 알고리즘만 익히는 선행학습을 하였을 때, 수직선과 계산식이 같은 문제라는 것을 인식하지 못하는 경우가 나타난다. 오른쪽의 덧셈식을 먼저 계산하더라도 이를 수직선에 나타내어 수직선과 덧셈식을 관련해 생각하도록 지도한다.

18

19p

2일차 받아올림이 있는 (몇십 몇)+(몇) 가로식과 세로식

공부한 날짜 월 일

문제 1 | 화살표를 그리고 수직선에 표시를 하고 □ 안에 알맞은 수를 넣으시오.

(1) 31 32 33 34 35 36 37 38 (39) 40
41 42 43 44 45 46 (47) 48 49 50

39+8=39+1+7
=40+7
=47

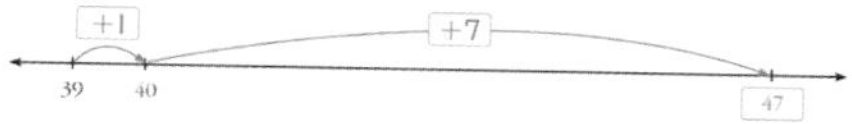

(2) 51 52 53 54 (55) 56 57 58 59 60
(61) 62 63 64 65 66 67 68 69 70

55+6=55+5+1
=60+1
=61

선생님만 보세요

문제 1 이전 차시 내용, 즉 수 배열표와 수직선에서 더하는 수의 가르기에 의한 받아올림이 있는 덧셈을 복습한다. 똑같은 덧셈을 수 배열표와 수직선이라는 두 개의 모델에서 같은 결과가 얻어진다는 사실을 발견하도록 한다.

19

20p

(3) 61 62 63 64 65 66 (67) 68 69 70
71 72 73 74 75 (76) 77 78 79 80

67+9=67+3+6
=70+6
=76

문제 2 | 다음을 계산하시오.

보기

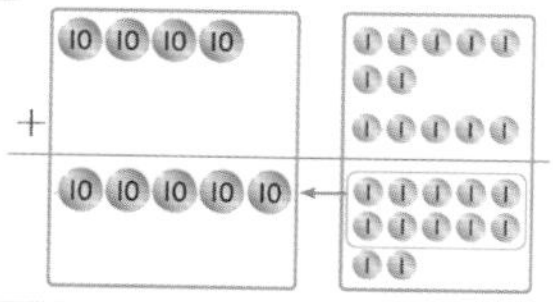

$$\begin{array}{r} {\scriptstyle 1} \\ 47 \\ +\ \ 5 \\ \hline 52 \end{array}$$

(1)
$$\begin{array}{r} {\scriptstyle 1} \\ 15 \\ +\ \ 6 \\ \hline 21 \end{array}$$

(2)
$$\begin{array}{r} {\scriptstyle 1} \\ 24 \\ +\ \ 8 \\ \hline 32 \end{array}$$

(3)
$$\begin{array}{r} {\scriptstyle 1} \\ 58 \\ +\ \ 7 \\ \hline 65 \end{array}$$

선생님만 보세요

문제 2 받아올림이 있는 덧셈을 세로식에서 익힌다. 동전을 세로식과 유사한 형태로 보기에 제시하였다. 세로식에서 받아올림을 실행할 때 이러한 동전 모형을 떠올리라는 의도지만 강요할 필요는 없다. 일 원짜리 동전을 더하는 방식으로 머릿속에서 받아올림을 할 수 있으면 충분하다. 이때 중요한 것은 받아올림 결과를 십의 자리 숫자 위에 표시하는 것을 잊지 않도록 하는 것이다.

20

21p

2일차 받아올림이 있는 (몇십 몇)+(몇) 가로식과 세로식

(4)
$$\begin{array}{r} {\scriptstyle 1} \\ 49 \\ +\ \ 2 \\ \hline 51 \end{array}$$

(5)
$$\begin{array}{r} {\scriptstyle 1} \\ 77 \\ +\ \ 5 \\ \hline 82 \end{array}$$

(6)
$$\begin{array}{r} {\scriptstyle 1} \\ 36 \\ +\ \ 8 \\ \hline 44 \end{array}$$

(7)
$$\begin{array}{r} {\scriptstyle 1} \\ 55 \\ +\ \ 9 \\ \hline 64 \end{array}$$

(8)
$$\begin{array}{r} {\scriptstyle 1} \\ 84 \\ +\ \ 7 \\ \hline 91 \end{array}$$

(9)
$$\begin{array}{r} {\scriptstyle 1} \\ 63 \\ +\ \ 9 \\ \hline 72 \end{array}$$

문제 3 | 다음을 계산하시오.

(1) 87+6=93 (받아올림 1)

(2) 74+8=82 (받아올림 1)

(3) 65+9=74 (받아올림 1)

(4) 27+7=34 (받아올림 1)

(5) 46+5=51

(6) 53+8=61

(7) 55+6=61

(8) 17+9=26

선생님만 보세요

문제 3 세로식과 연계하여 가로식으로 제시된 덧셈을 실행한다. (5)번부터 십의 자리에 네모 빈칸이 주어지지 않았지만 받아올림을 적용하여 답을 해야 한다.

21

+ 정답 ÷

22p

3 일차 **받아올림이 있는 (몇십 몇)+(몇)** 연습(1)

공부한 날짜 월 일

문제 1 | 다음을 계산하시오.

(1) 45 + 8 = 53

(2) 56 + 6 = 62

(3) 17 + 7 = 24

(4) 89 + 6 = 95

(5) 63 + 9 = 72

(6) 26 + 5 = 31

(7) 39+4=43　(8) 57+5=62　(9) 63+7=70

(10) 44+7=51　(11) 79+6=85　(12) 76+8=84

(13) 27+9=36　(14) 68+2=70　(15) 59+8=67

선생님만 보세요 **문제 1** 지금까지 배운 받아올림이 있는 두 자리수와 한 자리 수의 덧셈을 복습한다.

22

23p

3일차 받아올림이 있는 (몇십 몇)+(몇) 연습(1)

문제 2 | 보기와 같이 □ 안에 알맞은 수를 넣으시오.

보기

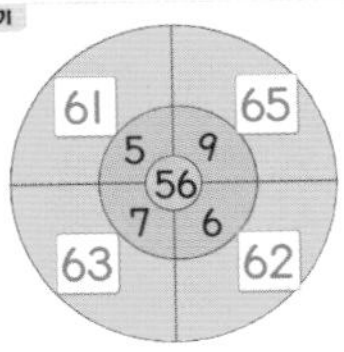

(1)

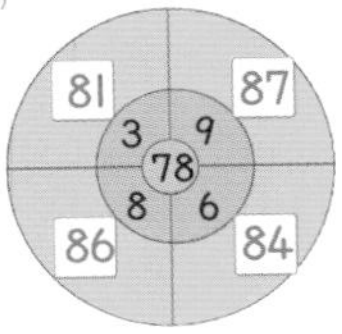

(2)

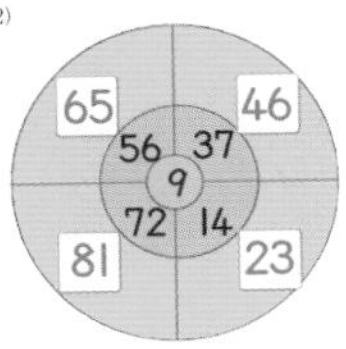

(3)

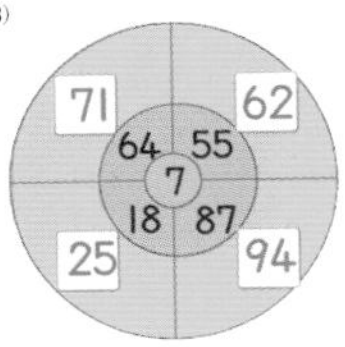

(4)

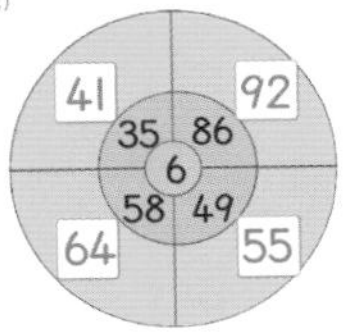

(5)

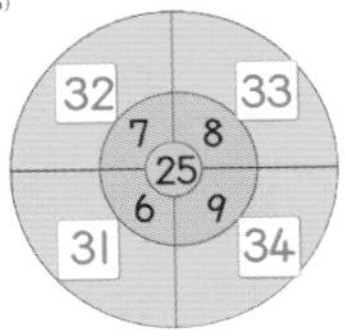

선생님만 보세요 **문제 2** 받아올림이 있는 덧셈의 연습을 위한 심화 문제다. 보기에 제시된 것과 같이, 더해지는 수(피가수)는 일정하고 더하는 수(가수)가 다른 덧셈 문제다. 더하는 수(가수)의 크기 변화에 따라 결과가 어떻게 달라지는지 패턴을 발견할 수도 있다. 물론 덧셈 결과를 꼭 비교하도록 강요할 필요는 없지만 각 문제 풀이 이후에 이를 언급하며 속도를 조절할 수도 있다.

23

24p

4 일차 **받아올림이 있는 (몇십 몇)+(몇)** 연습(2)

공부한 날짜 월 일

문제 1 | 다음을 계산하시오.

(1) 79 + 2 = 81

(2) 18 + 9 = 27

(3) 47 + 6 = 53

(4) 29 + 6 = 35

(5) 68 + 8 = 76

(6) 83 + 7 = 90

(7) 46 + 8 = 54

(8) 59 + 3 = 62

(9) 36 + 5 = 41

선생님만 보세요 **문제 1** 세로식으로 주어진 덧셈을 다시 연습한다. 받아올림 결과를 십의 자리 숫자 위에 표시하는 것을 한 번 더 강조한다.

24

25p

4일차 받아올림이 있는 (몇십 몇)+(몇) 연습(2)

(10) 59 + 9 = 68

(11) 32 + 8 = 40

(12) 14 + 8 = 22

문제 2 | 보기와 같이 계산하시오.

보기	39	+9 →	48	+6 →	54	+9 →	63	+8 →	71
(1)	18	+8 →	26	+9 →	35	+7 →	42	+9 →	51
(2)	27	+9 →	36	+9 →	45	+8 →	53	+8 →	61
(3)	49	+8 →	57	+7 →	64	+9 →	73	+9 →	82
(4)	58	+9 →	67	+8 →	75	+8 →	83	+7 →	90

선생님만 보세요 **문제 2** 받아올림이 있는 두 자리 수와 한 자리 수의 덧셈 연습 문제다. 덧셈이 연속으로 이어진다.

25

26p

문제 3 | 직접 채점하고, 틀린 답은 바르게 고치시오.

(1) 15+9=23 → 24 (2) 29+5=34 (3) 59+4=63

(4) 34+7=47 → 41 (5) 79+4=83 (6) 67+7=74

(7) 56+5=61 (8) 42+9=41 → 51 (9) 85+6=96 → 91

(10) 83+9=92 (11) 55+8=83 → 63 (12) 76+7=73 → 83

(13) 74+9=81 → 83 (14) 67+8=75 (15) 25+6=85 → 31

선생님만 보세요 문제 3 누군가의 풀이를 직접 채점하고 수정하는 활동을 요구하는 연습 문제다. 제시된 풀이에 어떤 오류가 있었는지 이야기해볼 수도 있다.

32p

보충문제

문제 1 | 숫자에 표시하고 □ 안에 알맞은 수를 넣으시오.

(1) 41 42 43 44 (45) 46 47 48 49 50
(51) 52 53 54 55 56 57 58 59 60

45+6= 51

(2) 31 32 33 (34) 35 36 37 38 39 (40)
41 42 43 44 45 46 47 48 49 50

34+ 6 =40

문제 2 | □ 안에 알맞은 수를 넣으시오.

(1)

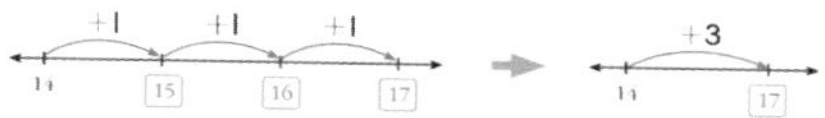

(2)

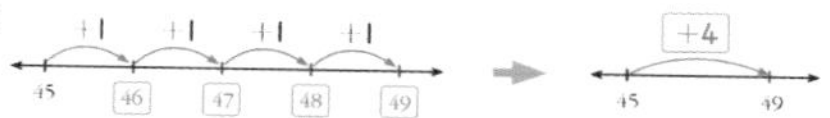

33p

1 받아올림이 있는 두 자리 수와 한 자리 수의 덧셈

문제 3 | □ 안에 알맞은 수를 넣으시오.

(1) 58+2= 60 (2) 42+ 8 =50

(3) 73+7= 80 (4) 84+ 6 =90

(5) 19+ 1 =20 (6) 35+5= 40

(7) 67+ 3 =70 (8) 26+4= 30

문제 4 | 화살표를 그리고 □ 안에 알맞은 수를 넣으시오.

(1) 21 22 23 24 (25) 26 27 28 29 30
31 (32) 33 34 35 36 37 38 39 40

25+7=25+ 5 + 2
=30+ 2
= 32

(2) 51 52 (53) 54 55 56 57 58 59 60
(61) 62 63 64 65 66 67 68 69 70

53+8=53+ 7 + 1
=60+ 1
= 61

34p

보충문제

문제 5 | □ 안에 알맞은 수를 넣으시오.

(1)

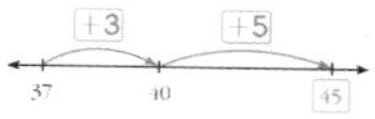

37+8=37+ 3 + 5
=40+ 5
= 45

(2)

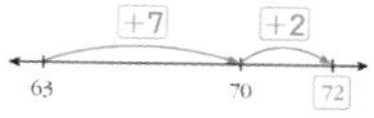

63+9=63+ 7 + 2
=70+ 2
= 72

문제 6 | 다음을 계산하시오.

(1)

	4 3
+	8
	5 1

(2)

	2 7
+	9
	3 6

(3)

	5 6
+	6
	6 2

+ 정답 ÷

35p

(4)
$$\begin{array}{r} 67 \\ +\ \ 7 \\ \hline 74 \end{array}$$

(5)
$$\begin{array}{r} 14 \\ +\ \ 8 \\ \hline 22 \end{array}$$

(6)
$$\begin{array}{r} 79 \\ +\ \ 9 \\ \hline 88 \end{array}$$

문제 7 | 다음을 계산하시오.

(1) 39+6=45 (2) 78+4=82

(3) 27+8=35 (4) 45+7=52

문제 8 | 빈칸에 알맞은 수를 넣으시오.

(1)

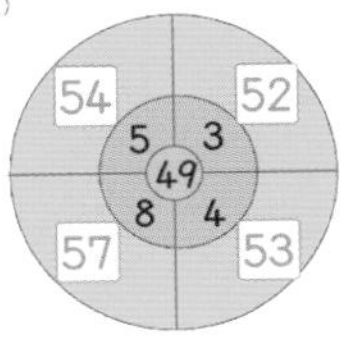

(2)

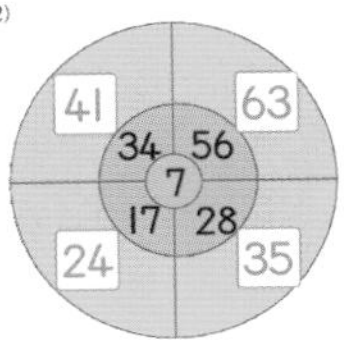

36p

보충문제

(3)

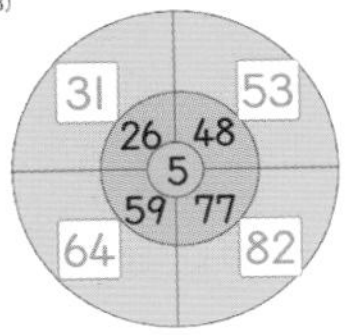

(4)

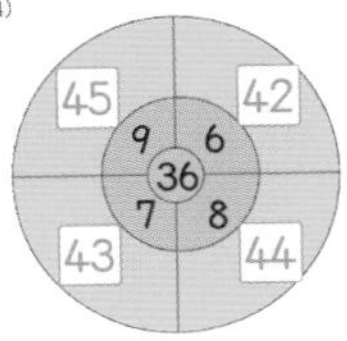

문제 9 | 다음을 계산하시오.

(1)	17	+7	24	+6	30	+4	34	+9	43
(2)	28	+2	30	+8	38	+3	41	+8	49
(3)	36	+5	41	+9	50	+2	52	+7	59
(4)	54	+6	60	+5	65	+7	72	+9	81

37p

문제 10 | 직접 채점하고, 틀린 답은 바르게 고치시오.

(1) 45+6=~~41~~ 51 (2) 62+9=71 (3) 78+6=84

(4) 46+5=~~41~~ 51 (5) 67+4=~~73~~ 71 (6) 53+9=62

(7) 25+3=~~38~~ 28 (8) 11+8=~~29~~ 19 (9) 35+6=~~31~~ 41

(10) 84+6=90 (11) 75+7=~~83~~ 82 (12) 62+9=~~72~~ 71

(13) 58+5=~~62~~ 63 (14) 42+9=51 (15) 25+6=31

2 받아내림이 있는 두 자리 수와 한 자리 수의 뺄셈

40p

1일차 받아내림이 있는 (몇십 몇)-(몇) 수 배열표

공부한 날짜 월 일

문제 1 | 다음을 계산하시오.

(1) 78−5

십	일
7	8
−	5
7	3

(2) 26−4

십	일
2	6
−	4
2	2

(3) 59−2

십	일
5	9
−	2
5	7

(4) 35−3=32

(5) 43−1=42

(6) 94−2=92

(7) 67−6=61

선생님만 보세요 **문제 1** 1학년에서 배웠던, 받아내림이 없는 두 자리 수와 한 자리 수의 뺄셈을 복습하여 자릿값에 대한 이해를 확인하는 활동이다.

40

41p

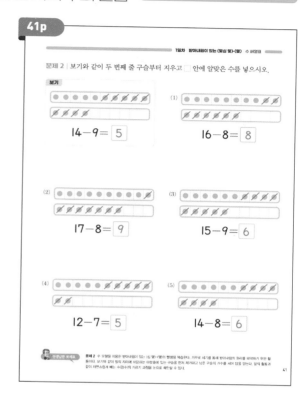

1일차 받아내림이 있는 (몇십 몇)-(몇) 수 배열표

문제 2 | 보기와 같이 두 번째 줄 구슬부터 지우고 □ 안에 알맞은 수를 넣으시오.

보기

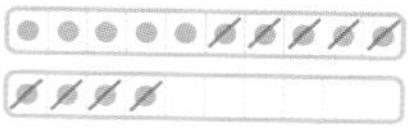

14−9=5

(1)

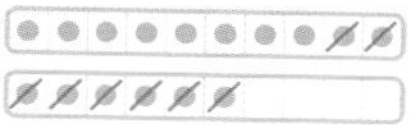

16−8=8

(2)

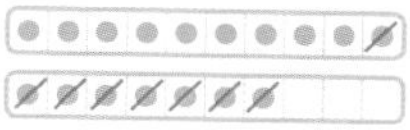

17−8=9

(3)

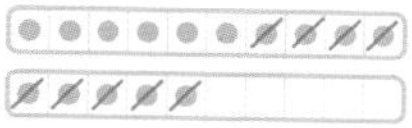

15−9=6

(4)

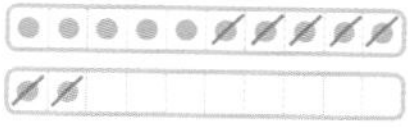

12−7=5

(5)

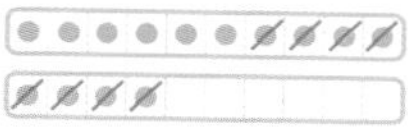

14−8=6

선생님만 보세요 **문제 2** 수 모형을 이용한 받아내림이 있는 (십 몇)-(몇)의 뺄셈을 복습한다. 거꾸로 세기를 통해 받아내림의 원리를 파악하기 위한 활동이다. 보기와 같이 일의 자리에 해당하는 아랫줄에 있는 구슬을 먼저 제거하고 남은 구슬의 개수를 세어 답을 얻는다. 앞의 활동과 같이 자연스럽게 빼는 수(감수)의 가르기 과정을 눈으로 확인할 수 있다.

41

42p

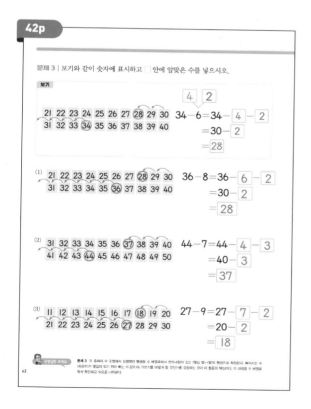

문제 3 | 보기와 같이 숫자에 표시하고 □ 안에 알맞은 수를 넣으시오.

보기

21	22	23	24	25	26	27	(28)	29	30
31	32	33	(34)	35	36	37	38	39	40

34−6=34−4−2 (6 → 4, 2)
=30−2
=28

(1)

21	22	23	24	25	26	27	(28)	29	30
31	32	33	34	35	(36)	37	38	39	40

36−8=36−6−2
=30−2
=28

(2)

31	32	33	34	35	36	(37)	38	39	40
41	42	43	(44)	45	46	47	48	49	50

44−7=44−4−3
=40−3
=37

(3)

11	12	13	14	15	16	17	(18)	19	20
21	22	23	24	25	26	(27)	28	29	30

27−9=27−7−2
=20−2
=18

선생님만 보세요 **문제 3** 두 줄짜리 수 모형에서 실행했던 뺄셈을 수 배열표에서 받아내림이 있는 (몇십 몇)-(몇)의 뺄셈으로 확장한다. 빼어지는 수(피감수)가 몇십이 되기 위해 빼는 수(감수)의 가르기를 어떻게 할 것인가를 결정하는 것이 이 활동의 핵심이다. 이 과정을 수 배열표에서 확인하고 식으로 나타낸다.

42

43p

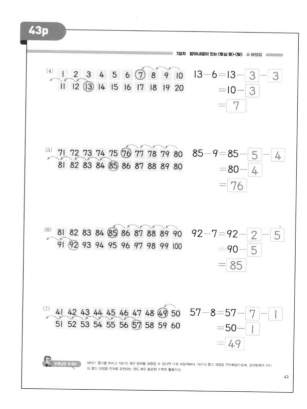

1일차 받아내림이 있는 (몇십 몇)-(몇) 수 배열표

(4)

1	2	3	4	5	6	(7)	8	9	10
11	12	(13)	14	15	16	17	18	19	20

13−6=13−3−3
=10−3
=7

(5)

71	72	73	74	75	(76)	77	78	79	80
81	82	83	84	(85)	86	87	88	89	80

85−9=85−5−4
=80−4
=76

(6)

81	82	83	84	(85)	86	87	88	89	90
91	(92)	93	94	95	96	97	98	99	100

92−7=92−2−5
=90−5
=85

(7)

41	42	43	44	45	46	47	48	(49)	50
51	52	53	54	55	56	(57)	58	59	60

57−8=57−7−1
=50−1
=49

선생님만 보세요 아이가 풀이를 마치고 자신의 계산 절차를 설명할 수 있다면 더욱 바람직하다. 자신의 풀이 과정을 언어화함으로써, 상대방에게 자신의 풀이 과정을 언어로 표현하는 것도 매우 중요한 수학적 활동이다.

43

+ 정답 ÷

44p

2일차 받아내림이 있는 (몇십 몇)-(몇) 수직선

공부한 날짜 월 일

문제 1 | 보기와 같이 화살표를 그리고 □ 안에 알맞은 수를 넣으시오.

보기

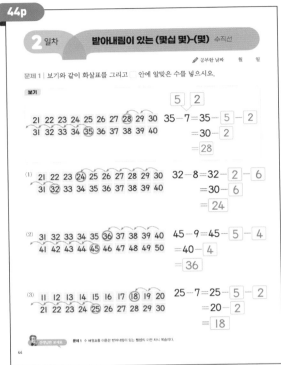

21 22 23 24 25 26 27 (28) 29 30
31 32 33 34 (35) 36 37 38 39 40

5 2

35−7=35−5−2
=30−2
=28

(1) 21 22 23 (24) 25 26 27 28 29 30
31 (32) 33 34 35 36 37 38 39 40

32−8=32−2−6
=30−6
=24

(2) 31 32 33 34 35 (36) 37 38 39 40
41 42 43 44 (45) 46 47 48 49 50

45−9=45−5−4
=40−4
=36

(3) 11 12 13 14 15 16 17 (18) 19 20
21 22 23 24 (25) 26 27 28 29 30

25−7=25−5−2
=20−2
=18

44

45p

2일차 | 받아내림이 있는 (몇십 몇)-(몇) 수직선

문제 2 | 보기와 같이 수직선에 표시하고 □ 안에 알맞은 수를 넣으시오.

보기

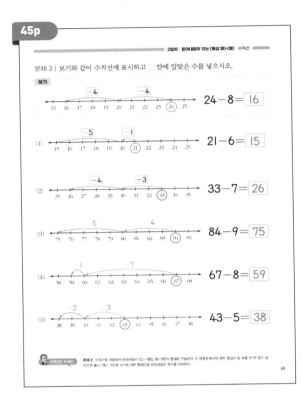

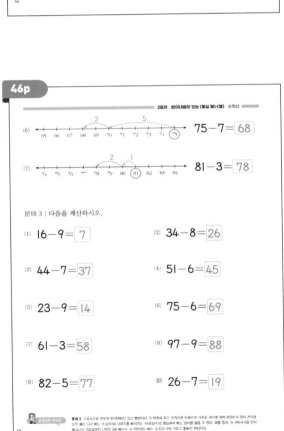

−4 −4

15 16 17 18 19 20 21 22 23 (24) 25

24−8=16

(1) −5 −1

15 16 17 18 19 20 (21) 22 23 24 25

21−6=15

(2) −4 −3

25 26 27 28 29 30 31 32 (33) 34 35

33−7=26

(3) −5 −4

75 76 77 78 79 80 81 82 83 (84) 85

84−9=75

(4) −1 −7

58 59 60 61 62 63 64 65 66 (67) 68

67−8=59

(5) −2 −3

38 39 40 41 42 (43) 44 45 46 47 48

43−5=38

45

46p

2일차 받아내림이 있는 (몇십 몇)-(몇) 수직선

(6) 2 5

65 66 67 68 69 70 71 72 73 74 (75)

75−7=68

(7) 2 1

74 75 76 77 78 79 80 (81) 82 83 84

81−3=78

문제 3 | 다음을 계산하시오.

(1) 16−9=7
(2) 34−8=26
(3) 44−7=37
(4) 51−6=45
(5) 23−9=14
(6) 75−6=69
(7) 61−3=58
(8) 97−9=88
(9) 82−5=77
(10) 26−7=19

46

47p

3일차 받아내림이 있는 (몇십 몇)-(몇) 동전 모형과 세로식

공부한 날짜 월 일

문제 1 | 보기와 같이 배열표에서 화살표를 그리고 □ 안에 알맞은 수를 넣으시오.

보기

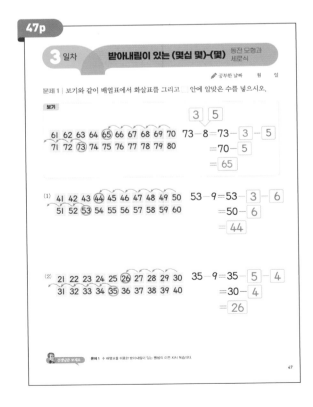

61 62 63 64 (65) 66 67 68 69 70
71 72 (73) 74 75 76 77 78 79 80

3 5

73−8=73−3−5
=70−5
=65

(1) 41 42 43 (44) 45 46 47 48 49 50
51 52 (53) 54 55 56 57 58 59 60

53−9=53−3−6
=50−6
=44

(2) 21 22 23 24 25 (26) 27 28 29 30
31 32 33 34 (35) 36 37 38 39 40

35−9=35−5−4
=30−4
=26

47

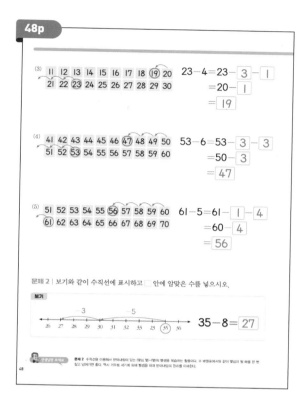

48p

(3) 11 12 13 14 15 16 17 18 (19) 20 / 21 22 (23) 24 25 26 27 28 29 30

23−4=23−[3]−[1]
=20−[1]
=[19]

(4) 41 42 43 44 45 46 (47) 48 49 50 / 51 52 (53) 54 55 56 57 58 59 60

53−6=53−[3]−[3]
=50−[3]
=[47]

(5) 51 52 53 54 55 (56) 57 58 59 60 / (61) 62 63 64 65 66 67 68 69 70

61−5=61−[1]−[4]
=60−[4]
=[56]

문제 2 | 보기와 같이 수직선에 표시하고 □ 안에 알맞은 수를 넣으시오.

보기

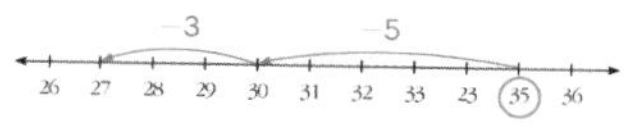

35−8=[27]

선생님만 보세요 문제 2 수직선을 이용해서 받아내림이 있는 (몇십 몇)-(몇)의 뺄셈을 복습하는 활동이다. 수 배열표에서와 같이 몇십이 될 때를 한 번 짚고 넘어가면 좋다. 역시 거꾸로 세기에 의해 뺄셈을 하며 받아내림의 원리를 이해한다.

48

49p

3일차 | 받아내림이 있는 (몇십 몇)-(몇) 동전 모형과 세로식

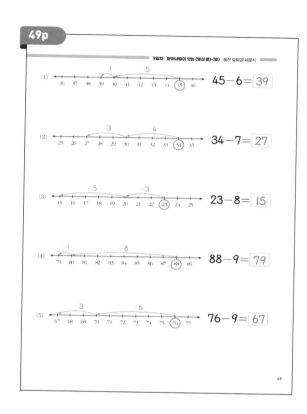

(1) 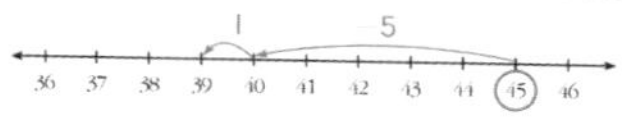

45−6=[39]

(2) 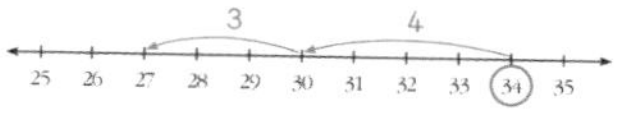

34−7=[27]

(3) 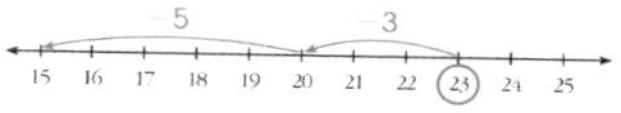

23−8=[15]

(4) 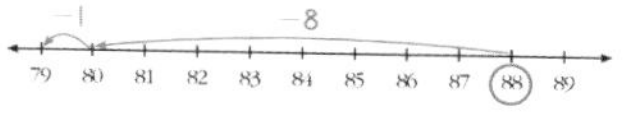

88−9=[79]

(5) 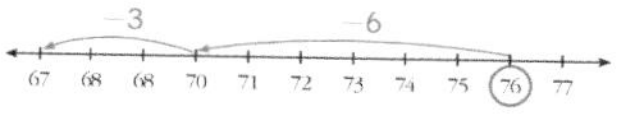

76−9=[67]

49

50p

문제 3 | 보기와 같이 그림을 그리고 계산하시오.

보기

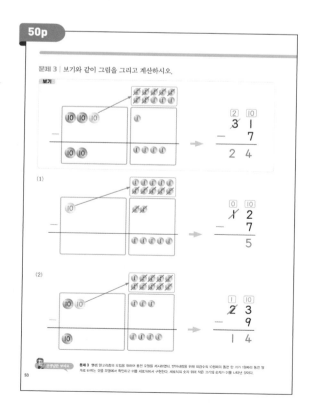

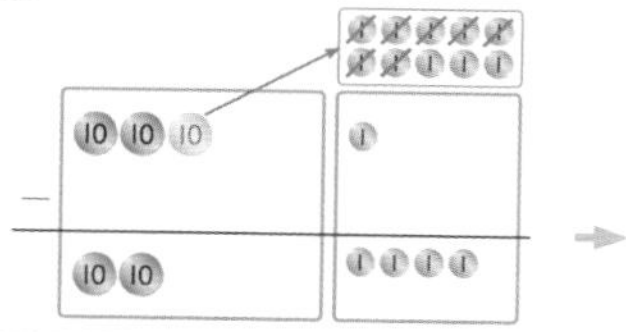

[2] [10]
3̸ 1
− 7
2 4

(1)

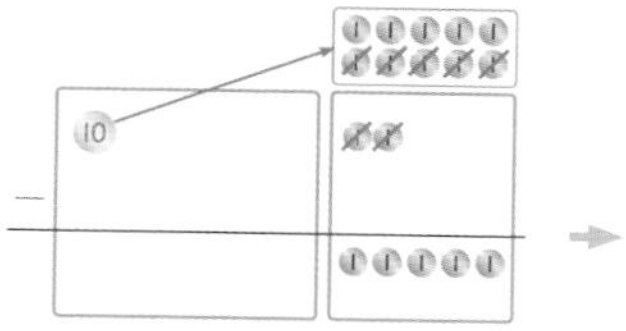

[0] [10]
1̸ 2
− 7
5

(2)

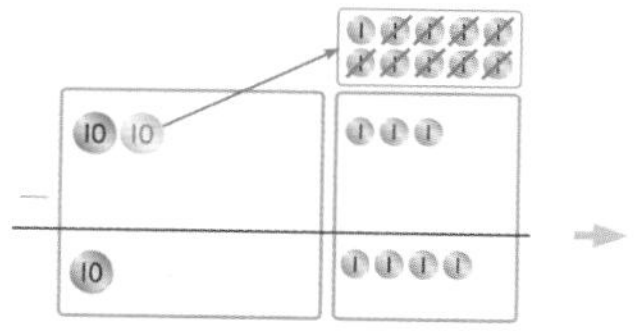

[1] [10]
2̸ 3
− 9
1 4

선생님만 보세요 문제 3 뺄셈 알고리즘의 도입을 위하여 동전 모델을 제시하였다. 받아내림을 위해 피감수의 10원짜리 동전 한 개가 1원짜리 동전 열 개로 바뀌는 것을 모델에서 확인하고 이를 세로식에서 구현한다. 세로식의 숫자 위에 작은 크기의 숫자가 이를 나타낸 것이다.

50

51p

3일차 | 받아내림이 있는 (몇십 몇)-(몇) 동전 모형과 세로식

(3)

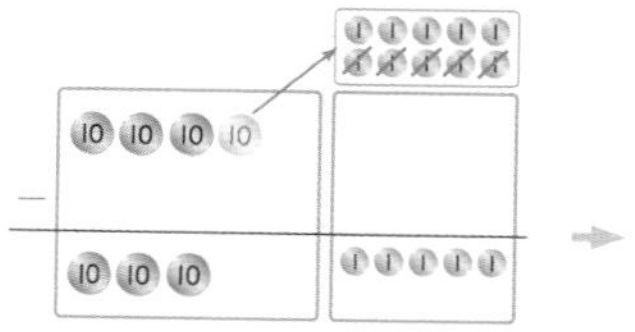

[3] [10]
4̸ 0
− 5
3 5

(4)

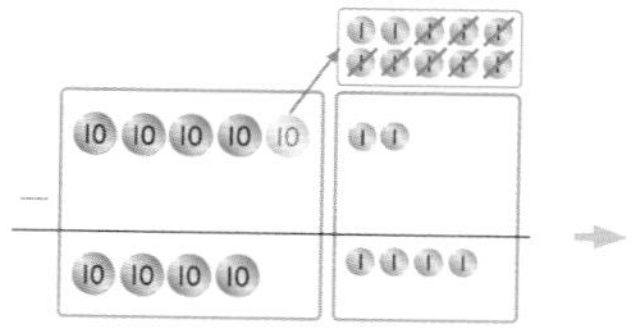

[4] [10]
5̸ 2
− 8
4 4

(5)

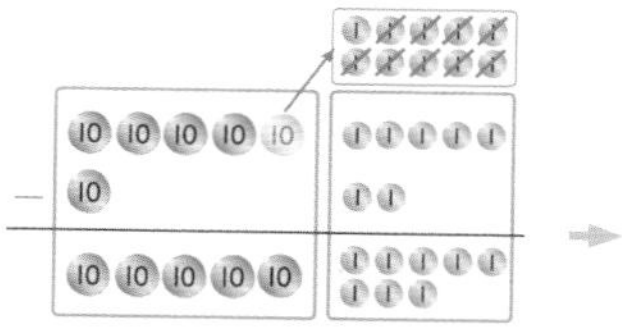

[5] [10]
6̸ 7
− 9
5 8

51

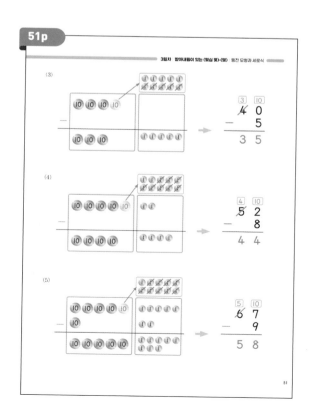

+ 정답 ÷

52p

문제 4 | 다음을 계산하시오.

(1) $\overset{1}{\cancel{2}}\overset{10}{3} - 5 = 18$

(2) $\overset{2}{\cancel{3}}\overset{10}{5} - 9 = 26$

(3) $\overset{1}{\cancel{2}}\overset{10}{4} - 7 = 17$

(4) $\overset{2}{\cancel{3}}\overset{10}{3} - 6 = 27$

(5) $\overset{3}{\cancel{4}}\overset{10}{3} - 8 = 35$

53p

4일차 받아내림이 있는 (몇십 몇)-(몇) 가로식

공부한 날짜 월 일

문제 1 | 다음을 계산하시오.

(1) $\overset{7}{\cancel{8}}\overset{10}{2} - 4 = 78$

(2) $\overset{2}{\cancel{3}}\overset{10}{3} - 6 = 27$

(3) $\overset{4}{\cancel{5}}\overset{10}{0} - 2 = 48$

(4) $\overset{3}{\cancel{4}}\overset{10}{3} - 5 = 38$

(5) $\overset{5}{\cancel{6}}\overset{10}{0} - 9 = 51$

(6) $\overset{7}{\cancel{8}}\overset{10}{4} - 9 = 75$

문제 2 | 다음을 계산하시오.

(1) 55−8= 47

(2) 81−8= 73

(3) 51−3= 48

(4) 93−9= 84

54p

(5) 32−6= 26

(6) 21−5= 16

(7) 46−9= 37

(8) 33−8= 25

(9) 92−3= 89

(10) 91−3= 88

(11) 52−4= 48

(12) 25−8= 17

(13) 88−9= 79

(14) 74−9= 65

(15) 93−6= 87

55p

문제 3 | 보기와 같이 □ 안에 알맞은 수를 넣으시오.

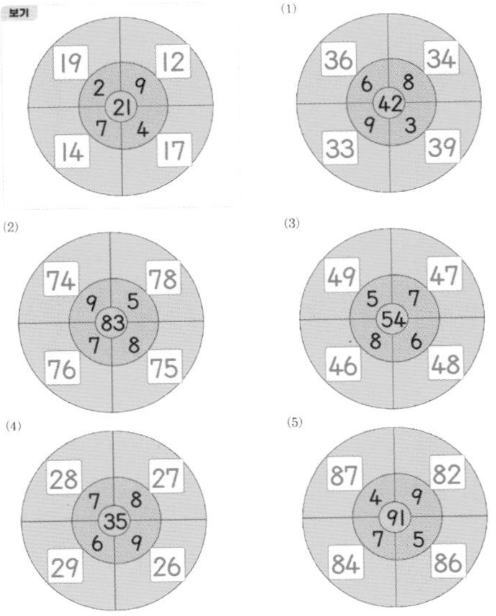

56p

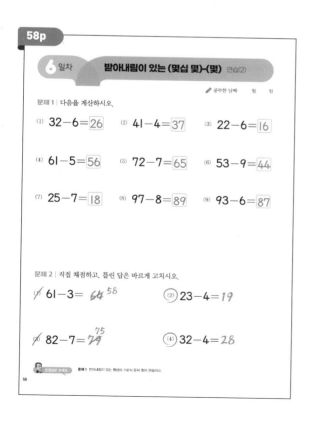

5일차 받아내림이 있는 (몇십 몇)-(몇) 연습(1)

공부한 날짜 월 일

문제 1 | 다음을 계산하시오.

(1) [8] [10] 95 − 8 = 87 (9 crossed out)

(2) [2] [10] 34 − 6 = 28 (3 crossed out)

(3) [6] [10] 70 − 7 = 63 (7 crossed out)

(4) [1] [10] 22 − 7 = 15 (2 crossed out)

(5) [7] [10] 84 − 5 = 79 (8 crossed out)

(6) [3] [10] 43 − 4 = 39 (4 crossed out)

(7) [7] [10] 82 − 5 = 77 (8 crossed out)

(8) [4] [10] 51 − 4 = 47 (5 crossed out)

(9) [8] [10] 91 − 6 = 85 (9 crossed out)

선생님만 보세요 문제 1 받아내림이 있는 뺄셈의 세로식 문제 풀이 연습이다.

56

57p

문제 2 | 보기와 같이 계산하시오.

보기

	91	−9	82	−8	74	−4	70	−7	63
(1)	52	−8	44	−9	35	−1	34	−5	29
(2)	71	−5	66	−9	57	−2	55	−8	47
(3)	82	−4	78	−5	73	−3	70	−9	61
(4)	61	−3	58	−8	50	−5	45	−7	38
(5)	42	−5	37	−7	30	−8	22	−9	13
(6)	51	−6	45	−4	41	−8	33	−9	24
(7)	81	−9	72	−8	64	−7	57	−6	51
(8)	62	−4	58	−9	49	−5	44	−7	37

선생님만 보세요 문제 2 받아내림이 있는 뺄셈의 연습으로, 연속된 뺄셈의 형식이다. 받아내림이 있는 문제와 받아내림이 없는 문제가 함께 있으므로 무조건 기계적으로 받아내림을 하지 않도록 주의해야 한다. 이를 위해서는 일의 자리를 비교해서 빼는 수(감수)의 일의 자리보다 빼어지는 수(피감수)의 일의 자리가 작을 때만 받아내림을 하는 것이라는 사실을 확인해야 한다. 즉, 계산에 들어가기 전에 주어진 식에 들어 있는 숫자를 관찰하는 것도 중요함을 인식하게 하려는 의도다.

57

58p

6일차 받아내림이 있는 (몇십 몇)-(몇) 연습(2)

공부한 날짜 월 일

문제 1 | 다음을 계산하시오.

(1) 32−6=26 (2) 41−4=37 (3) 22−6=16

(4) 61−5=56 (5) 72−7=65 (6) 53−9=44

(7) 25−7=18 (8) 97−8=89 (9) 93−6=87

문제 2 | 직접 채점하고, 틀린 답은 바르게 고치시오.

(1) 61−3= ~~64~~ 58 (2) 23−4=19

(3) 82−7= ~~79~~ 75 (4) 32−4=28

선생님만 보세요 문제 1 받아내림이 있는 뺄셈의 가로식 문제 풀이 연습이다.

58

59p

(5) 62−5= ~~53~~ 57 (6) 57−9=48

(7) 64−7= ~~77~~ 57 (8) 41−5=36

(9) 70−6= ~~76~~ 64 (10) 25−9=16

(11) 30−5=25 (12) 96−8= ~~82~~ 88

(13) 41−3= ~~32~~ 38 (14) 72−6=66

(15) 12−5= ~~13~~ 7

선생님만 보세요 문제 2 피채점자가 아닌 채점자의 역할을 수행하는 『생각하는 초등연산』의 연산 프로그램에만 들어 있는 문제 형식이다. 틀린 답의 경우에 어떤 오류가 있는지를 설명하게 하는 것도 좋은 지도방안이다. 일의 자리에서 뺄셈이 아닌 덧셈을 하거나, 받아내림을 하지 않거나, 뺄셈을 하면서 받아올림을 하거나, 감수에서 피감수를 빼는 등의 여러 가지 오류를 지적할 수 있다. 그리고 최종적으로 옳은 답을 제시함으로써 뺄셈 연습을 마무리한다.

59

+ 정답 ÷

61p

보충문제

문제 1 | ●를 지우고 □ 안에 알맞은 수를 넣으시오.

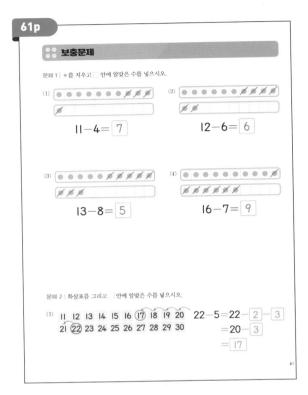

(1) 11－4＝7

(2) 12－6＝6

(3) 13－8＝5

(4) 16－7＝9

문제 2 | 화살표를 그리고 □ 안에 알맞은 수를 넣으시오.

(1) 11 12 13 14 15 16 (17) 18 19 20
21 (22) 23 24 25 26 27 28 29 30

22－5＝22－2－3
＝20－3
＝17

61

62p

보충문제

(2) 21 22 23 24 25 (26) 27 28 29 30
31 32 33 (34) 35 36 37 38 39 40

34－8＝34－4－4
＝30－4
＝26

(3) 41 42 43 44 45 (46) 47 48 49 50
51 52 (53) 54 55 56 57 58 59 60

53－7＝53－3－4
＝50－4
＝46

(4) 51 52 53 54 55 56 (57) 58 59 60
61 62 63 64 (65) 66 67 68 69 70

65－8＝65－5－3
＝60－3
＝57

63p

2 받아내림이 있는 두 자리 수와 한 자리 수의 뺄셈

문제 3 | 수직선에 표시하고 □ 안에 알맞은 수를 넣으시오.

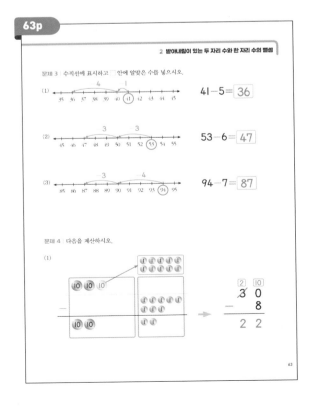

(1) 35 36 37 38 39 40 (41) 42 43 44 45 (－4, －1)

41－5＝36

(2) 45 46 47 48 49 50 51 52 (53) 54 55 (－3, －3)

53－6＝47

(3) 85 86 87 88 89 90 91 92 93 (94) 95 (－3, －4)

94－7＝87

문제 4 | 다음을 계산하시오.

(1)

	2	10
	~~3~~	0
－		8
	2	2

63

64p

보충문제

(2)

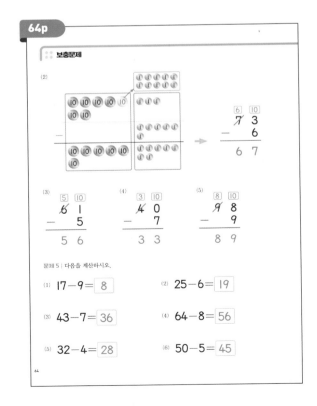

	6	10
	~~7~~	3
－		6
	6	7

(3)

	5	10
	~~6~~	1
－		5
	5	6

(4)

	3	10
	~~4~~	0
－		7
	3	3

(5)

	8	10
	~~9~~	8
－		9
	8	9

문제 5 | 다음을 계산하시오.

(1) 17－9＝8

(2) 25－6＝19

(3) 43－7＝36

(4) 64－8＝56

(5) 32－4＝28

(6) 50－5＝45

64

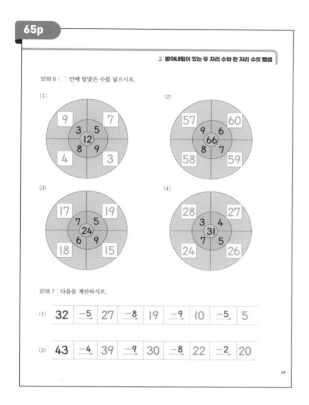

65p

문제 6 | □ 안에 알맞은 수를 넣으시오.

(1) 가운데 12 / 안쪽 3, 5, 8, 9 / 바깥쪽 9, 7, 4, 3

(2) 가운데 66 / 안쪽 9, 6, 8, 7 / 바깥쪽 57, 60, 58, 59

(3) 가운데 24 / 안쪽 7, 5, 6, 9 / 바깥쪽 17, 19, 18, 15

(4) 가운데 31 / 안쪽 3, 4, 7, 5 / 바깥쪽 28, 27, 24, 26

문제 7 | 다음을 계산하시오.

(1) 32 $\xrightarrow{-5}$ 27 $\xrightarrow{-8}$ 19 $\xrightarrow{-9}$ 10 $\xrightarrow{-5}$ 5

(2) 43 $\xrightarrow{-4}$ 39 $\xrightarrow{-9}$ 30 $\xrightarrow{-8}$ 22 $\xrightarrow{-2}$ 20

66p

보충문제

(3) 67 $\xrightarrow{-7}$ 60 $\xrightarrow{-5}$ 55 $\xrightarrow{-6}$ 49 $\xrightarrow{-9}$ 40

(4) 94 $\xrightarrow{-8}$ 86 $\xrightarrow{-7}$ 79 $\xrightarrow{-9}$ 70 $\xrightarrow{-3}$ 67

문제 8 | 직접 채점하고, 틀린 답은 바르게 고치시오.

(1) 36−7=~~33~~ 29 (2) 21−5=16 (3) 47−9=~~32~~ 38

(4) 15−7=~~18~~ 8 (5) 32−6=~~24~~ 26 (6) 53−8=45

(7) 84−5=~~71~~ 79 (8) 18−9=9 (9) 60−6=~~8~~ 54

(10) 70−7=63 (11) 55−5=50 (12) 36−8=28

(13) 41−8=~~22~~ 33 (14) 23−5=18 (15) 45−9=36

3 받아올림이 있는 두 자리 수 덧셈

68p

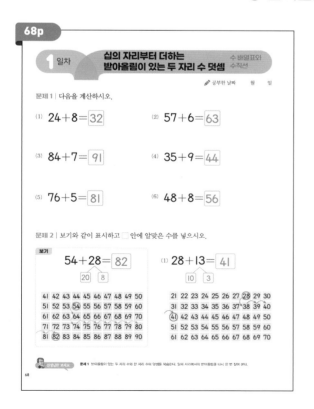

1일차 **십의 자리부터 더하는 받아올림이 있는 두 자리 수 덧셈** 수 배열표와 수직선

공부한 날짜 월 일

문제 1 | 다음을 계산하시오.

(1) 24+8=32 (2) 57+6=63

(3) 84+7=91 (4) 35+9=44

(5) 76+5=81 (6) 48+8=56

문제 2 | 보기와 같이 표시하고 □ 안에 알맞은 수를 넣으시오.

보기

54+28=82 (20, 8)

41	42	43	44	45	46	47	48	49	50
51	52	53	54	55	56	57	58	59	60
61	62	63	64	65	66	67	68	69	70
71	72	73	74	75	76	77	78	79	80
81	82	83	84	85	86	87	88	89	90

(1) 28+13=41 (10, 3)

21	22	23	24	25	26	27	28	29	30
31	32	33	34	35	36	37	38	39	40
41	42	43	44	45	46	47	48	49	50
51	52	53	54	55	56	57	58	59	60
61	62	63	64	65	66	67	68	69	70

선생님만 보세요 **문제 1** 받아올림이 있는 두 자리 수와 한 자리 수의 덧셈을 복습한다. 일의 자리에서의 받아올림을 다시 한 번 짚어 본다.

69p

(2) 35+26=61 (20, 6)

31	32	33	34	35	36	37	38	39	40
41	42	43	44	45	46	47	48	49	50
51	52	53	54	55	56	57	58	59	60
61	62	63	64	65	66	67	68	69	70
71	72	73	74	75	76	77	78	79	80

(3) 47+25=72 (20, 5)

31	32	33	34	35	36	37	38	39	40
41	42	43	44	45	46	47	48	49	50
51	52	53	54	55	56	57	58	59	60
61	62	63	64	65	66	67	68	69	70
71	72	73	74	75	76	77	78	79	80

(4) 19+36=55 (30, 6)

11	12	13	14	15	16	17	18	19	20
21	22	23	24	25	26	27	28	29	30
31	32	33	34	35	36	37	38	39	40
41	42	43	44	45	46	47	48	49	50
51	52	53	54	55	56	57	58	59	60

(5) 56+26=82 (20, 6)

41	42	43	44	45	46	47	48	49	50
51	52	53	54	55	56	57	58	59	60
61	62	63	64	65	66	67	68	69	70
71	72	73	74	75	76	77	78	79	80
81	82	83	84	85	86	87	88	89	90

(6) 18+43=61 (40, 3)

11	12	13	14	15	16	17	18	19	20
21	22	23	24	25	26	27	28	29	30
31	32	33	34	35	36	37	38	39	40
41	42	43	44	45	46	47	48	49	50
51	52	53	54	55	56	57	58	59	60
61	62	63	64	65	66	67	68	69	70

(7) 47+45=92 (40, 5)

41	42	43	44	45	46	47	48	49	50
51	52	53	54	55	56	57	58	59	60
61	62	63	64	65	66	67	68	69	70
71	72	73	74	75	76	77	78	79	80
81	82	83	84	85	86	87	88	89	90
91	92	93	94	95	96	97	98	99	90

선생님만 보세요 **문제 2** 받아올림이 있는 두 자리 수끼리의 덧셈을 수 배열표에서 익힌다. 풀이 순서는 십의 자리부터 더한 다음 일의 자리끼리 더한다. 이때 일의 자리에서의 받아올림이 수 배열표에서 어떤 형태로 이동하는지 파악하는 것이 핵심이다.

+ 정답 ÷

70p

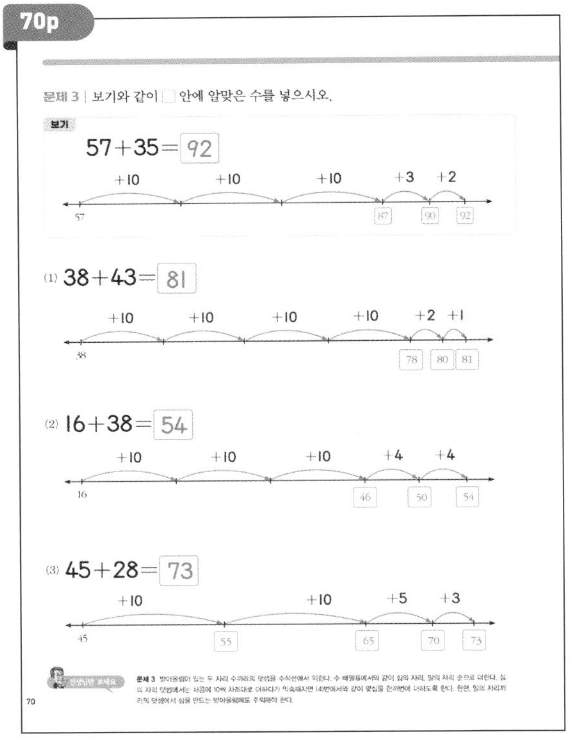

문제 3 | 보기와 같이 □ 안에 알맞은 수를 넣으시오.

보기

57+35=92

+10, +10, +10, +3, +2 : 57, 87, 90, 92

(1) 38+43=81

+10, +10, +10, +10, +2, +1 : 38, 78, 80, 81

(2) 16+38=54

+10, +10, +10, +4, +4 : 16, 46, 50, 54

(3) 45+28=73

+10, +10, +5, +3 : 45, 55, 65, 70, 73

70

71p

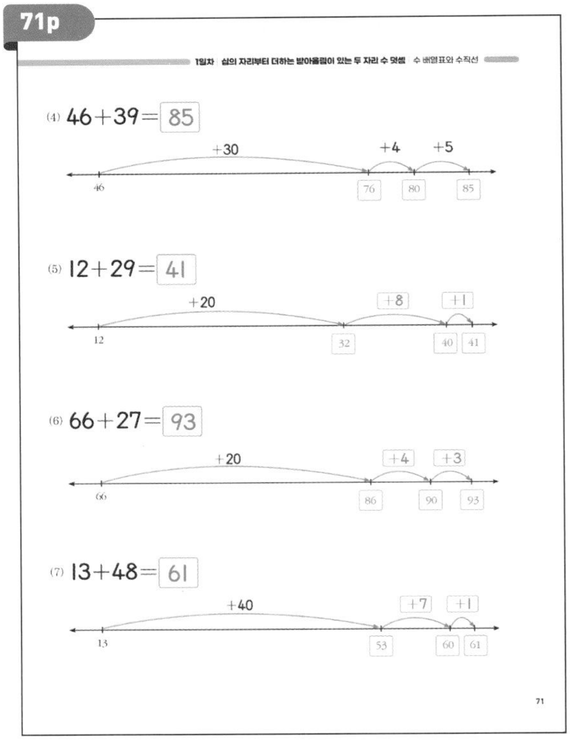

1일차 십의 자리부터 더하는 받아올림이 있는 두 자리 수 덧셈 수 배열표와 수직선

(4) 46+39=85

+30, +4, +5 : 46, 76, 80, 85

(5) 12+29=41

+20, +8, +1 : 12, 32, 40, 41

(6) 66+27=93

+20, +4, +3 : 66, 86, 90, 93

(7) 13+48=61

+40, +7, +1 : 13, 53, 60, 61

71

72p

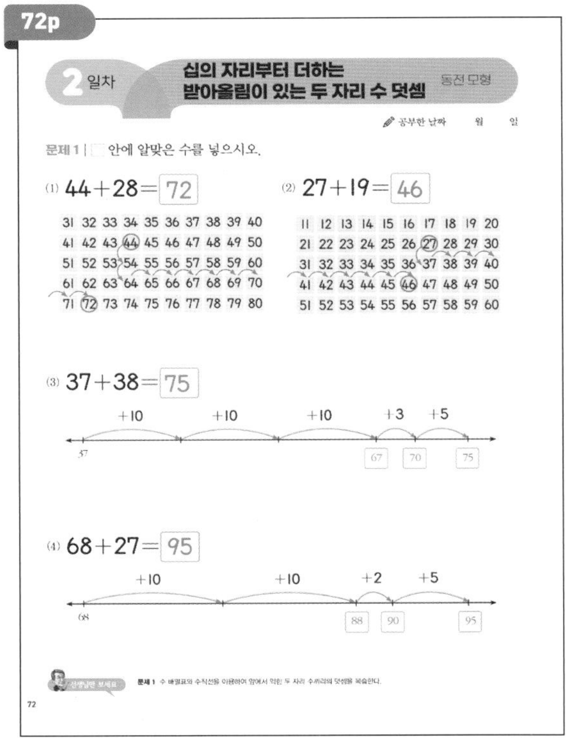

2일차 십의 자리부터 더하는 받아올림이 있는 두 자리 수 덧셈 동전 모형

공부한 날짜 월 일

문제 1 | □ 안에 알맞은 수를 넣으시오.

(1) 44+28=72

31	32	33	34	35	36	37	38	39	40
41	42	43	44	45	46	47	48	49	50
51	52	53	54	55	56	57	58	59	60
61	62	63	64	65	66	67	68	69	70
71	72	73	74	75	76	77	78	79	80

(2) 27+19=46

11	12	13	14	15	16	17	18	19	20
21	22	23	24	25	26	27	28	29	30
31	32	33	34	35	36	37	38	39	40
41	42	43	44	45	46	47	48	49	50
51	52	53	54	55	56	57	58	59	60

(3) 37+38=75

+10, +10, +10, +3, +5 : 37, 67, 70, 75

(4) 68+27=95

+10, +10, +2, +5 : 68, 88, 90, 95

72

73p

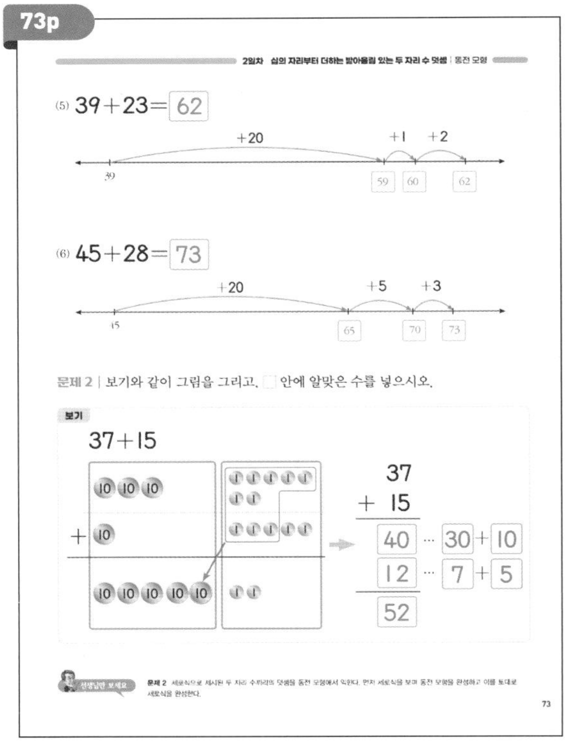

2일차 십의 자리부터 더하는 받아올림이 있는 두 자리 수 덧셈 | 동전 모형

(5) 39+23=62

+20, +1, +2 : 39, 59, 60, 62

(6) 45+28=73

+20, +5, +3 : 45, 65, 70, 73

문제 2 | 보기와 같이 그림을 그리고, □ 안에 알맞은 수를 넣으시오.

보기

37+15

37 + 15 = 52 : 40 … 30+10, 12 … 7+5

73

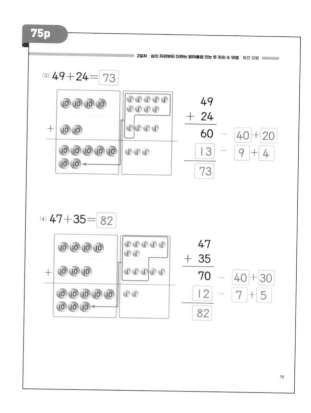

74p

(1) 59+38=97

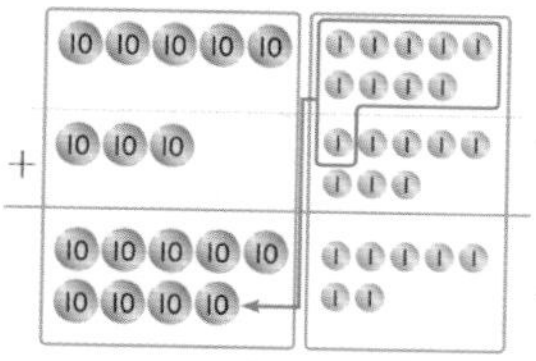

59
+ 38
80 … 50 + 30
17 … 9 + 8
97

(2) 13+39=52

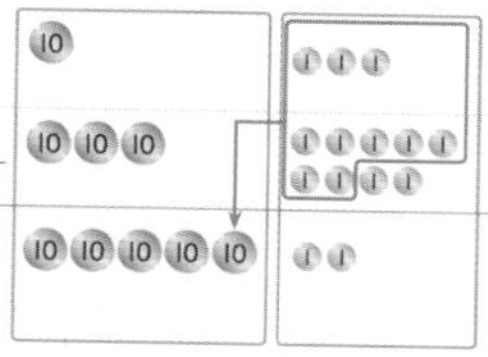

13
+ 39
40 … 10 + 30
12 … 3 + 9
52

75p

(3) 49+24=73

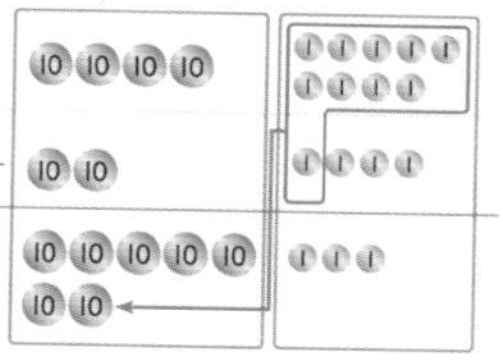

49
+ 24
60 … 40 + 20
13 … 9 + 4
73

(4) 47+35=82

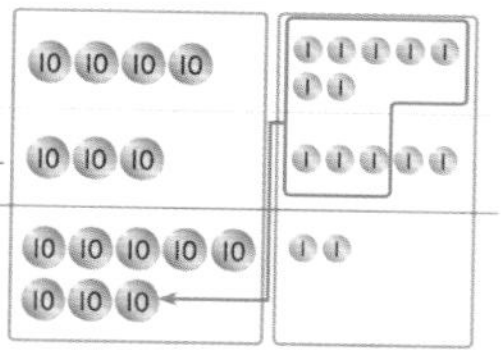

47
+ 35
70 … 40 + 30
12 … 7 + 5
82

76p

(5) 75+16=91

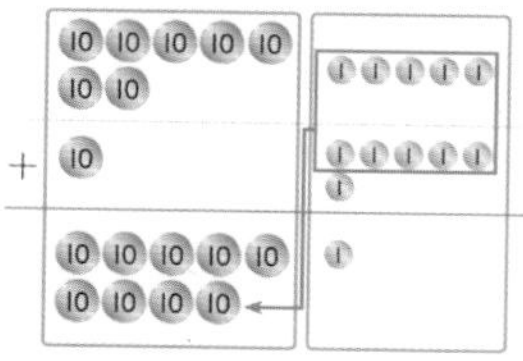

75
+ 16
80 … 70 + 10
11 … 5 + 6
91

문제 3 | 다음을 계산하시오.

(1) 36+27=63

36
+ 27
50 … 30 + 20
13 … 6 + 7
63

(2) 38+46=84

38
+ 46
70 … 30 + 40
14 … 8 + 6
84

선생님만 보세요 **문제 3** 앞의 동전 모형에서 익힌 받아올림을 세로식으로만 주어진 덧셈에서 실행한다.

77p

(3) 45+48=93

45
+ 48
80 … 40 + 40
13 … 5 + 8
93

(4) 79+18=97

79
+ 18
80 … 70 + 10
17 … 9 + 8
97

(5) 16+59=75

16
+ 59
60 … 10 + 50
15 … 6 + 9
75

(6) 74+18=92

74
+ 18
80 … 70 + 10
12 … 4 + 8
92

선생님만 보세요 주의 원래의 표준 덧셈 절차, 즉 덧셈 알고리즘은 일의 자리, 십의 자리, 백의 자리… 순으로 이루어진다. 하지만 여기서는 십의 자리부터 계산하는 것을 먼저 익히도록 구성하였다. 그 이유는 덧셈 알고리즘을 먼저 알려주고 따라하도록 하는 것이 아니라, 학습자 스스로 알고리즘을 만들어 자신의 것으로 내면화하기 위한 의도다. 이를 위해 먼저 십의 자리부터 더하는 학습을 제시한다.

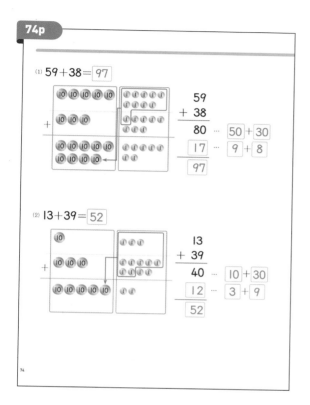

+ 정답 ÷

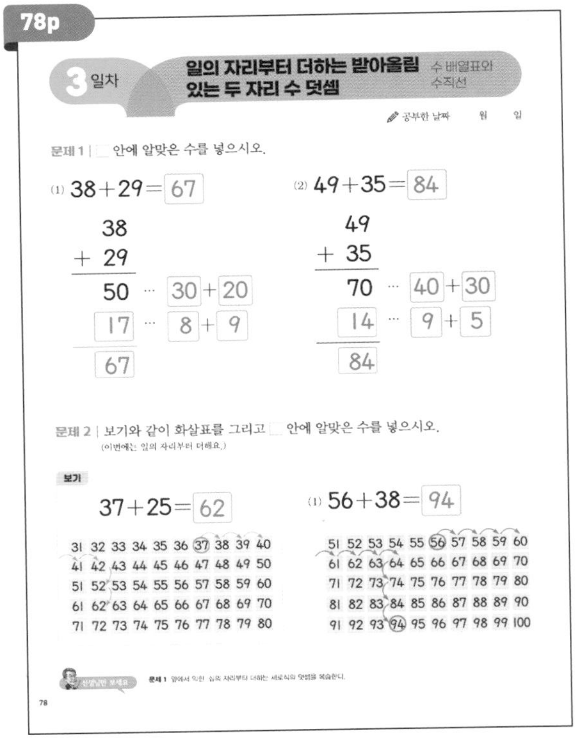

78p

3 일차 **일의 자리부터 더하는 받아올림 있는 두 자리 수 덧셈** 수 배열표와 수직선

공부한 날짜 월 일

문제 1 | □ 안에 알맞은 수를 넣으시오.

(1) 38+29=67

```
  38
+ 29
----
  50 … 30+20
  17 …  8+9
----
  67
```

(2) 49+35=84

```
  49
+ 35
----
  70 … 40+30
  14 …  9+5
----
  84
```

문제 2 | 보기와 같이 화살표를 그리고 □ 안에 알맞은 수를 넣으시오.
(이번에는 일의 자리부터 더해요.)

보기

37+25=62

31	32	33	34	35	36	37	38	39	40
41	42	43	44	45	46	47	48	49	50
51	52	53	54	55	56	57	58	59	60
61	62	63	64	65	66	67	68	69	70
71	72	73	74	75	76	77	78	79	80

(1) 56+38=94

51	52	53	54	55	56	57	58	59	60
61	62	63	64	65	66	67	68	69	70
71	72	73	74	75	76	77	78	79	80
81	82	83	84	85	86	87	88	89	90
91	92	93	94	95	96	97	98	99	100

선생님만 보세요 **문제 1** 앞에서 익힌 십의 자리부터 더하는 세로식의 덧셈을 복습한다.

78

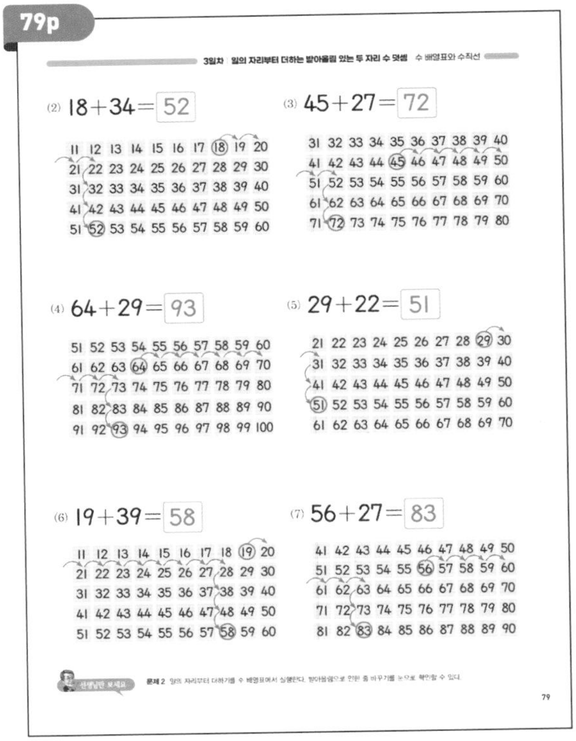

79p

3일차 일의 자리부터 더하는 받아올림 있는 두 자리 수 덧셈 수 배열표와 수직선

(2) 18+34=52

11	12	13	14	15	16	17	18	19	20
21	22	23	24	25	26	27	28	29	30
31	32	33	34	35	36	37	38	39	40
41	42	43	44	45	46	47	48	49	50
51	52	53	54	55	56	57	58	59	60

(3) 45+27=72

31	32	33	34	35	36	37	38	39	40
41	42	43	44	45	46	47	48	49	50
51	52	53	54	55	56	57	58	59	60
61	62	63	64	65	66	67	68	69	70
71	72	73	74	75	76	77	78	79	80

(4) 64+29=93

51	52	53	54	55	56	57	58	59	60
61	62	63	64	65	66	67	68	69	70
71	72	73	74	75	76	77	78	79	80
81	82	83	84	85	86	87	88	89	90
91	92	93	94	95	96	97	98	99	100

(5) 29+22=51

21	22	23	24	25	26	27	28	29	30
31	32	33	34	35	36	37	38	39	40
41	42	43	44	45	46	47	48	49	50
51	52	53	54	55	56	57	58	59	60
61	62	63	64	65	66	67	68	69	70

(6) 19+39=58

11	12	13	14	15	16	17	18	19	20
21	22	23	24	25	26	27	28	29	30
31	32	33	34	35	36	37	38	39	40
41	42	43	44	45	46	47	48	49	50
51	52	53	54	55	56	57	58	59	60

(7) 56+27=83

41	42	43	44	45	46	47	48	49	50
51	52	53	54	55	56	57	58	59	60
61	62	63	64	65	66	67	68	69	70
71	72	73	74	75	76	77	78	79	80
81	82	83	84	85	86	87	88	89	90

선생님만 보세요 **문제 2** 일의 자리부터 더하기를 수 배열표에서 실행한다. 받아올림으로 인한 줄 바꾸기를 눈으로 확인할 수 있다.

79

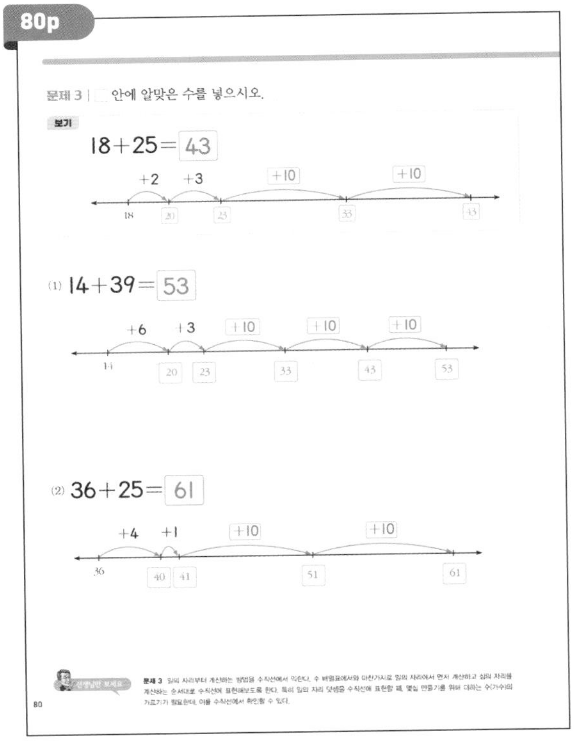

80p

문제 3 | □ 안에 알맞은 수를 넣으시오.

보기

18+25=43

+2 +3 +10 +10

18 20 23 33 43

(1) 14+39=53

+6 +3 +10 +10 +10

14 20 23 33 43 53

(2) 36+25=61

+4 +1 +10 +10

36 40 41 51 61

선생님만 보세요 **문제 3** 일의 자리부터 계산하는 방법을 수직선에서 익힌다. 수 배열표에서와 마찬가지로 일의 자리에서 먼저 계산하고 십의 자리를 계산하는 순서대로 수직선에 표현해보도록 한다. 특히 일의 자리 덧셈을 수직선에 표현할 때, 몇십 만들기를 위해 더하는 수(가수)의 가르기가 필요한데, 이를 수직선에서 확인할 수 있다.

80

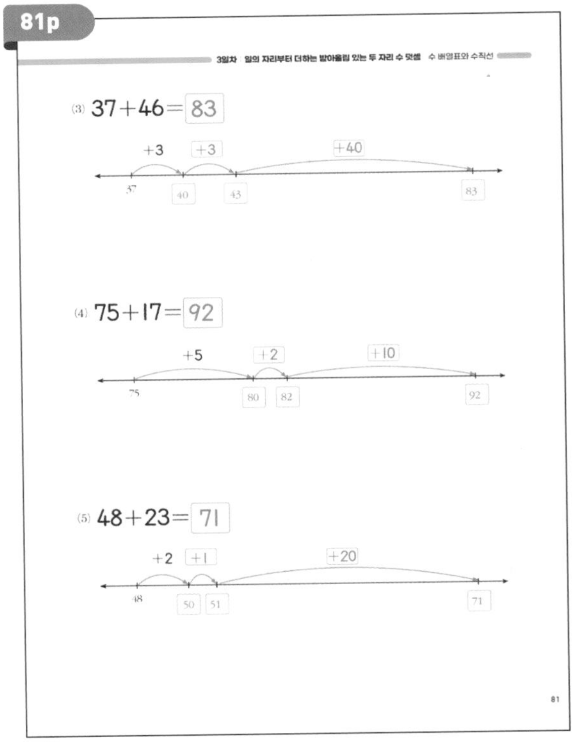

81p

3일차 일의 자리부터 더하는 받아올림 있는 두 자리 수 덧셈 수 배열표와 수직선

(3) 37+46=83

+3 +3 +40

37 40 43 83

(4) 75+17=92

+5 +2 +10

75 80 82 92

(5) 48+23=71

+2 +1 +20

48 50 51 71

81

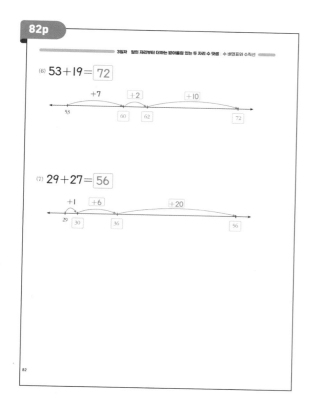

82p

(6) 53+19=72

+7, +2, +10

53, 60, 62, 72

(7) 29+27=56

+1, +6, +20

29, 30, 36, 56

83p

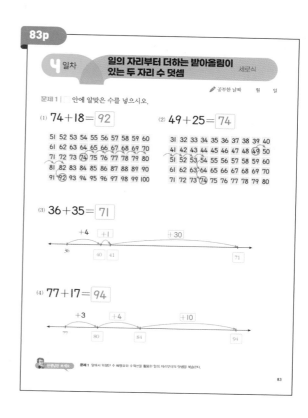

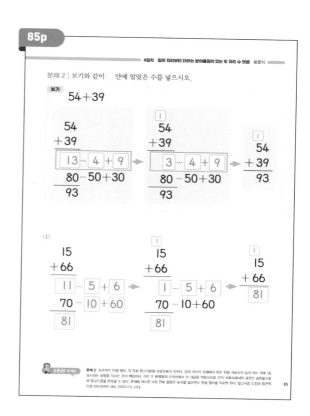

4일차 일의 자리부터 더하는 받아올림이 있는 두 자리 수 덧셈 세로식

공부한 날짜 월 일

문제 1 | □ 안에 알맞은 수를 넣으시오.

(1) 74+18=92

51	52	53	54	55	56	57	58	59	60
61	62	63	64	65	66	67	68	69	70
71	72	73	74	75	76	77	78	79	80
81	82	83	84	85	86	87	88	89	90
91	92	93	94	95	96	97	98	99	100

(2) 49+25=74

31	32	33	34	35	36	37	38	39	40
41	42	43	44	45	46	47	48	49	50
51	52	53	54	55	56	57	58	59	60
61	62	63	64	65	66	67	68	69	70
71	72	73	74	75	76	77	78	79	80

(3) 36+35=71

+4, +1, +30

36, 40, 41, 71

(4) 77+17=94

+3, +4, +10

77, 80, 84, 94

선생님만 보세요 문제 1 앞에서 익혔던 수 배열표와 수직선을 활용한 일의 자리부터의 덧셈을 복습한다.

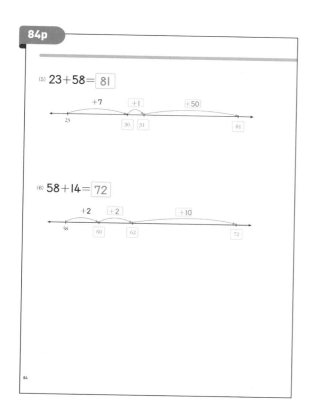

84p

(5) 23+58=81

+7, +1, +50

23, 30, 31, 81

(6) 58+14=72

+2, +2, +10

58, 60, 62, 72

85p

문제 2 | 보기와 같이 □ 안에 알맞은 수를 넣으시오.

보기

54+39

54 +39 13 … 4+9 80 … 50+30 93	(1) 54 +39 3 … 4+9 80 … 50+30 93	(1) 54 +39 93

(1)

15 +66 11 … 5+6 70 … 10+60 81	(1) 15 +66 1 … 5+6 70 … 10+60 81	(1) 15 +66 81

선생님만 보세요 문제 2 표준적인 덧셈 절차, 즉 덧셈 알고리즘을 세로식에서 익힌다. 일의 자리의 덧셈에서 얻은 10을 세로식의 십의 자리 위에 1로 표시하는 방법을 익히는 것이 핵심이다. 이미 수 배열표와 수직선에서 이 개념을 익혔으므로, 단지 세로식에서의 표현만 습득함으로써 알고리즘을 완성할 수 있다. 문제에 제시된 네모 칸에 알맞은 숫자를 넣으면서 덧셈 절차를 익히면 된다. 알고리즘 도입이 점진적으로 이루어져야 하는 이유이기도 하다.

+ 정답 ÷

86p

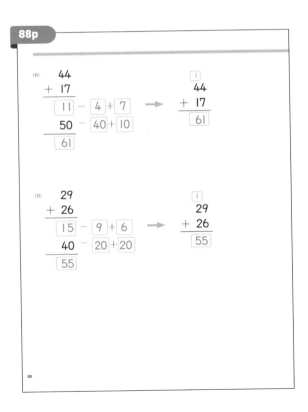

(2)
```
  46
+ 17
  13 … 6 + 7
  50 … 40 + 10
  63
```
→
```
  1
  46
+ 17
  63
```

(3)
```
  38
+ 28
  16 … 8 + 8
  50 … 30 + 20
  66
```
→
```
  1
  38
+ 28
  66
```

(4)
```
  33
+ 48
  11 … 3 + 8
  70 … 30 + 40
  81
```
→
```
  1
  33
+ 48
  81
```


87p

(5)
```
  55
+ 17
  12 … 5 + 7
  60 … 50 + 10
  72
```
→
```
  1
  55
+ 17
  72
```

(6)
```
  74
+ 19
  13 … 4 + 9
  80 … 70 + 10
  93
```
→
```
  1
  74
+ 19
  93
```

(7)
```
  17
+ 38
  15 … 7 + 8
  40 … 10 + 30
  55
```
→
```
  1
  17
+ 38
  55
```


88p

(8)
```
  44
+ 17
  11 … 4 + 7
  50 … 40 + 10
  61
```
→
```
  1
  44
+ 17
  61
```

(9)
```
  29
+ 26
  15 … 9 + 6
  40 … 20 + 20
  55
```
→
```
  1
  29
+ 26
  55
```


89p

문제 3 | 다음을 계산하시오.

(1)
```
  6 6
+ 1 7
  8 3
```

(2)
```
  1 8
+ 4 3
  6 1
```

(3)
```
  5 5
+ 2 9
  8 4
```

(4)
```
  2 4
+ 6 9
  9 3
```

(5)
```
  5 5
+ 3 7
  9 2
```

(6)
```
  3 7
+ 2 9
  6 6
```

(7)
```
  3 8
+ 5 9
  9 7
```

(8)
```
  4 3
+ 3 8
  8 1
```

(9)
```
  2 8
+ 1 7
  4 5
```

선생님만 보세요 문제 3 합이 두 자리인 덧셈 알고리즘의 완성이다.

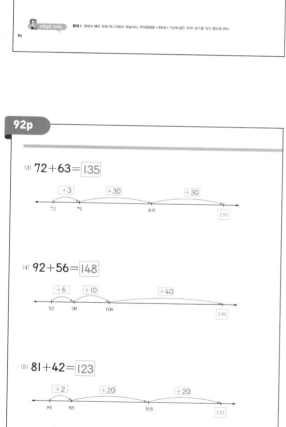

90p

5일차 합이 세 자리 수인 두 자리 수의 덧셈 수직선

공부한 날짜 월 일

문제 1 | 다음을 계산하시오.

(1) 37 + 29 = 66

(2) 18 + 35 = 53

(3) 63 + 19 = 82

(4) 26 + 48 = 74

(5) 45 + 36 = 81

(6) 65 + 27 = 92

(7) 39 + 46 = 85

(8) 58 + 24 = 82

(9) 14 + 17 = 31

선생님만 보세요 문제 1 앞에서 배운 덧셈 알고리즘의 복습이다. 받아올림을 나타내는 1(실제 값은 10)의 표기를 잊지 않도록 한다.

90

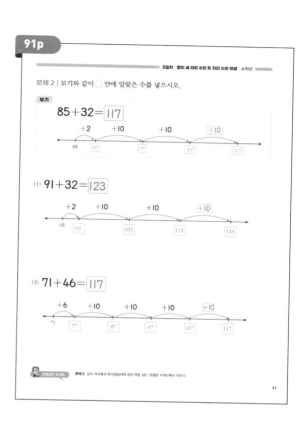

91p

5일차 합이 세 자리 수인 두 자리 수의 덧셈 수직선

문제 2 | 보기와 같이 □ 안에 알맞은 수를 넣으시오.

보기

85+32=117

+2 +10 +10 +10

85 87 97 107 117

(1) 91+32=123

+2 +10 +10 +10

91 93 103 113 123

(2) 71+46=117

+6 +10 +10 +10 +10

71 77 87 97 107 117

선생님만 보세요 문제 2 십의 자리에서 받아올림하여 값이 백을 넘는 덧셈을 수직선에서 익힌다.

91

92p

(3) 72+63=135

+3 +30 +30

72 75 105 135

(4) 92+56=148

+6 +10 +40

92 98 108 148

(5) 81+42=123

+2 +20 +20

81 83 103 123

92

93p

5일차 합이 세 자리 수인 두 자리 수의 덧셈 | 수직선

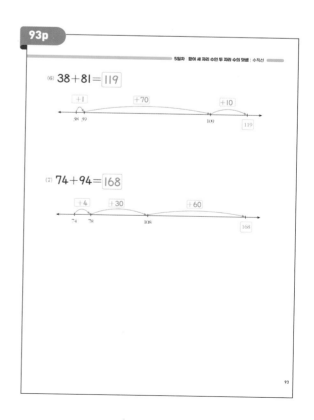

(6) 38+81=119

+1 +70 +10

38 39 109 119

(7) 74+94=168

+4 +30 +60

74 78 108 168

93

+ 정답 ÷

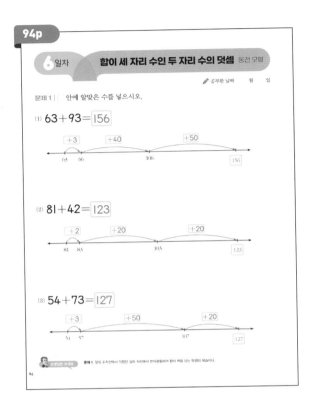

94p

6일차 **합이 세 자리 수인 두 자리 수의 덧셈** 동전 모형

공부한 날짜 월 일

문제 1 | □ 안에 알맞은 수를 넣으시오.

(1) 63+93=156

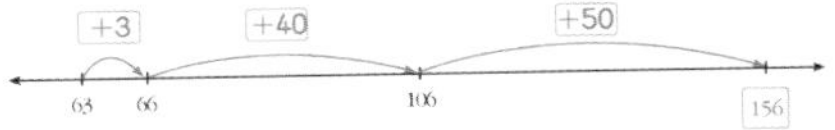

(2) 81+42=123

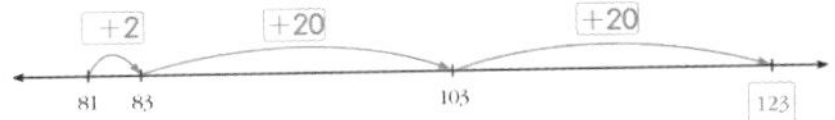

(3) 54+73=127

선생님만 보세요 **문제 1** 앞의 수직선에서 익혔던 십의 자리에서 받아올림하여 합이 백을 넘는 덧셈의 복습이다.

94

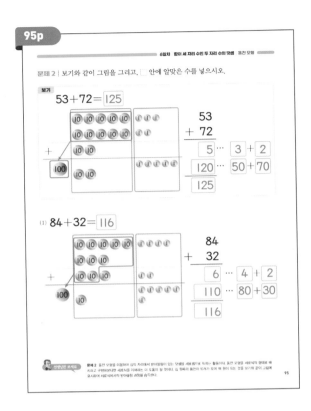

95p

6일차 합이 세 자리 수인 두 자리 수의 덧셈 동전 모형

문제 2 | 보기와 같이 그림을 그리고, □ 안에 알맞은 수를 넣으시오.

보기

53+72=125

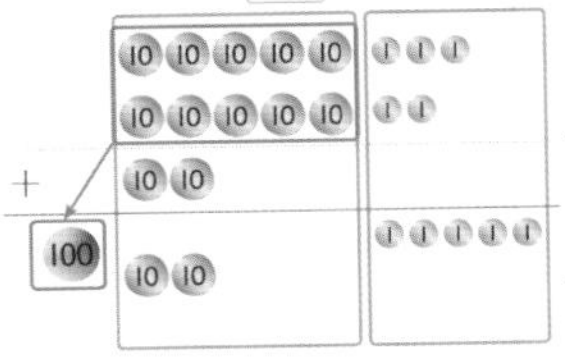

53
+ 72
5 … 3 + 2
120 … 50 + 70
125

(1) 84+32=116

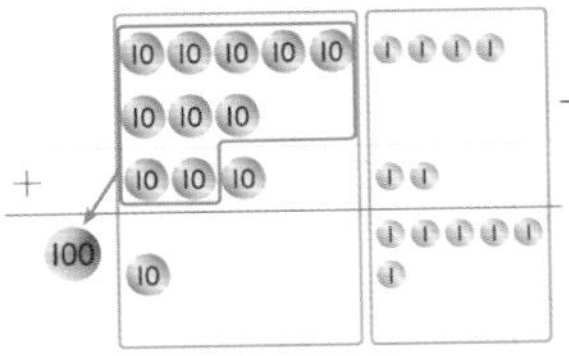

84
+ 32
6 … 4 + 2
110 … 80 + 30
116

선생님만 보세요 **문제 2** 동전 모형을 이용하여 십의 자리에서 받아올림이 있는 덧셈을 세로셈으로 익히는 활동이다. 동전 모형을 세로식의 형태로 배치하고 구현해본다면 세로식을 이해하는 데 도움이 될 것이다. 십 원짜리 동전이 10개가 모여 백 원이 되는 것을 보기와 같이 그림에 표시하며 세로식에서의 받아올림 과정을 습득한다.

95

96p

(2) 75+63=138

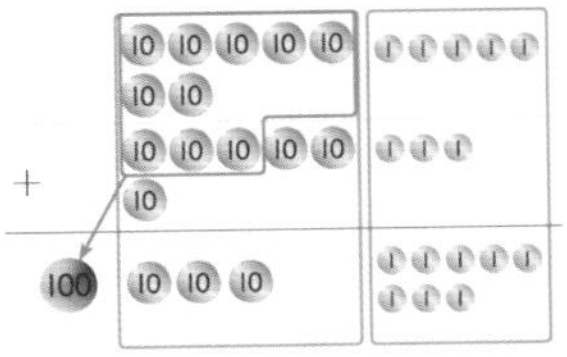

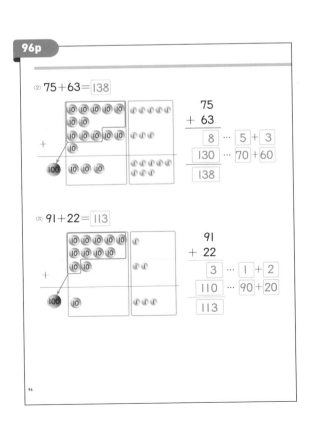

75
+ 63
8 … 5 + 3
130 … 70 + 60
138

(3) 91+22=113

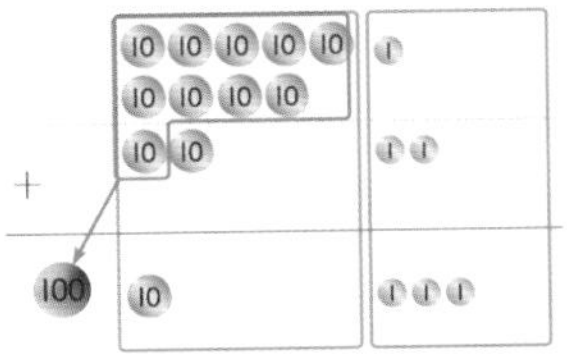

91
+ 22
3 … 1 + 2
110 … 90 + 20
113

96

97p

6일차 합이 세 자리 수인 두 자리 수의 덧셈 동전 모형

(4) 64+85=149

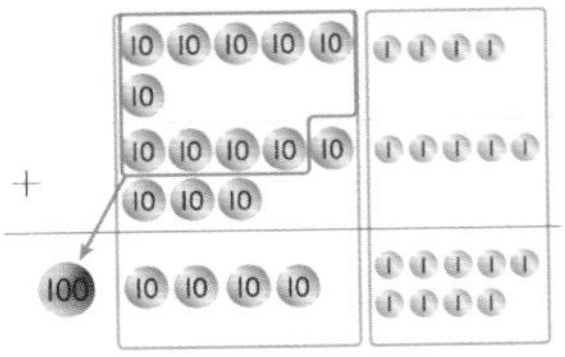

64
+ 85
9 … 4 + 5
140 … 60 + 80
149

문제 3 | 다음을 계산하시오.

(1)
68
+ 51
9 … 8 + 1
110 … 60 + 50
119

(2)
74
+ 32
6 … 4 + 2
100 … 70 + 30
106

선생님만 보세요 **문제 3** 앞에서 익힌 동전 모형을 토대로 세로식으로만 제시된 덧셈을 실행한다.

97

98p

(3) 90 + 65
5 … 0 + 5
150 … 90 + 60
155

(4) 43 + 76
9 … 3 + 6
110 … 40 + 70
119

(5) 72 + 64
6 … 2 + 4
130 … 70 + 60
136

(6) 61 + 48
9 … 1 + 8
100 … 60 + 40
109

96 + 42
8 … 6 + 2
130 … 90 + 40
138

84 + 74
8 … 4 + 4
150 … 80 + 70
158

99p

7일차 합이 세 자리 수인 두 자리 수 덧셈 세로식

공부한 날짜 월 일

문제 1 | □ 안에 알맞은 수를 넣으시오.

(1) 75 + 42
7 … 5 + 2
110 … 70 + 40
117

(2) 21 + 93
4 … 1 + 3
110 … 20 + 90
114

(3) 55 + 72
7 … 5 + 2
120 … 50 + 70
127

(4) 65 + 83
8 … 5 + 3
140 … 60 + 80
148

선생님만 보세요 문제 1 앞에서 익힌 합이 세 자리 수인 두 자리 수 덧셈의 복습이다.

100p

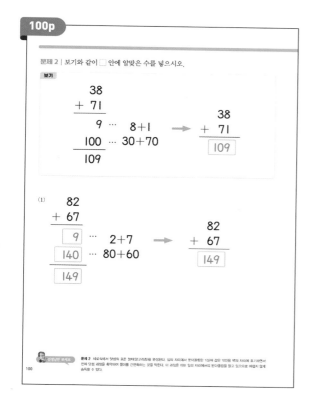

문제 2 | 보기와 같이 □ 안에 알맞은 수를 넣으시오.

보기

38 + 71
9 … 8+1
100 … 30+70
109
→ 38 + 71 = 109

(1) 82 + 67
9 … 2+7
140 … 80+60
149
→ 82 + 67 = 149

선생님만 보세요 문제 2 세로식에서 덧셈의 표준 절차(알고리즘)를 완성한다. 십의 자리에서 받아올림한 1(실제 값은 100)을 백의 자리에 표기하면서 전체 덧셈 과정을 축약하여 풀이를 간편화하는 것을 익힌다. 이 과정은 이미 일의 자리에서의 받아올림을 알고 있으므로 어렵지 않게 습득할 수 있다.

101p

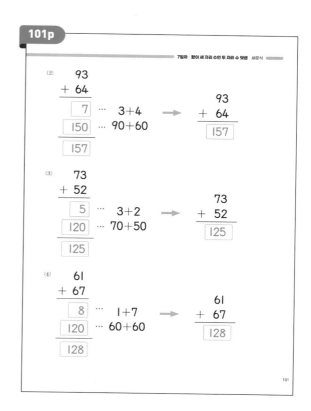

(2) 93 + 64
7 … 3+4
150 … 90+60
157
→ 93 + 64 = 157

(3) 73 + 52
5 … 3+2
120 … 70+50
125
→ 73 + 52 = 125

(4) 61 + 67
8 … 1+7
120 … 60+60
128
→ 61 + 67 = 128

+ 정답 ÷

102p

(5)
$$\begin{array}{r} 33 \\ +\ 91 \\ \hline 4 \\ 120 \\ \hline 124 \end{array}$$
4 … 3+1
120 … 30+90
→
$$\begin{array}{r} 33 \\ +\ 91 \\ \hline 124 \end{array}$$

(6)
$$\begin{array}{r} 76 \\ +\ 63 \\ \hline 9 \\ 130 \\ \hline 139 \end{array}$$
9 … 6+3
130 … 70+60
→
$$\begin{array}{r} 76 \\ +\ 63 \\ \hline 139 \end{array}$$

(7)
$$\begin{array}{r} 54 \\ +\ 84 \\ \hline 8 \\ 130 \\ \hline 138 \end{array}$$
8 … 4+4
130 … 50+80
→
$$\begin{array}{r} 54 \\ +\ 84 \\ \hline 138 \end{array}$$

102

103p

7일차 합이 세 자리 수인 두 자리 수 덧셈 세로식

(8)
$$\begin{array}{r} 25 \\ +\ 93 \\ \hline 8 \\ 110 \\ \hline 118 \end{array}$$
8 … 5+3
110 … 20+90
→
$$\begin{array}{r} 25 \\ +\ 93 \\ \hline 118 \end{array}$$

(9)
$$\begin{array}{r} 62 \\ +\ 51 \\ \hline 3 \\ 110 \\ \hline 113 \end{array}$$
3 … 2+1
110 … 60+50
→
$$\begin{array}{r} 62 \\ +\ 51 \\ \hline 113 \end{array}$$

103

104p

문제 3 | 다음을 계산하시오.

보기
$$\begin{array}{r} 47 \\ +\ 61 \\ \hline 108 \end{array}$$

(1) $\begin{array}{r} 82 \\ +\ 52 \\ \hline 134 \end{array}$
(2) $\begin{array}{r} 94 \\ +\ 95 \\ \hline 189 \end{array}$
(3) $\begin{array}{r} 73 \\ +\ 66 \\ \hline 139 \end{array}$
(4) $\begin{array}{r} 67 \\ +\ 91 \\ \hline 158 \end{array}$
(5) $\begin{array}{r} 73 \\ +\ 73 \\ \hline 146 \end{array}$
(6) $\begin{array}{r} 53 \\ +\ 94 \\ \hline 147 \end{array}$
(7) $\begin{array}{r} 72 \\ +\ 44 \\ \hline 116 \end{array}$
(8) $\begin{array}{r} 34 \\ +\ 71 \\ \hline 105 \end{array}$

선생님만 보세요 **문제 3** 문제 2에서 익힌 세로식에서의 덧셈 연습이다.

104

105p

7일차 합이 세 자리 수인 두 자리 수 덧셈 세로식

(9) $\begin{array}{r} 84 \\ +\ 84 \\ \hline 168 \end{array}$
(10) $\begin{array}{r} 46 \\ +\ 81 \\ \hline 127 \end{array}$
(11) $\begin{array}{r} 62 \\ +\ 57 \\ \hline 119 \end{array}$
(12) $\begin{array}{r} 52 \\ +\ 52 \\ \hline 104 \end{array}$
(13) $\begin{array}{r} 53 \\ +\ 75 \\ \hline 128 \end{array}$
(14) $\begin{array}{r} 91 \\ +\ 13 \\ \hline 104 \end{array}$

105

106p

8일차 받아올림이 두 번 있는 두 자리 수 덧셈 동전모형과 세로식

공부한 날짜 월 일

문제 1 | 다음을 계산하시오.

(1) 43 + 83 = 126

(2) 54 + 81 = 135

(3) 68 + 51 = 119

(4) 23 + 94 = 117

(5) 37 + 92 = 129

(6) 65 + 73 = 138

선생님만 보세요 문제 1 합이 100을 넘는 두 자리 수 덧셈을 세로식에서 구현하는 복습이다.

106

107p

문제 2 | 보기와 같이 그림을 그리고, □ 안에 알맞은 수를 넣으시오.

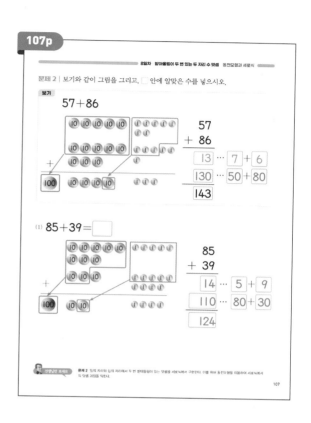

보기

57+86

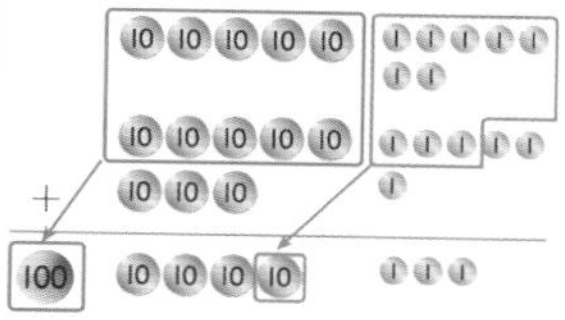

57
+ 86
13 … 7 + 6
130 … 50 + 80
143

(1) 85+39=□

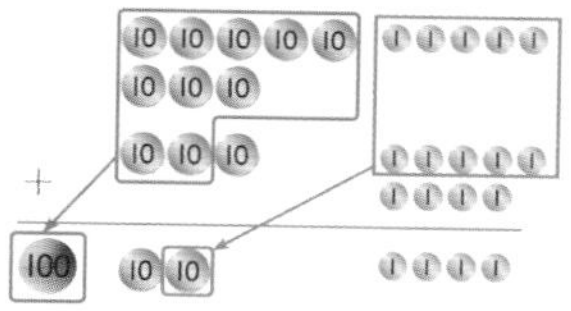

85
+ 39
14 … 5 + 9
110 … 80 + 30
124

선생님만 보세요 문제 2 일의 자리와 십의 자리에서 두 번 받아올림이 있는 덧셈을 세로식에서 구현한다. 이를 위해 동전모형을 이용하여 세로식에서의 덧셈 과정을 익힌다.

107

108p

(2) 96+37=133

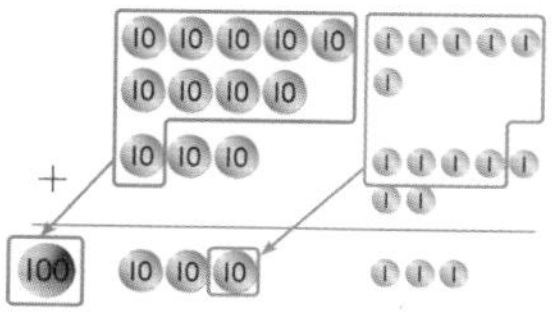

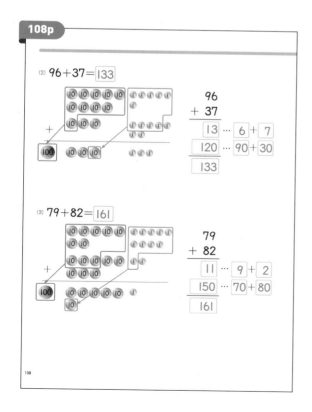

96
+ 37
13 … 6 + 7
120 … 90 + 30
133

(3) 79+82=161

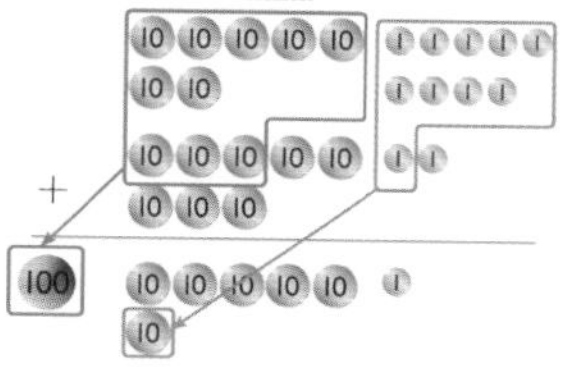

79
+ 82
11 … 9 + 2
150 … 70 + 80
161

108

109p

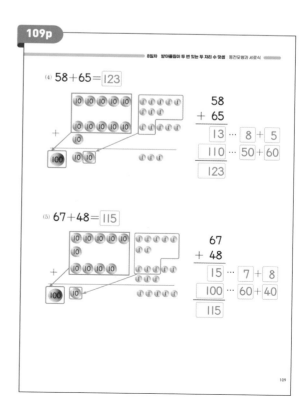

(4) 58+65=123

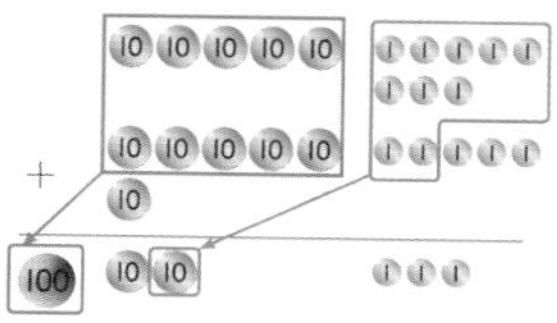

58
+ 65
13 … 8 + 5
110 … 50 + 60
123

(5) 67+48=115

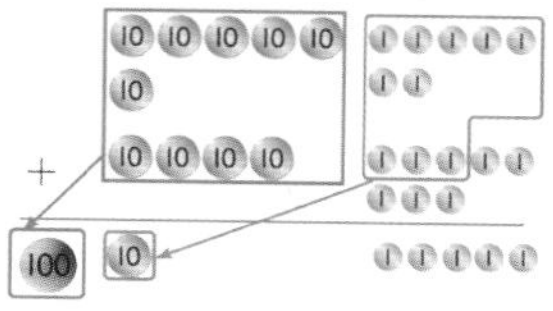

67
+ 48
15 … 7 + 8
100 … 60 + 40
115

109

정답

110p

문제 3 | 보기와 같이 □ 안에 알맞은 수를 넣으시오.

보기

$49 + 87$: 16 ··· 9+7, 120 ··· 40+80, 136 → (1) 49 + 87: 6, 130, 136 → (1) 49 + 87 = 136

(1) $68 + 59$: 17 ··· 8+9, 110 ··· 60+50, 127 → (1) 68 + 59: 7, 120, 127 → (1) 68 + 59 = 127

선생님만 보세요 **문제 3** 덧셈 알고리즘 완성의 마지막 단계다. 동전 모형 없이 숫자로만 세로셈을 완성한다. 각 자리 수끼리의 덧셈을 올바른 자리에 맞추어 쓰는 것을 익힌다.

110

111p

8일차 발아올림이 두 번 있는 두 자리 수 덧셈 동전모형과 세로식

(2) $99 + 95$: 14 ··· 9+5, 180 ··· 90+90, 194 → (1) 99 + 95: 4, 190, 194 → (1) 99 + 95 = 194

(3) $76 + 34$: 10 ··· 6+4, 100 ··· 70+30, 110 → (1) 76 + 34: 0, 110, 110 → (1) 76 + 34 = 110

(4) $78 + 45$: 13 ··· 8+5, 110 ··· 70+40, 123 → (1) 78 + 45: 3, 120, 123 → (1) 78 + 45 = 123

111

112p

(5) $87 + 67$: 14 ··· 7+7, 140 ··· 80+60, 154 → (1) 87 + 67: 4, 150, 154 → (1) 87 + 67 = 154

(6) $33 + 99$: 12 ··· 3+9, 120 ··· 30+90, 132 → (1) 33 + 99: 2, 130, 132 → (1) 33 + 99 = 132

(7) $28 + 95$: 13 ··· 8+5, 110 ··· 20+90, 123 → (1) 28 + 95: 3, 120, 123 → (1) 28 + 95 = 123

112

113p

8일차 발아올림이 두 번 있는 두 자리 수 덧셈 동전모형과 세로식

(8) $67 + 48$: 15 ··· 7+8, 100 ··· 60+40, 115 → (1) 67 + 48: 5, 110, 115 → (1) 67 + 48 = 115

(9) $74 + 88$: 12 ··· 4+8, 150 ··· 70+80, 162 → (1) 74 + 88: 2, 160, 162 → (1) 74 + 88 = 162

113

114p

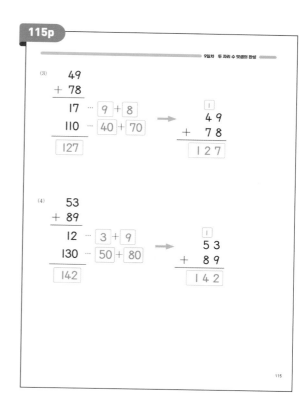

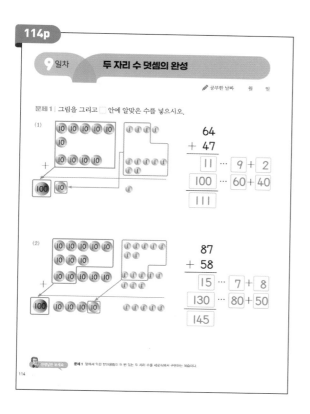

9일차 **두 자리 수 덧셈의 완성**

공부한 날짜 월 일

문제 1 | 그림을 그리고 □ 안에 알맞은 수를 넣으시오.

(1)

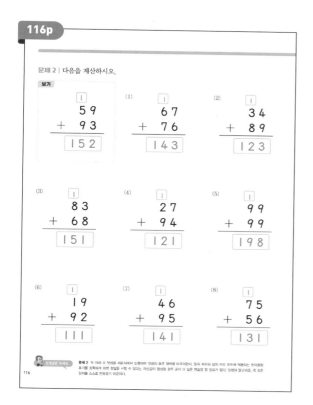

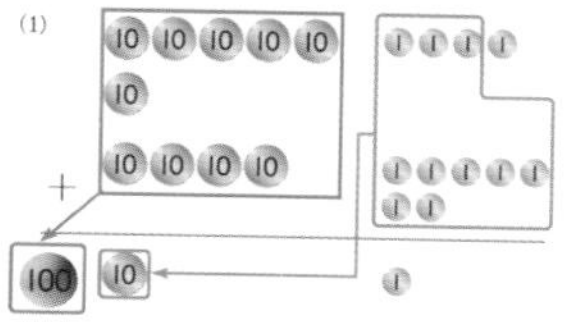

64
+ 47
11 … 9 + 2
100 … 60 + 40
111

(2)

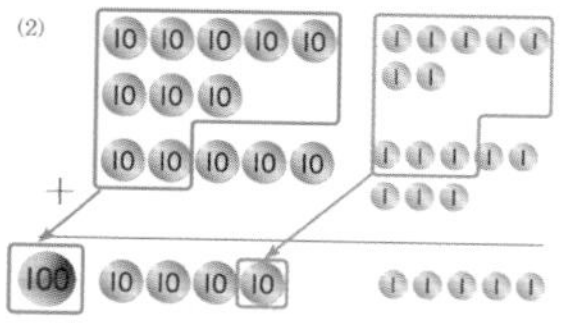

87
+ 58
15 … 7 + 8
130 … 80 + 50
145

115p

(3)
49
+ 78
17 … 9 + 8
110 … 40 + 70
127

→ 1
49
+ 78
127

(4)
53
+ 89
12 … 3 + 9
130 … 50 + 80
142

→ 1
53
+ 89
142

116p

문제 2 | 다음을 계산하시오.

보기
1
59
+ 93
152

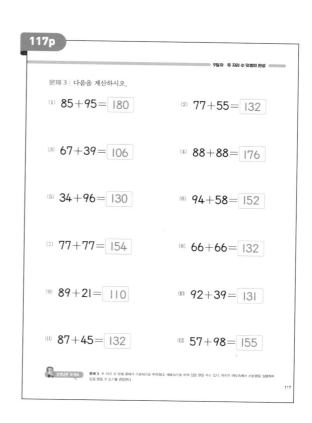

(1)
1
67
+ 76
143

(2)
1
34
+ 89
123

(3)
1
83
+ 68
151

(4)
1
27
+ 94
121

(5)
1
99
+ 99
198

(6)
1
19
+ 92
111

(7)
1
46
+ 95
141

(8)
1
75
+ 56
131

117p

문제 3 | 다음을 계산하시오.

(1) 85+95= 180
(2) 77+55= 132
(3) 67+39= 106
(4) 88+88= 176
(5) 34+96= 130
(6) 94+58= 152
(7) 77+77= 154
(8) 66+66= 132
(9) 89+21= 110
(10) 92+39= 131
(11) 87+45= 132
(12) 57+98= 155

+ 정답 ÷

118p

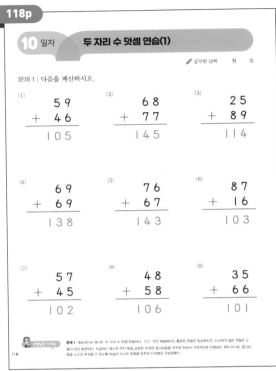

10 일차 두 자리 수 덧셈 연습(1)

공부한 날짜 월 일

문제 1 | 다음을 계산하시오.

(1) 59 + 46 = 105

(2) 68 + 77 = 145

(3) 25 + 89 = 114

(4) 69 + 69 = 138

(5) 76 + 67 = 143

(6) 87 + 16 = 103

(7) 57 + 45 = 102

(8) 48 + 58 = 106

(9) 35 + 66 = 101

118

119p

10일차 두 자리 수 덧셈 연습(1)

문제 2 | 다음을 계산하시오.

(1) 26+95= 121

(2) 57+55= 112

(3) 75+39= 114

(4) 48+67= 115

(5) 46+96= 142

(6) 94+36= 130

(7) 86+48= 134

(8) 66+69= 135

(9) 65+65= 130

119

120p

10일차 두 자리 수 덧셈 연습(1)

문제 3 | 보기와 같이 안에 알맞은 수를 넣으시오.

보기

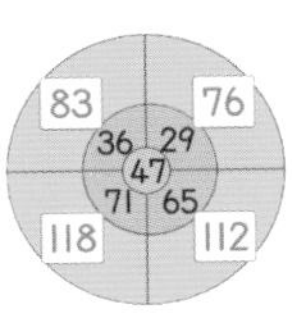

(1)

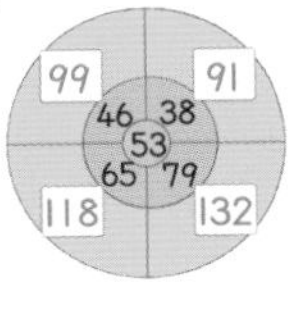

(2)

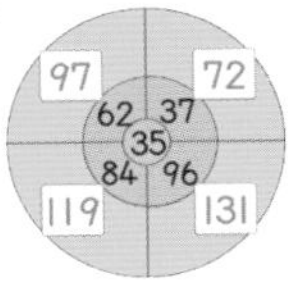

(3)

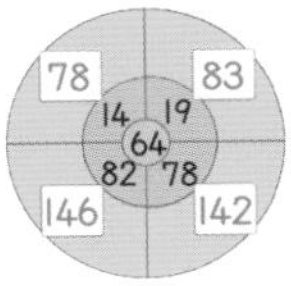

(4)

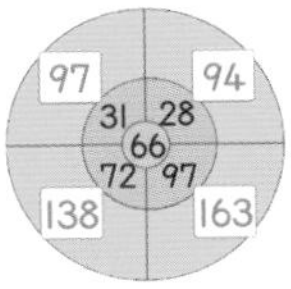

(5)

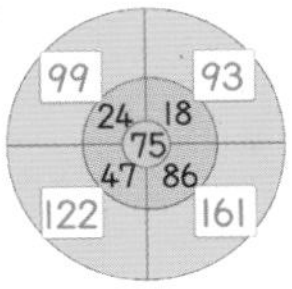

120

121p

11 일차 두 자리 수 덧셈 연습(2)

공부한 날짜 월 일

문제 1 | 다음을 계산하시오.

(1) 27 + 76 = 103

(2) 46 + 59 = 105

(3) 62 + 39 = 101

(4) 18+95= 113

(5) 49+86= 135

(6) 39+92= 131

(7) 64+57= 121

(8) 96+56= 152

(9) 27+84= 111

121

122p

문제 2 | 보기와 같이 두 수의 합이 같으면 =, 다르면 < 또는 >을 넣으시오.

(1) 69+63 (>) 95+29　(2) 47+59 (>) 78+24

(3) 47+75 (<) 47+76　(4) 69+75 (<) 87+67

(5) 56+47 (<) 26+87　(6) 85+38 (=) 59+64

(7) 96+37 (<) 78+75　(8) 35+92 (>) 78+48

선생님만 보세요 **문제 2** 덧셈 결과를 비교하여 부등호로 나타내는 형식의 문제다.

122

123p

문제 3 | 보기와 같이 직접 채점을 해보고, 틀린 답을 바르게 고치시오.

보기 52+37=~~99~~ 89

(1) ✓ 59+83=~~132~~ 142

(2) ○ 74+86=160

(3) ✓ 26+85=~~101~~ 111

(4) ○ 85+96=181

(5) ✓ 59+86=~~127~~ 145

(6) ○ 39+82=121

(7) ○ 65+38=103

(8) ✓ 46+58=~~94~~ 104

(9) ✓ 37+83=~~110~~ 120

(10) ✓ 74+68=~~132~~ 142

선생님만 보세요 **문제 3** 이미 앞에서 보았던 채점 문제다. 정답과 오답을 구별하여 자연스럽게 덧셈을 실행한다. 오답 정정도 효과적인 덧셈 연습이다.

123

124p

12일차 두 자리 수 덧셈 연습(3)

공부한 날짜 월 일

문제 1 | 다음을 계산하시오.

(1) 43+98= 141　(2) 74+81= 155

(3) 86+63= 149　(4) 65+36= 101

(5) 82+18= 100　(6) 43+93= 136

(7) 58+49= 107　(8) 74+39= 113

(9) 48+93= 141　(10) 83+38= 121

선생님만 보세요 **문제 1** 가로식으로 제시된 두 자리 수 덧셈 연습이다.

124

125p

문제 2 | 빈칸에 알맞은 수를 넣으시오.

보기

52	28	80
39	75	114
91	103	

(1)

33	89	122
77	90	167
110	179	

(2)

45	68	113
62	37	99
107	105	

(3)

83	20	103
81	92	173
164	112	

(4)

52	96	148
47	12	59
99	108	

(5)

96	20	116
62	85	147
158	105	

선생님만 보세요 **문제 2** 직사각형 안에 들어 있는 네 개의 수 가운데 가로와 세로를 따라 두 개씩 더하여 빈 칸을 채우는 덧셈 문제다.

125

+ 정답 ÷

126p

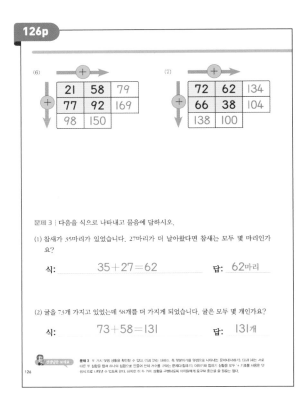

(6)

21	58	79
77	92	169
98	150	

(7)

72	62	134
66	38	104
138	100	

문제 3 | 다음을 식으로 나타내고 물음에 답하시오.

(1) 참새가 35마리가 있었습니다. 27마리가 더 날아왔다면 참새는 모두 몇 마리인가요?

식: 35+27=62 답: 62마리

(2) 귤을 73개 가지고 있었는데 58개를 더 가지게 되었습니다. 귤은 모두 몇 개인가요?

식: 73+58=131 답: 131개

선생님만 보세요

문제 3 두 가지 덧셈 상황을 확인할 수 있다. (1)과 (2)는 더하는, 즉 덧붙이기를 덧셈으로 나타내는 문제다(더하기). (3)과 (4)는 서로 다른 두 집합을 합쳐 하나의 집합으로 만들어 전체 개수를 구하는 문제다(합하기). 더하기와 합하기 상황을 모두 '+' 기호를 사용한 덧셈식으로 나타낼 수 있도록 한다. 하지만 이 두 가지 상황을 구별하도록 아이들에게 요구해 혼란을 줄 필요는 없다.

126

127p

12일차 두 자리 수 덧셈 연습(3)

(3) 사과 54개와 배 39개가 있습니다. 과일은 모두 몇 개인가요?

식: 54+39=93 답: 93개

(4) 강아지가 76마리가 있고 고양이가 45마리가 있습니다. 동물은 모두 몇 마리인가요?

식: 76+45=121 답: 121마리

127

131p

보충문제

문제 1 | 십의 자리부터 더하기를 표에 표시하고 안에 알맞은 수를 넣으시오.

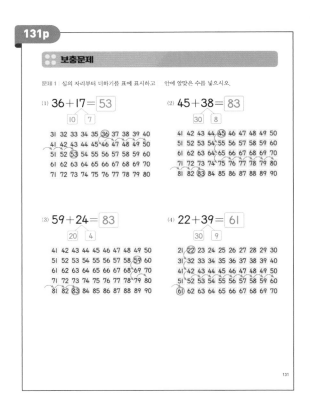

(1) 36+17=53 (10, 7)

31	32	33	34	35	36	37	38	39	40
41	42	43	44	45	46	47	48	49	50
51	52	53	54	55	56	57	58	59	60
61	62	63	64	65	66	67	68	69	70
71	72	73	74	75	76	77	78	79	80

(2) 45+38=83 (30, 8)

41	42	43	44	45	46	47	48	49	50
51	52	53	54	55	56	57	58	59	60
61	62	63	64	65	66	67	68	69	70
71	72	73	74	75	76	77	78	79	80
81	82	83	84	85	86	87	88	89	90

(3) 59+24=83 (20, 4)

41	42	43	44	45	46	47	48	49	50
51	52	53	54	55	56	57	58	59	60
61	62	63	64	65	66	67	68	69	70
71	72	73	74	75	76	77	78	79	80
81	82	83	84	85	86	87	88	89	90

(4) 22+39=61 (30, 9)

21	22	23	24	25	26	27	28	29	30
31	32	33	34	35	36	37	38	39	40
41	42	43	44	45	46	47	48	49	50
51	52	53	54	55	56	57	58	59	60
61	62	63	64	65	66	67	68	69	70

131

132p

보충문제

문제 2 | 안에 알맞은 수를 넣으시오.

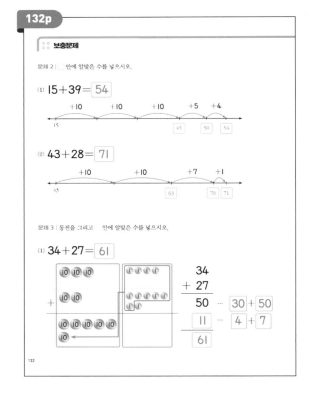

(1) 15+39=54

+10 +10 +10 +5 +4

15 45 50 54

(2) 43+28=71

+10 +10 +7 +1

43 63 70 71

문제 3 | 동전을 그리고 안에 알맞은 수를 넣으시오.

(1) 34+27=61

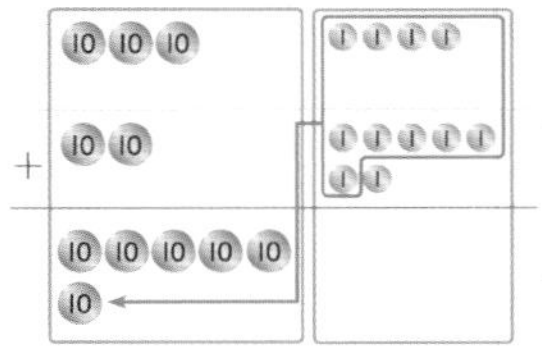

34
+ 27
50 … 30+50
11 … 4+7
61

132

133p

(2) 43+19=62

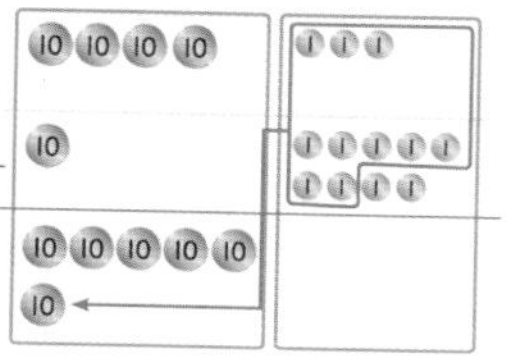


```
   43
+  19
   50 … 40+10
   12 … 3+9
   62
```

문제 4 | □ 안에 알맞은 수를 넣으시오.

(1) 37+16=53

```
   37
+  16
   40 … 30+10
   13 … 7+6
   53
```

(2) 53+28=81

```
   53
+  28
   70 … 50+20
   11 … 3+8
   81
```


134p

보충문제

(3) 45+37=82

```
   45
+  37
   70 … 40+30
   12 … 5+7
   82
```

(4) 64+26=90

```
   64
+  26
   80 … 60+20
   10 … 4+6
   90
```

문제 5 | 일의 자리부터 더하기를 표에 표시하고 □ 안에 알맞은 수를 넣으시오.

(1) 27+14=41

11	12	13	14	15	16	17	18	19	20
21	22	23	24	25	26	27	28	29	30
31	32	33	34	35	36	37	38	39	40
41	42	43	44	45	46	47	48	49	50
51	52	53	54	55	56	57	58	59	60

(2) 38+26=64

31	32	33	34	35	36	37	38	39	40
41	42	43	44	45	46	47	48	49	50
51	52	53	54	55	56	57	58	59	60
61	62	63	64	65	66	67	68	69	70
71	72	73	74	75	76	77	78	79	80

135p

(3) 19+35=54

11	12	13	14	15	16	17	18	19	20
21	22	23	24	25	26	27	28	29	30
31	32	33	34	35	36	37	38	39	40
41	42	43	44	45	46	47	48	49	50
51	52	53	54	55	56	57	58	59	60

(4) 46+27=73

31	32	33	34	35	36	37	38	39	40
41	42	43	44	45	46	47	48	49	50
51	52	53	54	55	56	57	58	59	60
61	62	63	64	65	66	67	68	69	70
71	72	73	74	75	76	77	78	79	80

문제 6 | □ 안에 알맞은 수를 넣으시오.

(1) 25+36=61

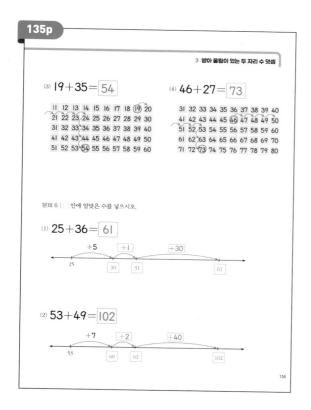

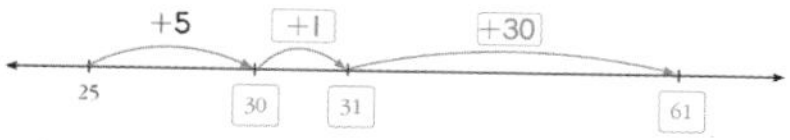

(2) 53+49=102

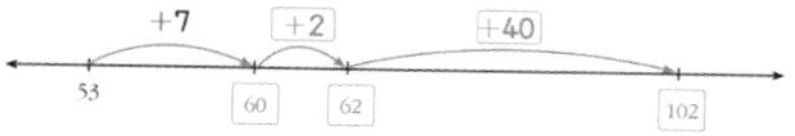

136p

보충문제

문제 7 | □ 안에 알맞은 수를 넣으시오.

(1)

```
   79
+  16
   15 … 9+6      →     1
   80 … 70+10          7 9
   95                + 1 6
                       9 5
```

(2)

```
   64
+  18
   12 … 4+8      →     1
   70 … 60+10          6 4
   82                + 1 8
                       8 2
```

문제 8 | 다음을 계산하시오.

(1)

```
   1
   2 8
 + 1 8
   4 6
```

(2)

```
   1
   4 7
 + 4 6
   9 3
```

(3)

```
   1
   5 4
 + 3 9
   9 3
```

137p

(4)
$$\begin{array}{r} ^{1}\\ 35\\ +\ 26\\ \hline 61 \end{array}$$

(5)
$$\begin{array}{r} ^{1}\\ 69\\ +\ 29\\ \hline 98 \end{array}$$

(6)
$$\begin{array}{r} ^{1}\\ 16\\ +\ 56\\ \hline 72 \end{array}$$

문제 9 | □안에 알맞은 수를 넣으시오.

(1) 65+72=137

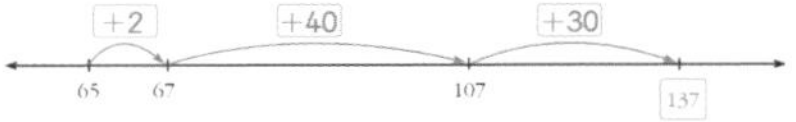

(2) 76+53=129

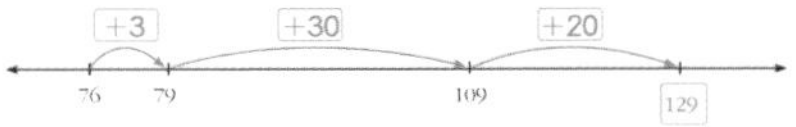

138p

보충문제

문제 10 | 동전을 그리고 □안에 알맞은 수를 넣으시오.

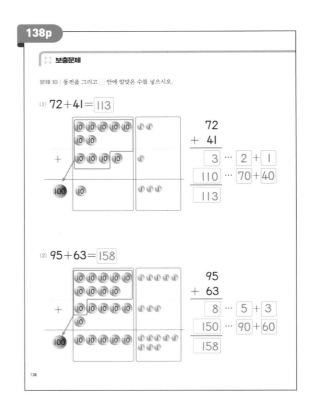

(1) 72+41=113

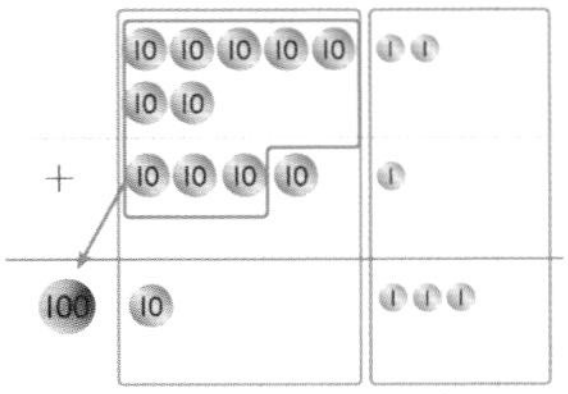

$$\begin{array}{r} 72\\ +\ 41\\ \hline 3\\ 110\\ \hline 113 \end{array}$$

3 … 2+1
110 … 70+40

(2) 95+63=158

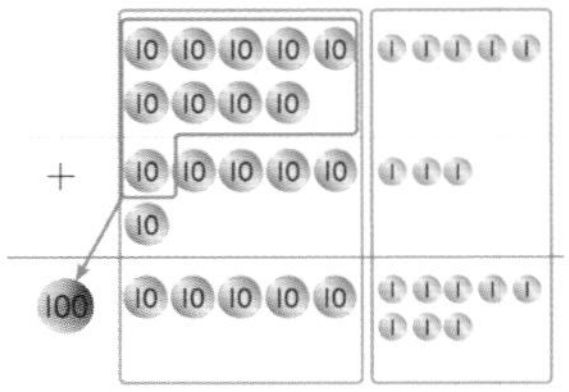

$$\begin{array}{r} 95\\ +\ 63\\ \hline 8\\ 150\\ \hline 158 \end{array}$$

8 … 5+3
150 … 90+60

139p

문제 11 | □안에 알맞은 수를 넣으시오.

(1)
$$\begin{array}{r} 84\\ +\ 54\\ \hline 8\\ 130\\ \hline 138 \end{array}$$
8 … 4+4
130 … 80+50

(2)
$$\begin{array}{r} 70\\ +\ 39\\ \hline 9\\ 100\\ \hline 109 \end{array}$$
9 … 0+9
100 … 70+30

(3)
$$\begin{array}{r} 93\\ +\ 42\\ \hline 5\\ 130\\ \hline 135 \end{array}$$
5 … 3+2
130 … 90+40

(4)
$$\begin{array}{r} 61\\ +\ 55\\ \hline 6\\ 110\\ \hline 116 \end{array}$$
6 … 1+5
110 … 60+50

140p

보충문제

문제 12 | 다음을 계산하시오.

(1)
$$\begin{array}{r} 71\\ +\ 75\\ \hline 146 \end{array}$$

(2)
$$\begin{array}{r} 82\\ +\ 43\\ \hline 125 \end{array}$$

(3)
$$\begin{array}{r} 55\\ +\ 74\\ \hline 129 \end{array}$$

(4)
$$\begin{array}{r} 93\\ +\ 93\\ \hline 186 \end{array}$$

(5)
$$\begin{array}{r} 69\\ +\ 80\\ \hline 149 \end{array}$$

(6)
$$\begin{array}{r} 41\\ +\ 67\\ \hline 128 \end{array}$$

문제 13 | 동전을 그리고 □안에 알맞은 수를 넣으시오.

(1) 89+37=126

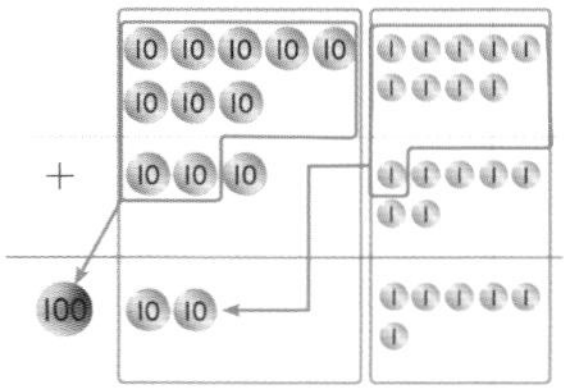

$$\begin{array}{r} 89\\ +\ 37\\ \hline 16\\ 110\\ \hline 126 \end{array}$$

16 … 9+7
110 … 80+30

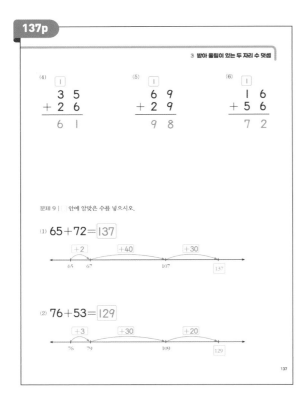

141p

(2) 68+54=122

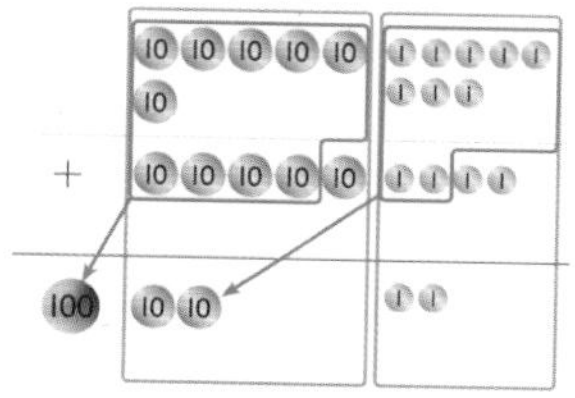

68
\+ 54
12 … 8+4
110 … 60+50
122

문제 14 | □ 안에 알맞은 수를 넣으시오.

(1)
54
\+ 87
11 …4+7
130 …50+80
141

→

1
5 4
\+ 8 7
1 4 1

142p

보충문제

(2)
96
\+ 36
12 …6+6
120 …90+30
132

→

1
9 6
\+ 3 6
1 3 2

(3)
71
\+ 29
10 …1+9
90 …70+20
100

→

1
7 1
\+ 2 9
1 0 0

143p

(4)
35
\+ 68
13 …5+8
90 …30+60
103

→

1
3 5
\+ 6 8
1 0 3

문제 15 | 다음을 계산하시오.

(1) 1 / 7 3 / + 4 8 / 1 2 1

(2) 1 / 9 6 / + 5 4 / 1 5 0

(3) 1 / 8 7 / + 6 5 / 1 5 2

(4) 1 / 8 9 / + 1 2 / 1 0 1

(5) 1 / 4 8 / + 5 6 / 1 0 4

(6) 1 / 2 5 / + 7 9 / 1 0 4

144p

보충문제

문제 16 | 다음을 계산하시오.

(1) 84+48=132

(2) 91+19=110

(3) 17+83=100

(4) 56+54=110

(5) 79+75=154

(6) 63+99=162

문제 17 | □ 안에 알맞은 수를 넣으시오.

(1)

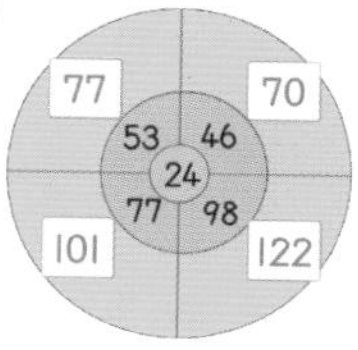

(2)

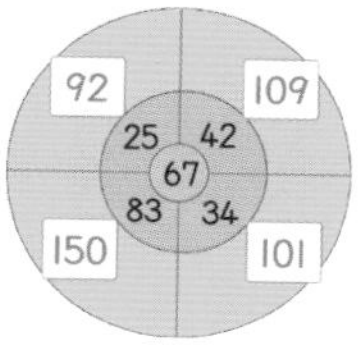

+ 정답 ÷

145p

(3)

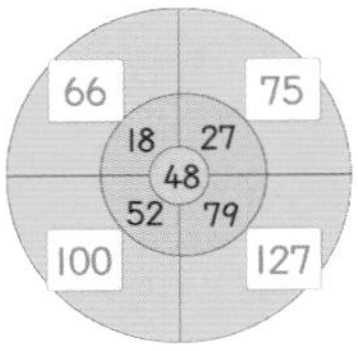

(4)

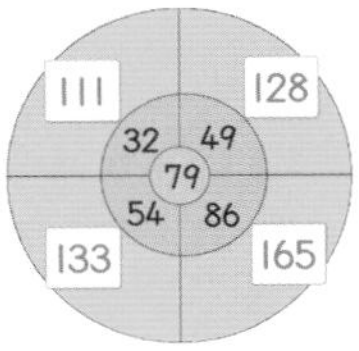

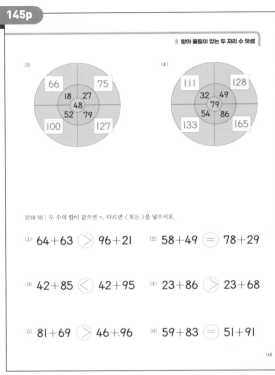

문제 18 | 두 수의 합이 같으면 =, 다르면 < 또는 >을 넣으시오.

(1) 64+63 (>) 96+21 (2) 58+49 (=) 78+29

(3) 42+85 (<) 42+95 (4) 23+86 (>) 23+68

(5) 81+69 (>) 46+96 (6) 59+83 (=) 51+91

146p

보충문제

문제 19 | 직접 채점하고, 틀린 답은 바르게 고치시오.

(1) 57+83=140 (2) 45+68=~~103~~ 113

(3) 69+65=134 (4) 81+23=~~114~~ 104

(5) 76+26=~~92~~ 102 (6) 92+98=190

(7) 38+54=~~192~~ 92 (8) 25+96=121

(9) 37+73=~~1010~~ 110

147p

문제 20 | 다음을 계산하시오.

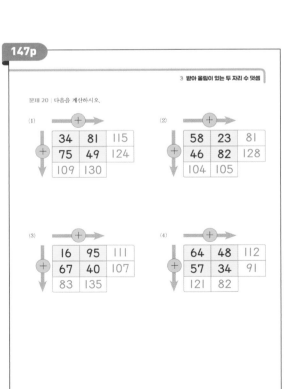

(1)

34	81	115
75	49	124
109	130	

(2)

58	23	81
46	82	128
104	105	

(3)

16	95	111
67	40	107
83	135	

(4)

64	48	112
57	34	91
121	82	

148p

보충문제

문제 21 | 다음을 식으로 나타내고 물음에 답하시오.

(1) 딸기맛 사탕 67개와 귤맛 사탕 59개가 있습니다. 사탕은 모두 몇 개인가요?

식: 67+59=126 답: 126개

(2) 책 46권이 있었습니다. 35권을 더 가져왔다면 모두 몇 권인가요?

식: 46+35=81 답: 81권

(3) 파란색 구슬 35개, 초록색 구슬 29개, 노란색 구슬 42개가 있습니다. 구슬은 모두 몇 개 인가요?

식: 35+29+42=106 답: 106개

(4) 아침에 24명, 점심에 47명, 저녁에 58명의 환자가 들어왔다고 합니다. 병원에 있는 환자는 모두 몇 명일까요?

식: 24+47+58=129 답: 129명

4 받아내림이 있는 두 자리 수 뺄셈

150p

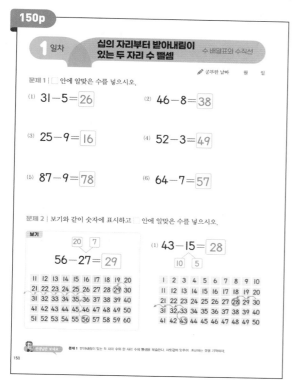

1 일차 **십의 자리부터 받아내림이 있는 두 자리 수 뺄셈** 수 배열표와 수직선

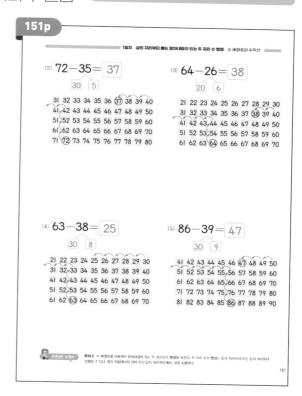

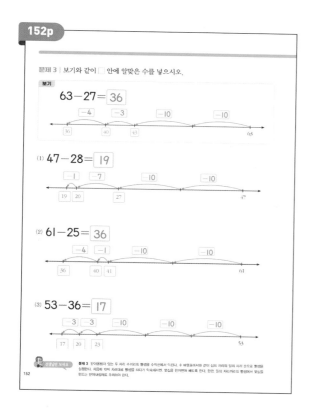

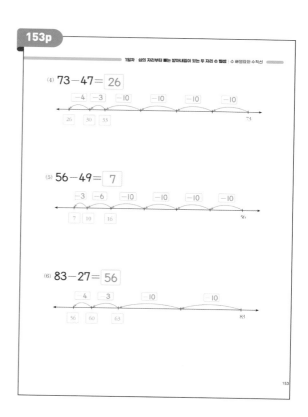

공부한 날짜 월 일

문제 1 | □ 안에 알맞은 수를 넣으시오.

(1) 31－5＝26　(2) 46－8＝38

(3) 25－9＝16　(4) 52－3＝49

(5) 87－9＝78　(6) 64－7＝57

문제 2 | 보기와 같이 숫자에 표시하고 □ 안에 알맞은 수를 넣으시오.

보기

20 7

56－27＝29

11	12	13	14	15	16	17	18	19	20
21	22	23	24	25	26	27	28	(29)	30
31	32	33	34	35	36	37	38	39	40
41	42	43	44	45	46	47	48	49	50
51	52	53	54	55	(56)	57	58	59	60

(1) 43－15＝28

10 5

1	2	3	4	5	6	7	8	9	10
11	12	13	14	15	16	17	18	19	20
21	22	23	24	25	26	27	(28)	29	30
31	32	33	34	35	36	37	38	39	40
41	42	(43)	44	45	46	47	48	49	50

선생님만 보세요 **문제 1** 받아내림이 있는 두 자리 수와 한 자리 수의 뺄셈을 복습한다. 자릿값에 맞추어 계산하는 것을 기억하자.

150

151p

1일차 십의 자리부터 빼는 받아내림이 있는 두 자리 수 뺄셈 수 배열표와 수직선

(2) 72－35＝37

30 5

31	32	33	34	35	36	(37)	38	39	40
41	42	43	44	45	46	47	48	49	50
51	52	53	54	55	56	57	58	59	60
61	62	63	64	65	66	67	68	69	70
71	(72)	73	74	75	76	77	78	79	80

(3) 64－26＝38

20 6

21	22	23	24	25	26	27	28	29	30
31	32	33	34	35	36	37	(38)	39	40
41	42	43	44	45	46	47	48	49	50
51	52	53	54	55	56	57	58	59	60
61	62	63	(64)	65	66	67	68	69	70

(4) 63－38＝25

30 8

21	22	23	24	(25)	26	27	28	29	30
31	32	33	34	35	36	37	38	39	40
41	42	43	44	45	46	47	48	49	50
51	52	53	54	55	56	57	58	59	60
61	62	(63)	64	65	66	67	68	69	70

(5) 86－39＝47

30 9

41	42	43	44	45	46	(47)	48	49	50
51	52	53	54	55	56	57	58	59	60
61	62	63	64	65	66	67	68	69	70
71	72	73	74	75	76	77	78	79	80
81	82	83	84	85	(86)	87	88	89	90

선생님만 보세요 **문제 2** 수 배열표를 이용하여 받아내림이 있는 두 자리수의 뺄셈을 익힌다. 두 자리 수의 뺄셈도 일의 자리부터 또는 십의 자리부터 실행할 수 있다. 앞의 덧셈에서와 같이 우선 십의 자리부터 빼는 것을 실행한다.

151

152p

문제 3 | 보기와 같이 □ 안에 알맞은 수를 넣으시오.

보기

63－27＝36

수직선: －4, －3, －10, －10 / 36, 40, 43, 63

(1) 47－28＝19

수직선: －1, －7, －10, －10 / 19, 20, 27, 47

(2) 61－25＝36

수직선: －4, －1, －10, －10 / 36, 40, 41, 61

(3) 53－36＝17

수직선: －3, －3, －10, －10, －10 / 17, 20, 23, 53

선생님만 보세요 **문제 3** 받아내림이 있는 두 자리 수끼리의 뺄셈을 수직선에서 익힌다. 수 배열표에서와 같이 십의 자리와 일의 자리 순으로 뺄셈을 실행한다. 처음에 10씩 차례대로 뺄셈을 하다가 익숙해지면 몇십을 한꺼번에 빼도록 한다. 한편, 일의 자리끼리의 뺄셈에서 몇십을 만드는 받아내림에도 주의해야 한다.

152

153p

1일차 십의 자리부터 빼는 받아내림이 있는 두 자리 수 뺄셈 | 수 배열표와 수직선

(4) 73－47＝26

수직선: －4, －3, －10, －10, －10, －10 / 26, 30, 33, 73

(5) 56－49＝7

수직선: －3, －6, －10, －10, －10, －10 / 7, 10, 16, 56

(6) 83－27＝56

수직선: －4, －3, －10, －10 / 56, 60, 63, 83

153

+ 정답 ÷

154p

2일차 일의 자리부터 빼는 받아내림이 있는 두 자리 수 뺄셈 수배열표와 수직선

공부한 날짜 월 일

문제 1 | 보기와 같이 표시하고 □ 안에 알맞은 수를 넣으시오.(이번에는 일의 자리부터 뺍니다.)

보기

56−27=29

11	12	13	14	15	16	17	18	19	20
21	22	23	24	25	26	27	28	29	30
31	32	33	34	35	36	37	38	39	40
41	42	43	44	45	46	47	48	49	50
51	52	53	54	55	56	57	58	59	60

(1) 43−15=28

1	2	3	4	5	6	7	8	9	10
11	12	13	14	15	16	17	18	19	20
21	22	23	24	25	26	27	28	29	30
31	32	33	34	35	36	37	38	39	40
41	42	43	44	45	46	47	48	49	50

(2) 72−35=37

31	32	33	34	35	36	37	38	39	40
41	42	43	44	45	46	47	48	49	50
51	52	53	54	55	56	57	58	59	60
61	62	63	64	65	66	67	68	69	70
71	72	73	74	75	76	77	78	79	80

(3) 64−26=38

21	22	23	24	25	26	27	28	29	30
31	32	33	34	35	36	37	38	39	40
41	42	43	44	45	46	47	48	49	50
51	52	53	54	55	56	57	58	59	60
61	62	63	64	65	66	67	68	69	70

선생님만 보세요

154

155p

2일차 일의 자리부터 빼는 받아내림이 있는 두 자리 수 뺄셈 수배열표와 수직선

(4) 63−38=25

21	22	23	24	25	26	27	28	29	30
31	32	33	34	35	36	37	38	39	40
41	42	43	44	45	46	47	48	49	50
51	52	53	54	55	56	57	58	59	60
61	62	63	64	65	66	67	68	69	70

(5) 86−39=47

41	42	43	44	45	46	47	48	49	50
51	52	53	54	55	56	57	58	59	60
61	62	63	64	65	66	67	68	69	70
71	72	73	74	75	76	77	78	79	80
81	82	83	84	85	86	87	88	89	90

문제 2 | 보기와 같이 □ 안에 알맞은 수를 넣으시오.

보기

63−27=36

−20, −4, −3 / 36, 56, 60, 63

(1) 47−28=19

−20, −1, −7 / 19, 39, 40, 47

선생님만 보세요

155

156p

2일차 일의 자리부터 빼는 받아내림이 있는 두 자리 수 뺄셈 수배열표와 수직선

(2) 61−25=36

−20, −4, −1 / 36, 56, 60, 61

(3) 53−36=17

−30, −3, −3 / 17, 47, 50, 53

(4) 73−47=26

−40, −4, −3 / 26, 66, 70, 73

(5) 56−49=7

−40, −3, −6 / 7, 47, 50, 56

156

157p

3일차 받아내림이 있는 두 자리 수 뺄셈 동전 모델

공부한 날짜 월 일

문제 1 | 다음 뺄셈을 수 배열표와 수직선에 나타내고 답을 구하시오.

(1) 64−38=26

21	22	23	24	25	26	27	28	29	30
31	32	33	34	35	36	37	38	39	40
41	42	43	44	45	46	47	48	49	50
51	52	53	54	55	56	57	58	59	60
61	62	63	64	65	66	67	68	69	70

(2) 56−18=38

11	12	13	14	15	16	17	18	19	20
21	22	23	24	25	26	27	28	29	30
31	32	33	34	35	36	37	38	39	40
41	42	43	44	45	46	47	48	49	50
51	52	53	54	55	56	57	58	59	60

(3) 76−29=47

−3, −6, −10, −10 / 47, 50, 56, 76

−10, −10, −3, −6 / 47, 67, 70, 76

선생님만 보세요

157

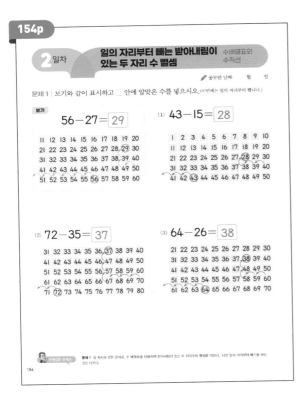

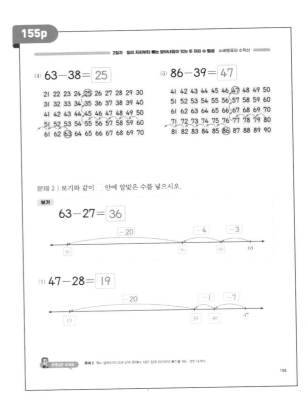

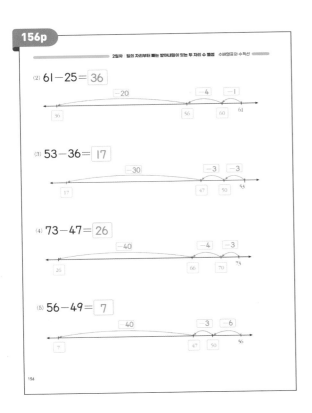

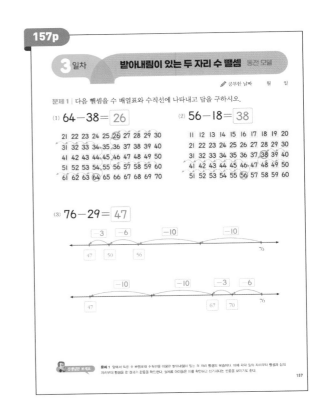

158p

(4) 82−49=33

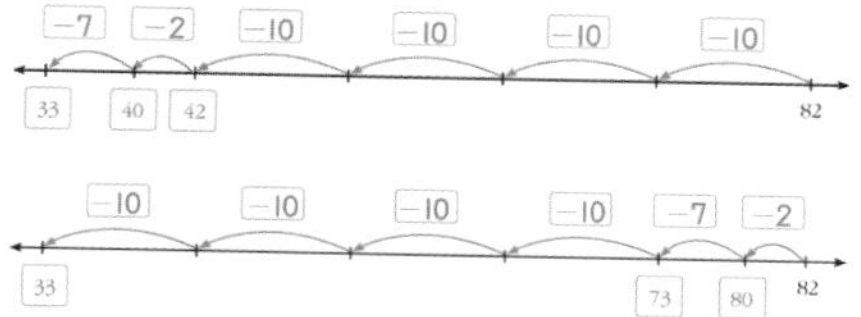

(5) 64−25=39

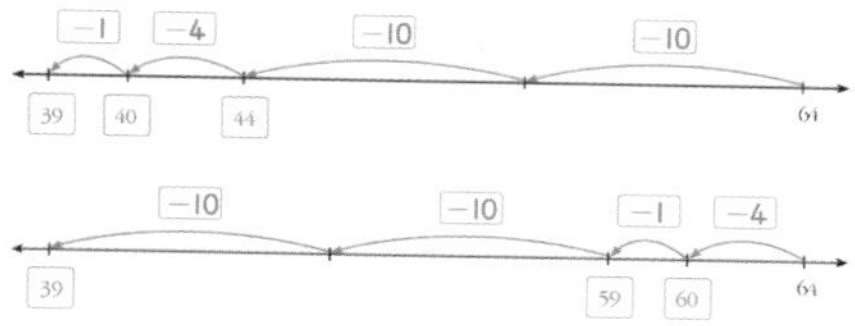

159p

(6) 53−38=15

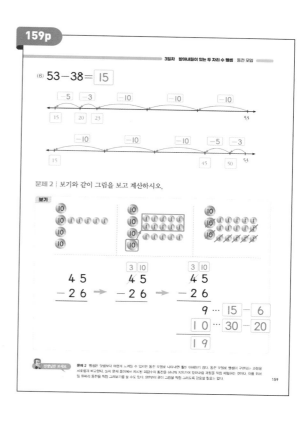

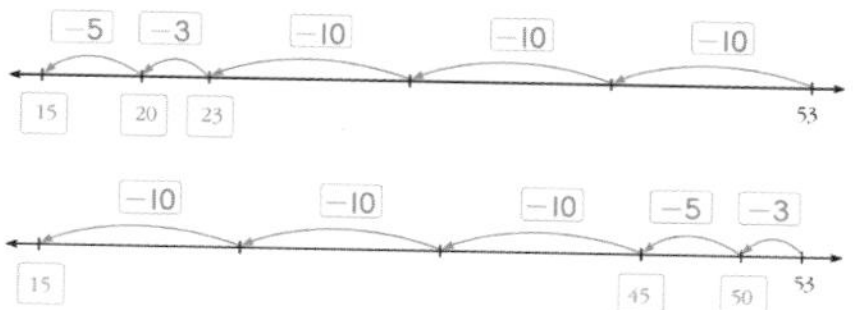

문제 2 | 보기와 같이 그림을 보고 계산하시오.

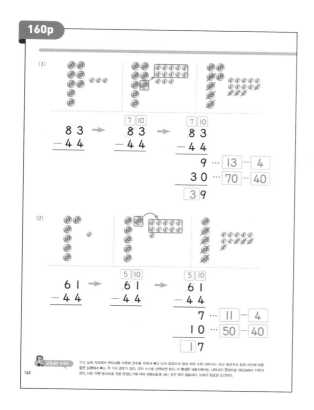

보기

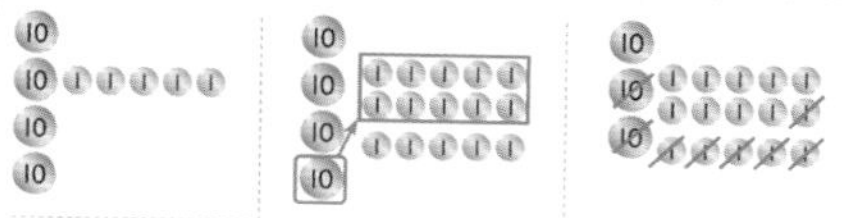

45 − 26 → (3 10) 45 − 26 → (3 10) 45 − 26

9 … 15 − 6

10 … 30 − 20

19

선생님만 보세요

문제 2 뺄셈은 덧셈보다 어렵게 느껴질 수 있지만 동전 모델로 나타내면 훨씬 이해하기 쉽다. 동전 모델로 뺄셈이 구현되는 과정을 세로셈과 비교한다. 실제 문제 풀이에서 제시된 피감수의 동전을 하나씩 지워가며 받아내림 과정을 직접 체험하는 것이다. 이를 위해 일 원짜리 동전을 직접 그려보기를 할 수도 있다. 9번부터 굳이 그림을 직접 그리도록 강요할 필요는 없다.

160p

(1)

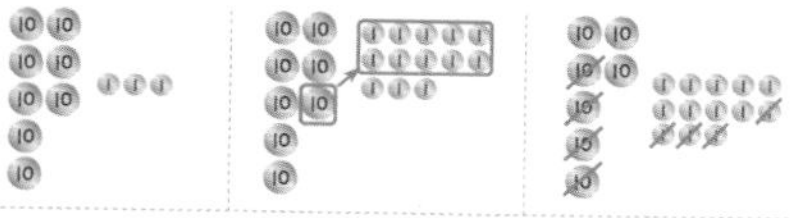

83 − 44 → (7 10) 83 − 44 → (7 10) 83 − 44

9 … 13 − 4

30 … 70 − 40

39

(2)

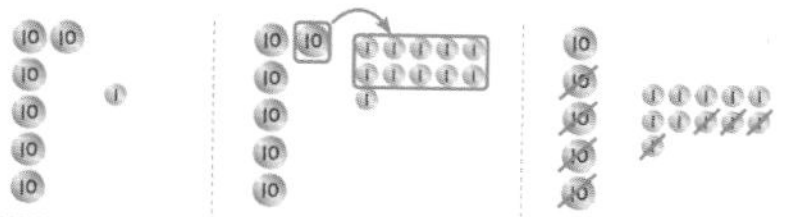

61 − 44 → (5 10) 61 − 44 → (5 10) 61 − 44

7 … 11 − 4

10 … 50 − 40

17

선생님만 보세요

주의 십의 자리에서 받아내림 이후에 감수를 10에서 빼고 나서 피감수의 일의 자리 수와 더하거나, 또는 피감수의 일의 자리와 10을 합한 십몇에서 빼는 두 가지 경우가 있다. 각자 스스로 선택하면 된다. 이 뺄셈은 세로식에서는 나타내지 못하므로 머릿속에서 이루어진다. 다만 어떤 방식으로 답을 얻었는가에 대해 설명하도록 하는 것은 매우 중요하다. 대화가 필요한 순간이다.

161p

(3)

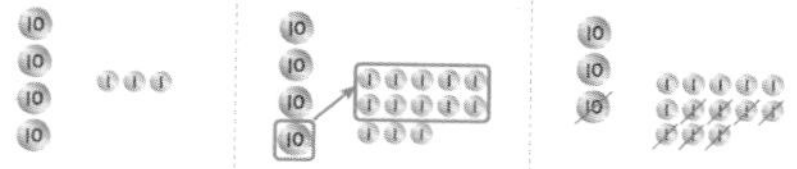

43 − 17 → (3 10) 43 − 17 → (3 10) 43 − 17

6 … 13 − 7

20 … 30 − 10

26

(4)

(6 10) 75 − 38

7 … 15 − 8

30 … 60 − 30

37

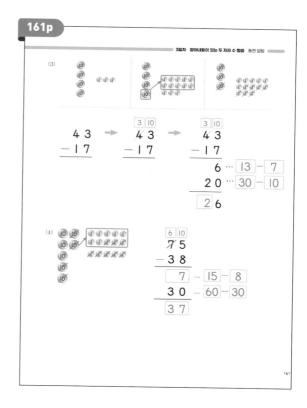

+ 정답 ÷

162p

(5)
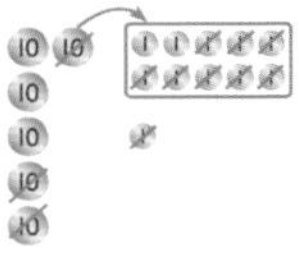

5 10
61
− 29
2 … 11 − 9
30 … 50 − 20
32

(6)
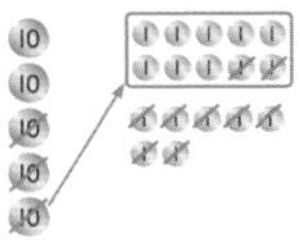

4 10
57
− 29
8 … 17 − 9
20 … 40 − 20
28

(7)
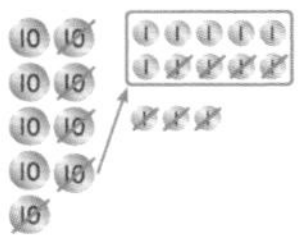

8 10
93
− 47
6 … 13 − 7
40 … 80 − 40
46

163p

(8)
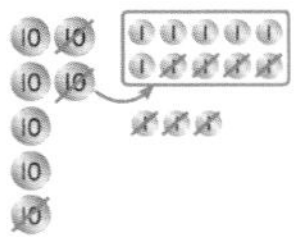

6 10
73
− 27
6 … 13 − 7
40 … 60 − 20
46

(9)
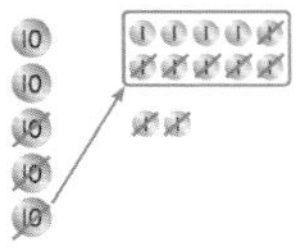

4 10
52
− 28
4 … 12 − 8
20 … 40 − 20
24

(10)
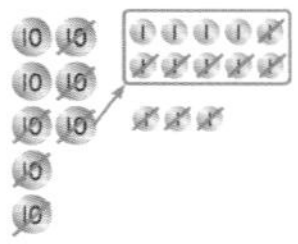

7 10
83
− 59
4 … 13 − 9
20 … 70 − 50
24

164p

4일차 받아내림이 있는 두 자리 수 뺄셈 세로식

공부한 날짜 월 일

문제 1 | □ 안에 알맞은 수를 넣으시오.

보기

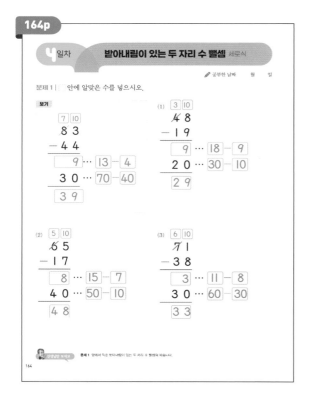

7 10
83
− 44
9 … 13 − 4
30 … 70 − 40
39

(1)
3 10
48
− 19
9 … 18 − 9
20 … 30 − 10
29

(2)
5 10
65
− 17
8 … 15 − 7
40 … 50 − 10
48

(3)
6 10
71
− 38
3 … 11 − 8
30 … 60 − 30
33

165p

(4)
8 10
92
− 46
6 … 12 − 6
40 … 80 − 40
46

(5)
2 10
36
− 17
9 … 16 − 7
10 … 20 − 10
19

(6)
7 10
87
− 29
8 … 17 − 9
50 … 70 − 20
58

(7)
4 10
54
− 29
5 … 14 − 9
20 … 40 − 20
25

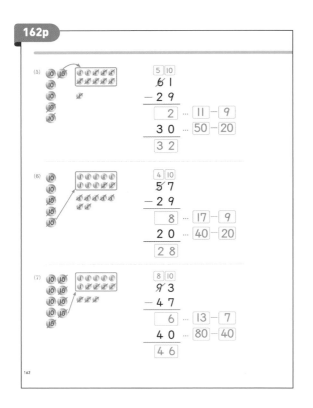

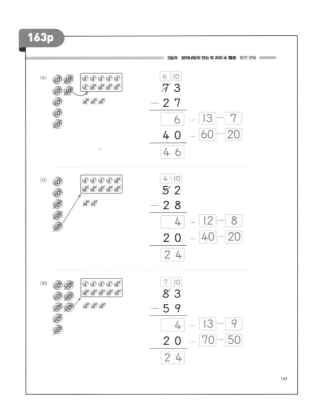

166p

(8) 6 10
7̸4
− 5 9
5 … 14 − 9
1 0 … 60 − 50
1 5

(9) 5 10
6̸1
− 1 8
3 … 11 − 8
4 0 … 50 − 10
4 3

문제 2 | 다음을 계산하시오.

보기

76−49
6 10
7̸6
− 4 9
2 7

(1) 63−16
5 10
6̸3
− 1 6
4 7

(2) 88−79
7 10
8̸8
− 7 9
9

선생님만 보세요 문제 2 받아내림이 있는 두 자리 수 뺄셈을 세로식에서 완성한다.

166

167p

4일차 받아내림이 있는 두 자리 수 뺄셈 세로식

(3) 87−69
7 10
8̸7
− 6 9
1 8

(4) 92−77
8 10
9̸2
− 7 7
1 5

(5) 56−38
4 10
5̸6
− 3 8
1 8

(6) 72−44
6 10
7̸2
− 4 4
2 8

(7) 61−23
5 10
6̸1
− 2 3
3 8

(8) 45−18
3 10
4̸5
− 1 8
2 7

(9) 55−19
4 10
5̸5
− 1 9
3 6

(10) 76−39
6 10
7̸6
− 3 9
3 7

167

168p

5일차 받아 내림이 있는 두 자리 수 뺄셈 연습(1)

공부한 날짜 월 일

문제 1 | 다음을 계산하시오.

(1) 3 10
4̸4
− 2 8
1 6

(2) 5 10
6̸4
− 3 7
2 7

(3) 7 10
8̸2
− 1 9
6 3

(4) 6 10
7̸3
− 4 6
2 7

(5) 4 10
5̸6
− 3 7
1 9

(6) 6 10
7̸5
− 3 6
3 9

(7) 21−15= 6

(8) 43−14= 29

(9) 76−38= 38

(10) 64−29= 35

선생님만 보세요 문제 1 세로식과 가로식에서 받아내림이 있는 두 자리 수의 뺄셈 연습이다.

168

169p

5일차 받아 내림이 있는 두 자리 수 뺄셈 연습(1)

(11) 91−37= 54

(12) 85−46= 39

(13) 52−38= 14

(14) 71−54= 17

(15) 63−39= 24

(16) 35−19= 16

(17) 83−66= 17

(18) 46−29= 17

(19) 57−19= 38

(20) 94−67= 27

(21) 65−58= 7

169

+ 정답 ÷

170p

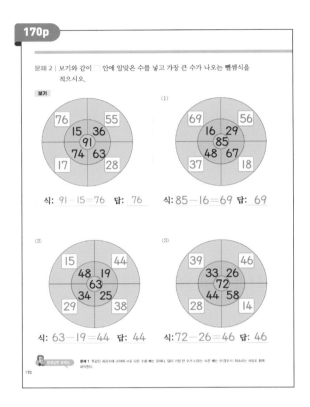

문제 2 | 보기와 같이 □ 안에 알맞은 수를 넣고 가장 큰 수가 나오는 뺄셈식을 적으시오.

보기

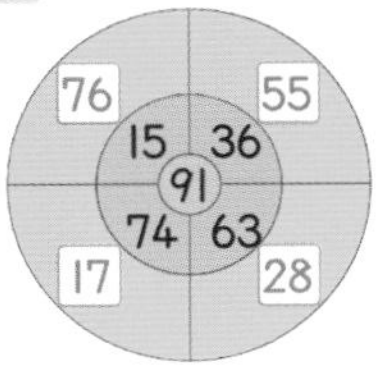

식: 91−15=76 답: 76

(1)

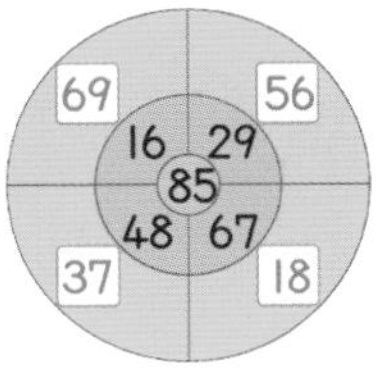

식: 85−16=69 답: 69

(2)

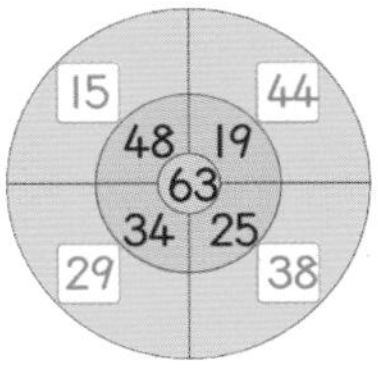

식: 63−19=44 답: 44

(3)

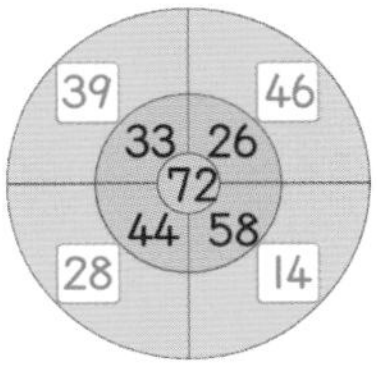

식: 72−26=46 답: 46

선생님만 보세요 문제 1 똑같은 피감수에 대하여 서로 다른 수를 빼는 문제다. 답이 가장 큰 수가 나오는 식은 빼는 수(감수)가 최소라는 사실도 함께 파악한다.

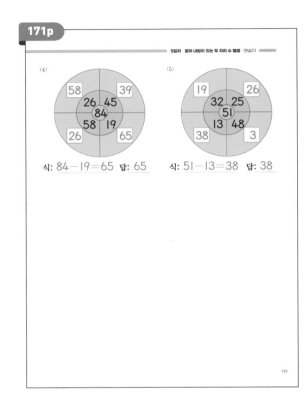

170

171p

(4)

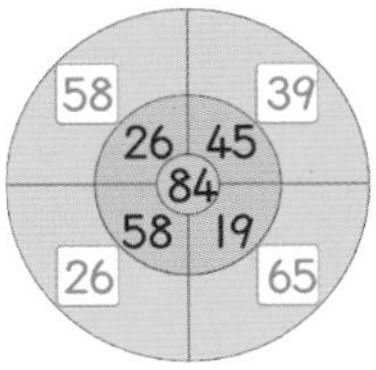

식: 84−19=65 답: 65

(5)

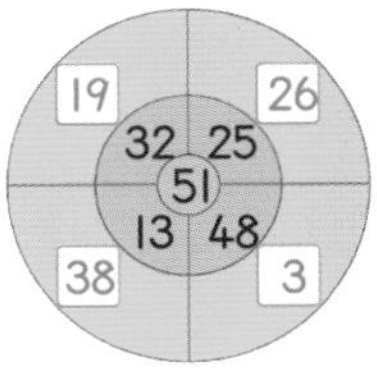

식: 51−13=38 답: 38

171

172p

6일차 받아 내림이 있는 두 자리 수 뺄셈 연습(2)

공부한 날짜 월 일

문제 1 | 다음을 계산하시오.

(1)

  35
−17
  18

(2)

  43
−24
  19

(3)

  82
−25
  57

(4) 41−13= 28

(5) 65−47= 18

(6) 76−48= 28

(7) 54−29= 25

(8) 98−79= 19

(9) 61−26= 35

(10) 82−46= 36

선생님만 보세요 문제 1 세로식과 가로식에서 받아내림이 있는 두 자리 수의 뺄셈 연습이다.

172

173p

문제 2 | 뺄셈의 결과가 같으면 =, 다르면 < 또는 >를 넣으시오.

(1) 84−55 (=) 42−13 (2) 82−35 (>) 79−42

(3) 53−38 (<) 74−45 (4) 51−16 (=) 84−49

(5) 65−36 (>) 73−45

문제 3 | 보기와 같이 직접 채점을 해보고, 틀린 답을 바르게 고치시오.

보기 ✓ 41−28=~~17~~ 13

✓(1) 94−38=~~66~~ 56

◯(2) 52−34=18

✓(3) 72−46=~~34~~ 26

✓(4) 45−27=~~31~~ 18

✓(5) 83−57=~~27~~ 26

◯(6) 64−29=35

◯(7) 75−38=37

선생님만 보세요 문제 2 받아 내림이 있는 두 자리 수의 뺄셈 연습이다. 두 결과를 비교하려면 양쪽의 계산이 정확해야 한다.
문제 3 오답 정정도 효과적인 뺄셈 연습이다. 이때 오답의 출처를 함께 이야기하는 것도 효과적인 수학 지도의 한 방안이다.

173

174p

문제 4 | 다음 문제의 식과 답을 구하시오.

(1) 사탕 51개가 있었습니다. 27개를 먹어 버렸다면 남은 사탕은 모두 몇 개인가요?

식: 51−27=24 답: 24개

(2) 귤 73개를 가지고 있었는데 46개를 먹었습니다. 남은 귤은 모두 몇 개인가요?

식: 73−46=27 답: 27개

(3) 고양이와 강아지가 모두 42마리 있습니다. 고양이가 27마리라면 강아지는 모두 몇 마리인가요?

식: 42−27=15 답: 15마리

(4) 31명의 학생 중에 여학생이 14명이라면 남학생은 모두 몇 명인가요?

식: 31−14=17 답: 17명

선생님만 보세요

문제 4 (1)~(3)은 제거하는 상황을 (4)~(6)은 여집합의 개수, 즉 제외한 나머지의 개수를 구하기 위해 뺄셈을 적용하는 문제다. 문제를 잘 이해하지 못하는 경우 숫자를 줄여 문제를 재구성하는 것을 권한다. 예를 들어 사탕 5개에서 3개를 먹었을 때 남는 사탕의 개수를 뺄셈으로 풀이할 수 있다는 것을 이해한 후에 문제 풀이에 들어가도록 한다.

174

175p

6일차 받아내림이 있는 두 자리 수 뺄셈 연습 (2)

(5) 다영이의 할머니는 71세이고 다영이의 어머니는 45세입니다. 할머니는 어머니보다 얼마나 나이가 더 많을까요?

식: 71−45=26 답: 26세

(6) 밭에 무 68개와 당근 39개가 심겨 있습니다. 무는 당근보다 얼마나 더 심겨 있을까요?

식: 68−39=29 답: 29개

(7) 닭 17마리와 병아리 56마리가 있습니다. 병아리는 닭보다 몇 마리 더 많은가요?

식: 56−17=39 답: 39마리

175

176p

7일차 간단하고 쉬운 덧셈과 뺄셈

공부한 날짜 월 일

문제 1 | 다음을 계산하시오.

(1) 17+48=65

(2) 52+73=125

(3) 74+69=143

(4) 45−16=29

(5) 84−67=17

(6) 93−57=36

(7) 41+13=54

(8) 65+47=112

(9) 76+48=124

(10) 54−29=25

(11) 98−79=19

(12) 61−26=35

선생님만 보세요

문제 1 지금까지 배운 두 자리수의 덧셈과 뺄셈을 세로식과 가로식에서 연습한다.

176

177p

7일차 간단하고 쉬운 덧셈

문제 2 | 보기와 같이 계산하시오.

보기

모두 몇 개이지?
39에서 2개를 98로 옮겨 놓으면…
98
39
100
37
됐어. 이제 계산하기 편하겠군.

98+39=137

2 37

100+37=137

(1) 95+7=102 (5, 2)

(2) 98+13=111 (2, 11)

(3) 8+97=105 (3, 5)

(4) 96+47=143 (4, 43)

선생님만 보세요

문제 2 두 자리 수의 덧셈에서 100에 가까운 수의 덧셈은 먼저 100을 만들면 더 쉽고 간편하게 덧셈을 할 수 있다. 이를 위해서는 덧셈을 실행하기 전에 주어진 식에 대한 관찰이 먼저 이루어져야 한다. 따라서 계산에만 몰두하기보다는 식에 들어 있는 수를 먼저 살펴보는 것이 중요함을 깨닫도록 하는 것이 중요하다.

177

+ 정답 ÷

178p

7일차 간단하고 쉬운 덧셈

(5) 92+9=101 (8, 1)

(6) 7+94=101 (6, 1)

(7) 91+29=120 (9, 20)

(8) 26+95=121 (5, 21)

(9) 24+98=122 (2, 22)

(10) 37+96=133 (4, 33)

178

179p

8일차 덧셈과 뺄셈 연습 (1)

공부한 날짜 월 일

문제 1 | 다음을 계산하시오.

(1) 63+28=91

(2) 95+28=123

(3) 86+92=178

(4) 46−27=19

(5) 74−46=28

(6) 32−15=17

(7) 98+13=111

(8) 25+96=121

(9) 32+28=60

(10) 61−33=28

(11) 54−19=35

(12) 25−17=8

선생님만 보세요 문제 1 덧셈과 뺄셈 연습의 반복이다. 앞 차시에서 100에 가까운 수의 덧셈에서는 먼저 100을 만드는 것이 더 쉽고 간편하게 덧셈을 할 수 있다는 것을 보여주기 위해 (7), (8)은 십의 자리가 9인 수의 덧셈 문제를 추가했다.

179

180p

문제 2 | 쿠폰을 모두 더한 값이 같은 것끼리 선으로 연결하시오.

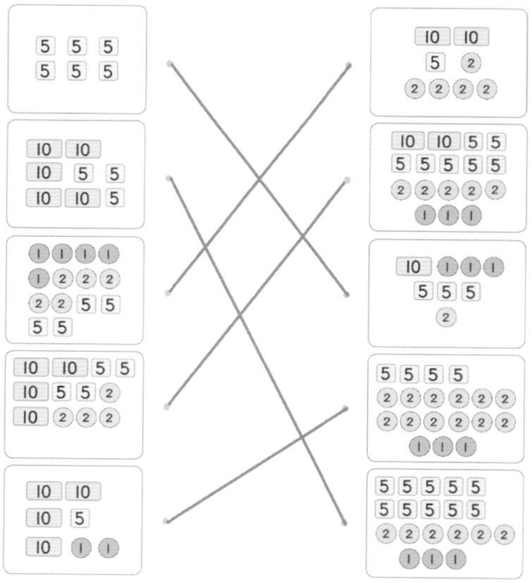

선생님만 보세요 문제 2 동전과 유사한 쿠폰을 제시하여 합이 같은 금액을 찾는 문제다. 십 만들기가 문제 풀이의 핵심이다.

180

181p

8일차 덧셈과 뺄셈 연습 (1)

문제 3 | 책상 위에는 쿠폰으로 살 수 있는 물건들이 놓여있습니다. 아래의 질문에 알맞은 식과 답을 쓰시오.

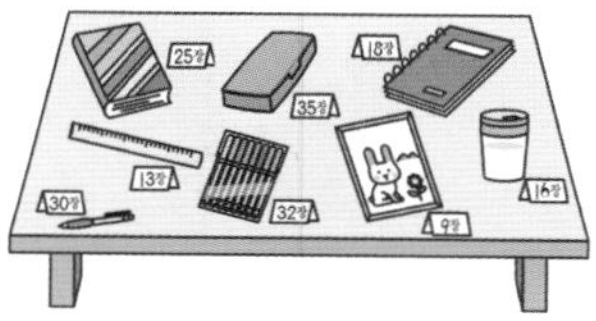

(1) 자와 캐릭터 사진을 사려면 칭찬쿠폰이 모두 몇 장 필요할까요?

식: 13+9=22 답: 22장

(2) 칭찬쿠폰 19장을 갖고 있습니다. 필통을 사려면 몇 장의 칭찬쿠폰을 더 모아야 할까요?

식: 35−19=16 답: 16장

(3) 공책과 컵을 사려면 칭찬쿠폰이 모두 몇 장 필요한가요?

식: 18+16=34 답: 34장

(4) 사인펜을 사려면 책을 살 때보다 몇 장의 칭찬쿠폰이 더 많이 필요할까요?

식: 32−25=7 답: 7장

선생님만 보세요 문제 3 동전 대신 쿠폰을 제시한 덧셈과 뺄셈의 응용문제이다. "더 모은다" 또는 "더 갖는다"라는 구절에서 뺄셈이 필요하다는 점을 깨닫는 것이 중요하다.

181

182p

9일차 덧셈과 뺄셈 연습 (2)

공부한 날짜 월 일

문제 1 | 다음을 계산하시오.

(1) $94 + 47 = \boxed{141}$

(2) $99 + 14 = \boxed{113}$

(3) $74 + 18 = \boxed{92}$

(4) $64 - 46 = \boxed{18}$

(5) $93 - 78 = \boxed{15}$

(6) $75 - 37 = \boxed{38}$

선생님만 보세요 — 문제 2 앞 차시의 활동과 동일하다. 세로식과 가로식에서 받아내림이 있는 두 자리 수의 뺄셈 연습이다. 역시 100에 가까운 수의 덧셈에서는 먼저 100을 만드는 것이 보다 쉽고 간편하게 덧셈을 할 수 있다는 것을 보여주기 위해 (8)과 (9)의 문제를 구성했다.

182

183p

9일차 덧셈과 뺄셈 연습 (2)

(7) $38+73=\boxed{111}$

(8) $16+96=\boxed{112}$

(9) $97+25=\boxed{122}$

(10) $36-19=\boxed{17}$

(11) $57-38=\boxed{19}$

(12) $85-59=\boxed{26}$

문제 2 | 보기와 같이 계산하시오.

보기

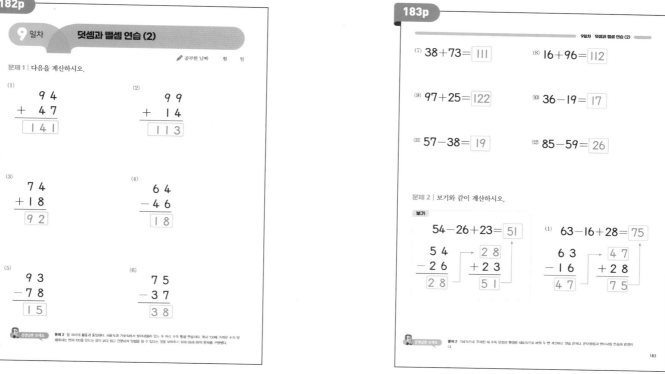

$54-26+23=\boxed{51}$

$54 - 26 = \boxed{28}$ → $28 + 23 = \boxed{51}$

(1) $63-16+28=\boxed{75}$

$63 - 16 = \boxed{47}$ → $47 + 28 = \boxed{75}$

선생님만 보세요 — 문제 2 가로식으로 주어진 세 수의 덧셈과 뺄셈을 세로식으로 바꿔 두 번 계산하는 연습 문제다. 받아올림과 받아내림 연습의 관점이다.

183

184p

9일차 덧셈과 뺄셈 연습 (2)

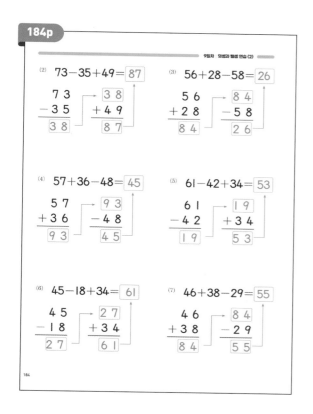

(2) $73-35+49=\boxed{87}$

$73 - 35 = \boxed{38}$ → $38 + 49 = \boxed{87}$

(3) $56+28-58=\boxed{26}$

$56 + 28 = \boxed{84}$ → $84 - 58 = \boxed{26}$

(4) $57+36-48=\boxed{45}$

$57 + 36 = \boxed{93}$ → $93 - 48 = \boxed{45}$

(5) $61-42+34=\boxed{53}$

$61 - 42 = \boxed{19}$ → $19 + 34 = \boxed{53}$

(6) $45-18+34=\boxed{61}$

$45 - 18 = \boxed{27}$ → $27 + 34 = \boxed{61}$

(7) $46+38-29=\boxed{55}$

$46 + 38 = \boxed{84}$ → $84 - 29 = \boxed{55}$

184

185p

10일차 덧셈과 뺄셈의 관계 (1)

공부한 날짜 월 일

문제 1 | 보기와 같이 수직선을 보고 □ 안에 알맞은 수를 쓰시오.

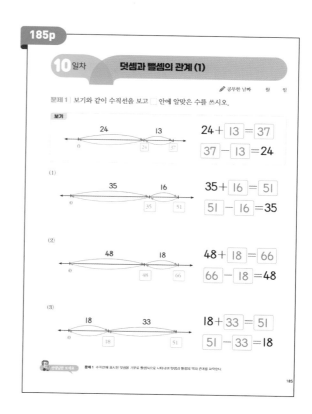

보기

$24+\boxed{13}=\boxed{37}$

$\boxed{37}-\boxed{13}=24$

(1)

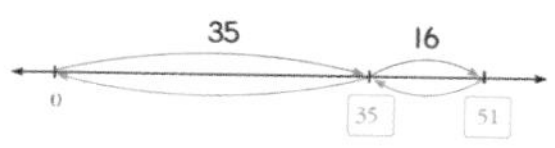

$35+\boxed{16}=\boxed{51}$

$\boxed{51}-\boxed{16}=35$

(2)

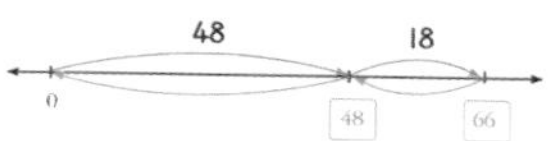

$48+\boxed{18}=\boxed{66}$

$\boxed{66}-\boxed{18}=48$

(3)

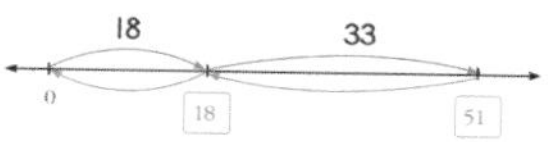

$18+\boxed{33}=\boxed{51}$

$\boxed{51}-\boxed{33}=18$

선생님만 보세요 — 문제 1 수직선에 표시된 덧셈을 거꾸로 뺄셈식으로 나타내며 덧셈과 뺄셈의 역의 관계를 파악한다.

185

+ 정답 ÷

186p

(4)

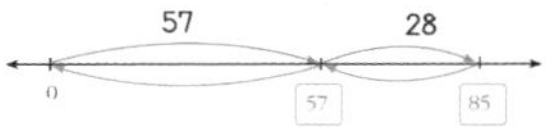

57+ 28 = 85

85 − 28 =57

(5)

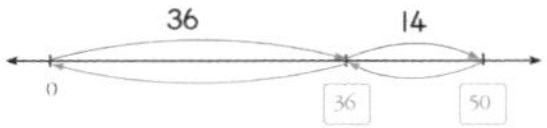

36+ 14 = 50

50 − 14 =36

문제 2 | 보기와 같이 알맞은 수와 식을 쓰시오.

보기

25+ 12 =37

37−25=12

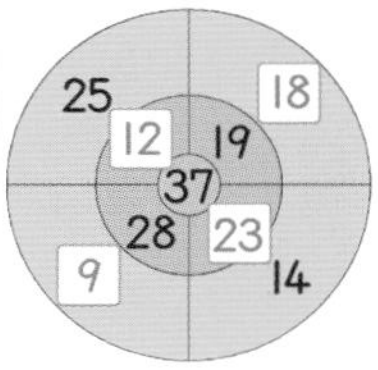

(1)

18 +19=37

37−19=18

(2)

9 +28=37

37−28=9

(3)

14+ 23 =37

37−14=23

선생님만 보세요 문제 2 덧셈과 뺄셈의 역의 관계를 파악하는 또 다른 형식의 문제다. 덧셈식의 □를 채우기 위해 뺄셈이 필요함을 깨닫는 것이 중요하다.

186

187p

10일차 덧셈과 뺄셈의 관계 (1)

(4)

47+ 25 =72

72−47=25

(5)

38 +34=72

72−34=38

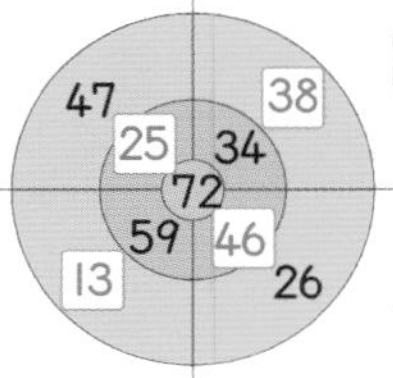

(6)

13 +59=72

72−59=13

(7)

26+ 46 =72

72−26=46

(8)

15+ 49 =64

64−15=49

(9)

36 +28=64

64−28=36

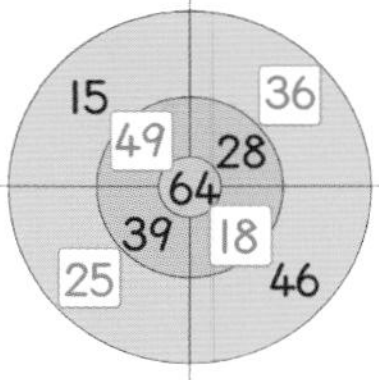

(10)

25 +39=64

64−39=25

(11)

46+ 18 =64

64−46=18

187

188p

11일차 덧셈과 뺄셈의 관계 (2)

공부한 날짜 월 일

문제 1 | □ 안에 알맞은 수를 넣으시오.

(1)

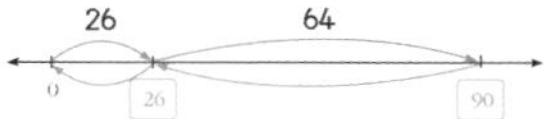

26+ 64 = 90

90 − 64 =26

(2)

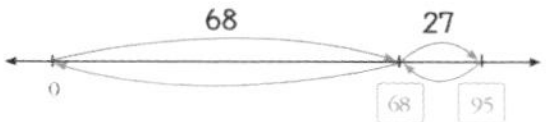

68+ 27 = 95

95 − 27 =68

(3)

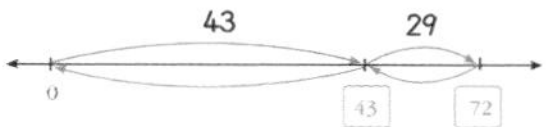

43+ 29 = 72

72 − 29 =43

선생님만 보세요 문제 1 앞 차시에서 익힌 덧셈과 뺄셈의 관계에 대한 복습니다.

188

189p

11일차 덧셈과 뺄셈의 관계 (2)

문제 2 | □ 안에 알맞은 수를 넣고 뺄셈식으로 고치시오.

(1)

39+ 14 =53

53−39=14

(2)

38 +15=53

53−15=38

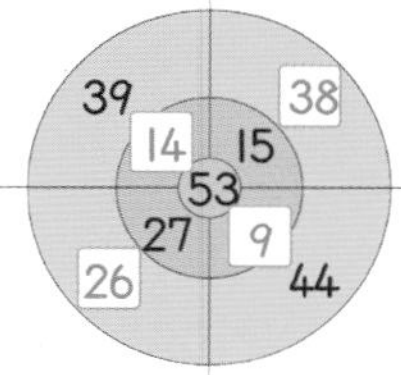

(3)

26 +27=53

53−27=26

(4)

44+ 9 =53

53−44=9

문제 3 | 다음 문제를 읽고, 식을 완성하시오.

보기

상준이의 형은 13살입니다. 형이 아버지 나이인 42살이 되려면 몇 년이 지나야 할까요?

13 + 29 = 42 → 42−13=29

형의 나이 / 아버지 나이

선생님만 보세요 문제 2 두 수량의 비교 또는 증가량을 파악할 때 □라는 미지수를 사용하여 덧셈으로 나타내고 이를 다시 뺄셈으로 전환함으로써 덧셈과 뺄셈의 관계를 파악하는 문제다.

189

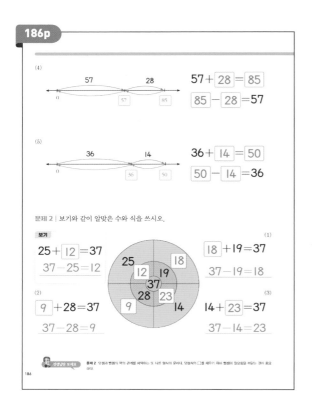

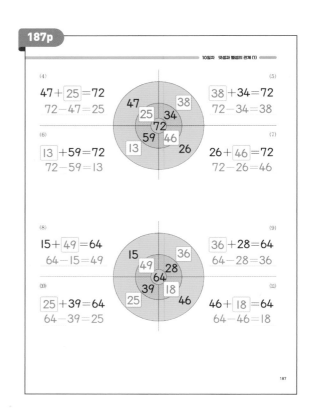

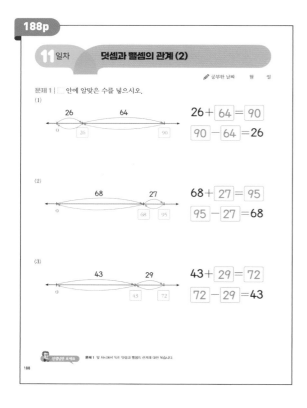

190p

(1) 지유는 오늘 책을 48쪽 읽었습니다. 오늘까지 총 91쪽 읽었다면 어제는 몇 쪽을 읽었을까요?

43 + 48 = 91 → 91−48=43

(어제 읽은 쪽수 / 오늘 읽은 쪽수 / 오늘까지 읽은 쪽수)

(2) 범준이는 지금까지 수학 문제를 19문제 풀었습니다. 문제는 모두 35문제입니다. 앞으로 몇 문제를 더 풀어야 할까요?

19 + 16 = 35 → 35−19=16

(지금까지 푼 문제 / 전체 문제)

(3) 수정이는 63층에 가야 합니다. 지금 37층까지 올라왔습니다. 앞으로 몇 층을 더 올라가야 할까요?

37 + 26 = 63 → 63−37=26

(올라온 층수 / 전체 층수)

190

191p

11일차 덧셈과 뺄셈의 관계 (2)

(4) 시현이네 가족은 과수원에서 51개의 사과를 수확하려고 합니다. 어제 사과를 26개 수확했다면 오늘은 몇 개 수확해야 할까요?

26 + 25 = 51 → 51−26=25

(수확한 사과수 / 전체 수확한 과일수)

(5) 서준이 학급에서 70개의 스티커를 모으면 상품을 받을 수 있습니다. 지금까지 52개를 모았습니다. 앞으로 몇 개를 더 모아야 할까요?

52 + 18 = 70 → 70−52=18

(지금까지 모은 스티커 수 / 상품을 받는 스티커 수)

191

192p

12일차 덧셈과 뺄셈의 관계 (3)

공부한 날짜 월 일

문제 1 | 식을 완성하고 뺄셈식으로 고치시오.

(1) 시원이의 언니는 15살입니다. 언니가 아버지 나이인 53살이 되려면 몇 년이 지나야 할까요?

15 + 38 = 53 → 53−15=38

(언니의 나이 / 아버지의 나이)

(2) 서원이는 가족들과 여행을 가는 중입니다. 여행지에 도착할 때까지 총 23시간이 걸린다고 합니다. 출발해서 지금까지 14시간이 지났다면 앞으로 도착까지 몇 시간 남았을까요?

14 + 9 = 23 → 23−14=9

(지금까지 지난 시간 / 총 걸리는 시간)

선생님만 보세요 **문제 1** 앞 차시의 활동에 대한 복습이다.

192

193p

12일차 덧셈과 뺄셈의 관계 (3)

문제 2 | 보기와 같이 세 개의 식을 더 만드시오.

보기	(1)
38+26=64	24 + 67 = 91
26+38=64	67 + 24 = 91
64−26=38	91 − 24 = 67
64−38=26	91 − 67 = 24

(2)	(3)
81 − 23 = 58	47 − 19 = 28
81 − 58 = 23	47 − 28 = 19
23 + 58 = 81	19 + 28 = 47
58 + 23 = 81	28 + 19 = 47

선생님만 보세요 **문제 2** 주어진 덧셈식을 덧셈에 대한 교환법칙으로 또 하나의 덧셈식으로 나타내고, 덧셈과 뺄셈의 역의 관계를 이용하여 다시 두 개의 뺄셈식으로 나타낸다. 네 개의 식을 만드는 것이 어렵지만, 각각의 식에 들어 있는 규칙과 의미를 설명해주어 식을 완성하도록 권한다. 이로써 덧셈과 뺄셈이라는 계산에서 벗어나 이들 사이의 관계를 인식하는 한 단계 높은 수준에 놓이게 된다.

193

+ 정답 ÷

194p

(4)
56 + 17 = 73
17 + 56 = 73
73 − 17 = 56
73 − 56 = 17

(5)
91 − 59 = 32
91 − 32 = 59
32 + 59 = 91
59 + 32 = 91

문제 3 | 보기와 같이 뺄셈은 다른 뺄셈으로, 덧셈은 뺄셈으로 바꾸고 □ 안에 알맞은 수를 넣으시오.

보기 1
46 − [29] = 17
46 − 17 = 29

보기 2
26 + [36] = 62
62 − 26 = 36

(1) 14 + [17] = 31
31 − 14 = 17

(2) 77 − [49] = 28
77 − 28 = 49

(3) 53 − [40] = 16
53 − 16 = 40

(4) 36 + [49] = 85
85 − 36 = 49

선생님만 보세요 문제 3 보기 (1)과 같은 뺄셈은 다른 뺄셈에 의해, 그리고 보기 (2)와 같은 덧셈은 뺄셈에 의해 답을 구할 수 있다는 덧셈과 뺄셈의 관계에 대한 완벽한 이해가 요구된다.

194

195p

12일차 덧셈과 뺄셈의 관계 (3)

(5) 72 − [33] = 39
72 − 39 = 33

(6) 64 + [28] = 92
92 − 64 = 28

(7) 47 + [15] = 62
62 − 47 = 15

(8) 57 − [38] = 19
57 − 19 = 38

(9) 56 − [19] = 37
56 − 37 = 19

(10) 29 + [52] = 81
81 − 29 = 52

(11) 92 − [28] = 64
92 − 64 = 28

(12) 51 − [25] = 26
51 − 26 = 25

선생님만 보세요 주의 아직 이를 잘 파악하지 못하면 수의 크기를 줄여 다시 반복할 필요가 있다. 즉, 한자리 수의 덧셈과 뺄셈, 예를 들어 2+□=5를 5−2=□로, 그리고 5−□=2를 5−2=□로 바꿔 답할 수 있음을 확인하여 이를 두 자리 수로 확장하면 된다.

195

199p

보충문제

문제 1 | 표에 화살표를 그리고, □ 안에 알맞은 수를 넣으시오.

(1) 54 − 27 = [27]
[20] [7]

11	12	13	14	15	16	17	18	19	20
21	22	23	24	25	26	27	28	29	30
31	32	33	34	35	36	37	38	39	40
41	42	43	44	45	46	47	48	49	50
51	52	53	54	55	56	57	58	59	60

(2) 62 − 38 = [24]
[30] [8]

21	22	23	24	25	26	27	28	29	30
31	32	33	34	35	36	37	38	39	40
41	42	43	44	45	46	47	48	49	50
51	52	53	54	55	56	57	58	59	60
61	62	63	64	65	66	67	68	69	70

(3) 75 − 29 = [46]
[20] [9]

31	32	33	34	35	36	37	38	39	40
41	42	43	44	45	46	47	48	49	50
51	52	53	54	55	56	57	58	59	60
61	62	63	64	65	66	67	68	69	70
71	72	73	74	75	76	77	78	79	80

(4) 83 − 16 = [67]
[10] [6]

41	42	43	44	45	46	47	48	49	50
51	52	53	54	55	56	57	58	59	60
61	62	63	64	65	66	67	68	69	70
71	72	73	74	75	76	77	78	79	80
81	82	83	84	85	86	87	88	89	90

199

200p

보충문제

문제 2 | □ 안에 알맞은 수를 넣으시오.

(1) 34 − 26 = [8]

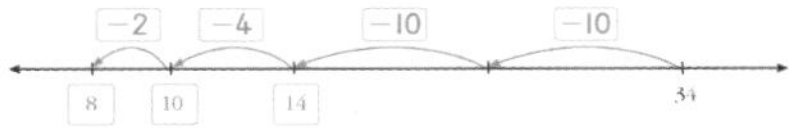

(2) 65 − 48 = [17]

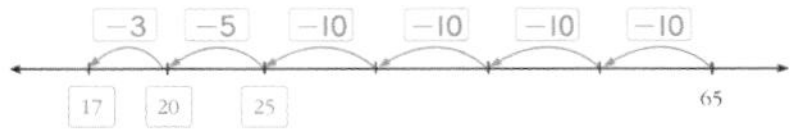

문제 3 | 표에 화살표를 그리고, □ 안에 알맞은 수를 넣으시오.

(1) 46 − 37 = [9]

1	2	3	4	5	6	7	8	9	10
11	12	13	14	15	16	17	18	19	20
21	22	23	24	25	26	27	28	29	30
31	32	33	34	35	36	37	38	39	40
41	42	43	44	45	46	47	48	49	50

(2) 52 − 26 = [26]

11	12	13	14	15	16	17	18	19	20
21	22	23	24	25	26	27	28	29	30
31	32	33	34	35	36	37	38	39	40
41	42	43	44	45	46	47	48	49	50
51	52	53	54	55	56	57	58	59	60

200

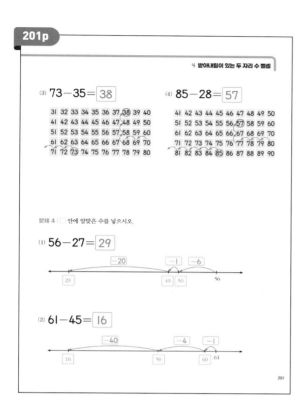

201p

(3) 73−35=38

31	32	33	34	35	36	37	38	39	40
41	42	43	44	45	46	47	48	49	50
51	52	53	54	55	56	57	58	59	60
61	62	63	64	65	66	67	68	69	70
71	72	73	74	75	76	77	78	79	80

(4) 85−28=57

41	42	43	44	45	46	47	48	49	50
51	52	53	54	55	56	57	58	59	60
61	62	63	64	65	66	67	68	69	70
71	72	73	74	75	76	77	78	79	80
81	82	83	84	85	86	87	88	89	90

문제 4 | □ 안에 알맞은 수를 넣으시오.

(1) 56−27=29

−20, −1, −6 / 29, 49, 50, 56

(2) 61−45=16

−40, −4, −1 / 16, 56, 60, 61

202p

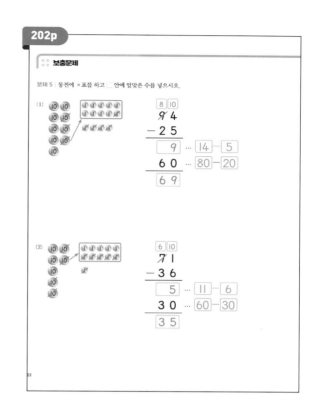

보충문제

문제 5 | 동전에 ×표를 하고 □ 안에 알맞은 수를 넣으시오.

(1) 8 10 / 94 − 25 / 9 ⋯ 14−5 / 60 ⋯ 80−20 / 69

(2) 6 10 / 71 − 36 / 5 ⋯ 11−6 / 30 ⋯ 60−30 / 35

203p

문제 6 | □ 안에 알맞은 수를 넣으시오.

(1) 4 10 / 56 − 29 / 7 ⋯ 16−9 / 20 ⋯ 40−20 / 27

(2) 7 10 / 81 − 45 / 6 ⋯ 11−5 / 30 ⋯ 70−40 / 36

(3) 2 10 / 30 − 18 / 2 ⋯ 10−8 / 10 ⋯ 20−10 / 12

(4) 5 10 / 60 − 37 / 3 ⋯ 10−7 / 20 ⋯ 50−30 / 23

204p

보충문제

문제 7 | 다음을 계산하시오.

(1) 70−59: 6 10 / 70 − 59 / 11

(2) 81−37: 7 10 / 81 − 37 / 44

(3) 45−38: 3 10 / 45 − 38 / 7

(4) 33−17: 2 10 / 33 − 17 / 16

(5) 20−15: 1 10 / 20 − 15 / 5

(6) 65−26: 5 10 / 65 − 26 / 39

(7) 97−28=69

(8) 30−14=16

(9) 52−34=18

+ 정답 ÷

205p

문제 8 | 두 수를 뺀 결과를 안에 쓰고, 가장 큰 수가 나오는 뺄셈식을 써넣으시오.

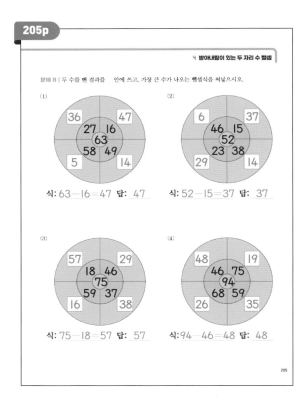

(1)

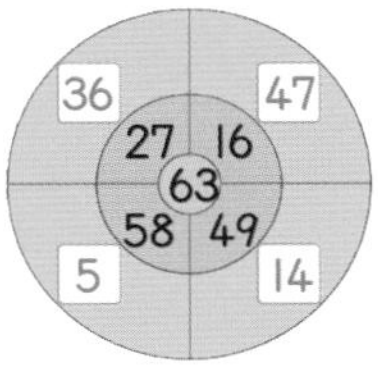

식: 63−16=47 답: 47

(2)

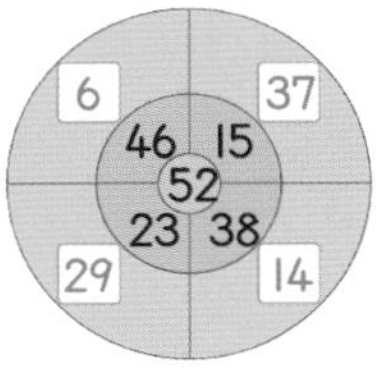

식: 52−15=37 답: 37

(3)

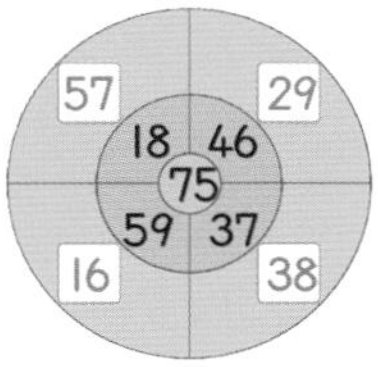

식: 75−18=57 답: 57

(4)

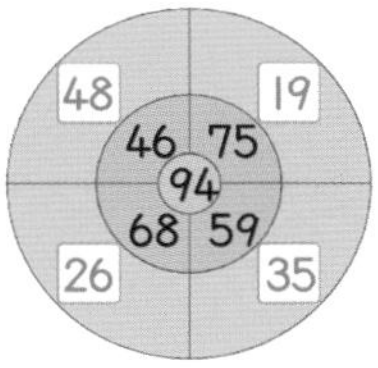

식: 94−46=48 답: 48

206p

보충문제

문제 9 | 뺄셈을 하고 답이 가장 큰 수가 나오는 식과 답을 쓰시오.

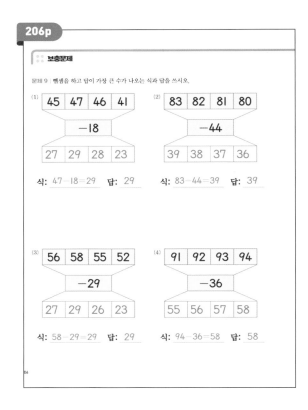

(1)

45	47	46	41
−18			
27	29	28	23

식: 47−18=29 답: 29

(2)

83	82	81	80
−44			
39	38	37	36

식: 83−44=39 답: 39

(3)

56	58	55	52
−29			
27	29	26	23

식: 58−29=29 답: 29

(4)

91	92	93	94
−36			
55	56	57	58

식: 94−36=58 답: 58

207p

문제 10 | 두 수의 합이 같으면 =, 다르면 〈 또는 〉를 넣으시오.

(1) $93-45 < 74-18$ (2) $51-24 < 51-23$

(3) $82-37 > 64-37$ (4) $45-18 = 56-29$

문제 11 | 직접 채점을 하고, 틀린 답을 바르게 고치시오.

(1) 74−26=48 (○)

(2) 35−19=~~26~~ 16 (✓)

(3) 48−39=9 (○)

(4) 63−38=~~35~~ 25 (✓)

(5) 55−47=~~12~~ 8 (✓)

(6) 27−18=~~11~~ 9 (✓)

208p

보충문제

문제 12 | 다음을 식으로 나타내고 물음에 답하시오.

(1) 사과 43개가 있었습니다. 27개를 먹어 버렸다면 남은 사과는 모두 몇 개인가요?

식: 43−27=16 답: 16개

(2) 건전지 52개 중에서 26개를 사용했습니다. 남은 건전지는 모두 몇 개인가요?

식: 52−26=26 답: 26개

(3) 축구공이 38개, 농구공이 76개 있습니다. 농구공은 축구공보다 몇 개 더 많을까요?

식: 76−38=38 답: 38개

(4) 할아버지는 71세이고 손자는 13세입니다. 할아버지는 손자보다 나이가 얼마나 더 많을까요?

식: 71−13=58 답: 58세

209p

문제 13 | 다음을 계산하시오.

(1) $95+6=101$ (5, 1)

(2) $99+35=134$ (1, 34)

(3) $7+94=101$ (6, 1)

(4) $23+98=121$ (2, 21)

(5) $91+39=130$

(6) $94+56=150$

(7) $48+92=140$

(8) $65+97=162$

210p

보충문제

문제 14 | 쿠폰을 모두 더한 값이 같은 것끼리 선으로 연결하시오.

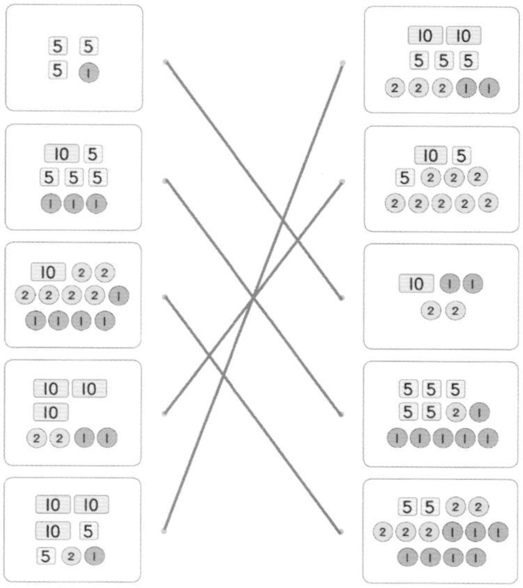

211p

문제 15 | 화살표 식을 이용하여 계산하시오.

(1) 버스에 59명이 타고 있습니다. 정류장에서 16명이 내리고, 7명이 탔습니다. 현재 버스에는 몇 명이 타고 있을까요?

59 —(−16)→ 43 —(+7)→ 50

(2) 버스에 34명이 타고 있습니다. 정류장에서 28명이 타고, 15명이 내렸습니다. 현재 버스에는 몇 명이 타고 있을까요?

34 —(+28)→ 62 —(−15)→ 47

(3) 민수는 구슬을 45개 갖고 있습니다. 동생에게 13개를 얻었고 친구에게 27개를 잃었다면 현재 민수가 갖고 있는 구슬은 몇 개일까요?

45 —(+13)→ 58 —(−27)→ 31

(4) 유진이는 연필을 28자루를 갖고 있습니다. 친구에게 14자루를 주고 언니에게 19자루를 받았습니다. 현재 유진이가 갖고 있는 연필은 몇 자루일까요?

28 —(−14)→ 14 —(+19)→ 33

212p

보충문제

문제 16 | 다음을 계산하시오.

(1) $82-15+29=96$

$82-15=67$, $67+29=96$

(2) $26+37-44=19$

$26+37=63$, $63-44=19$

(3) $91-48+54=97$

$91-48=43$, $43+54=97$

(4) $36+13-39=10$

$36+13=49$, $49-39=10$

문제 17 | 수직선을 보고 □ 안에 알맞은 수를 쓰시오.

(1)

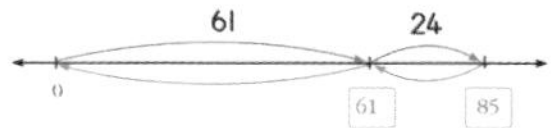

$61+24=85$

$85-24=61$

+ 정답 ÷

213p

(2)

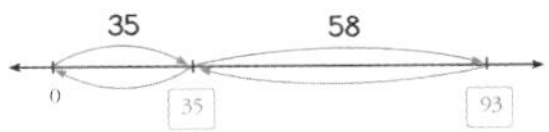

35+58=93

93−58=35

문제 18 | □ 안에 알맞은 수를 넣고 뺄셈식으로 고치시오.

(1)

35+45=80
80−35=45

66+14=80
80−14=66

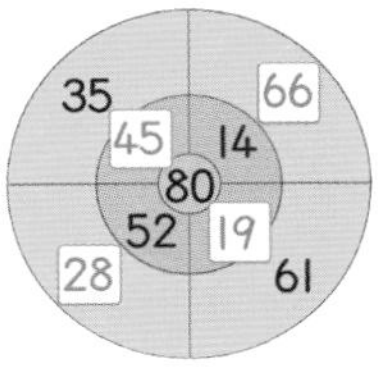

28+52=80
80−52=28

61+19=80
80−19=61

214p

보충문제

(2)

16+79=95
95−16=79

47+48=95
95−48=47

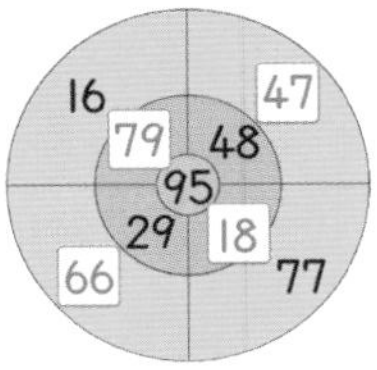

66+29=95
95−29=66

77+18=95
95−77=18

문제 19 | 식을 완성하고 뺄셈식으로 고치시오.

(1) 서영이는 지금까지 수학 문제를 35문제 풀었습니다. 문제는 모두 64문제입니다. 앞으로 몇 문제를 더 풀어야 할까요?

35 + 29 = 64 → 64−35=29

(35: 지금까지 푼 문제, 64: 전체 문제)

215p

(2) 수정이는 47층에 가야 합니다. 이제 29층까지 올라왔습니다. 앞으로 몇 층을 더 올라가야 할까요?

29 + 18 = 47 → 47−29=18

(29: 올라온 층수, 18: 올라가야 할 층수)

(3) 규식이는 오늘 줄넘기를 37회 했습니다. 오늘까지 총 65회 했다면 어제는 줄넘기를 몇 회 했을까요?

28 + 37 = 65 → 65−37=28

(28: 어제 한 줄넘기 수, 37: 오늘 한 줄넘기 수, 65: 오늘까지 한 줄넘기 횟수)

(4) 지우네 가족은 과수원에서 사과와 귤을 모두 75개 거둬들였습니다. 귤이 48개였다면 사과는 몇 개일까요?

48 + 27 = 75 → 75−48=27

(48: 귤 개수, 27: 사과 개수, 75: 사과와 귤 개수)

216p

보충문제

문제 20 | □ 안에 알맞은 수를 넣으시오.

(1)
41 − 35 = 6
41 − 6 = 35
35 + 6 = 41
6 + 35 = 41

(2)
33 − 17 = 16
33 − 16 = 17
17 + 16 = 33
16 + 17 = 33

(3)
29 + 14 = 43
14 + 29 = 43
43 − 14 = 29
43 − 29 = 14

(4)
92 − 48 = 44
92 − 44 = 48
48 + 44 = 92
44 + 48 = 92

217p

문제 21 | 뺄셈은 다른 뺄셈으로, 덧셈은 뺄셈으로 바꾸고 □ 안에 알맞은 수를 넣으시오.

(1) $16 + \boxed{26} = 42$
$42 - 16 = 26$

(2) $38 - \boxed{9} = 29$
$38 - 29 = 9$

(3) $85 - \boxed{38} = 47$
$85 - 47 = 38$

(4) $54 + \boxed{17} = 71$
$71 - 54 = 17$

(5) $49 + \boxed{13} = 62$
$62 - 49 = 13$

(6) $61 - \boxed{48} = 13$
$61 - 13 = 48$

『박영훈의 생각하는 초등연산』 시리즈 구성

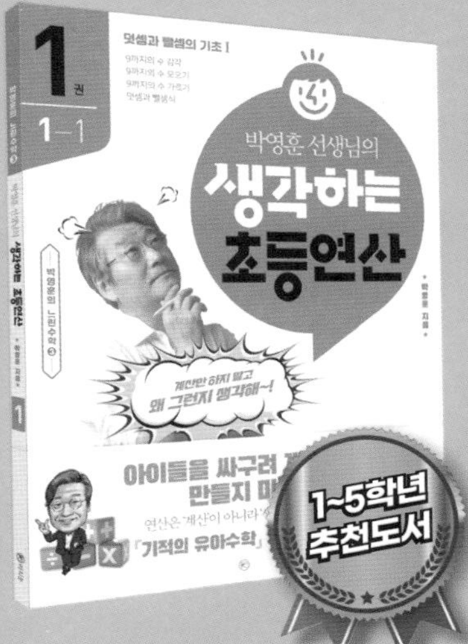

계산만 하지 말고 왜 그런지 생각해!

아이들을 싸구려 계산기로 만들지 마라! 연산은 '계산'이 아니라 '생각'하는 것이다!

인지 학습 심리학 관점에서
연산의 개념과 원리를
스스로 깨우치도록
정교하게 설계된, 게임처럼
흥미진진한 초등연산!

- **1권** | 덧셈과 뺄셈의 기초 I (1학년 1학기)
- **2권** | 덧셈과 뺄셈의 기초 II (1학년 2학기)
- **3권** | 두 자리 수의 덧셈과 뺄셈(2학년)
- **4권** | 곱셈 기초와 곱셈구구(2학년)
- **5권** | 덧셈과 뺄셈의 완성(3학년 1학기)
- **6권** | 나눗셈 기초와 두 자리 수 곱셈(3학년 1학기)
- **7권** | 두 자리 수 곱셈과 나눗셈(3학년 2학기)
- **8권** | 곱셈/나눗셈의 완성과 혼합계산(4, 5학년)

유아부터 어른까지, 교과서부터 인문교양서까지
박영훈의 느린수학 시리즈!

초등수학, 우습게 보지 마!

잘못 배운 어른들을 위한, 초등수학을 보는 새로운 관점!

만약 당신이 학부모라면, 만약 당신이 교사라면
수학교육의 본질은 무엇인지에 대한 관점과,
아이들을 가르치는 데 꼭 필요한 실용적인 내용을
발견할 수 있을 겁니다.

초등수학과 중학수학, 그 사이에 있는, 예비 중학생을 위한 책!

이미 알고 있는 초등수학의 개념에서 출발해 중학수학으로까지 개념을 연결하고 확장한다!

중학수학을 잘하려면 초등수학 개념의 완성이 먼저다!
선행 전에 꼭 읽어야 할 책!

무엇이든 물어보세요!

박영훈 선생님께 질문이 있다면 메일을 보내주세요.

slowmathpark@gmail.com

박영훈의 느린수학 시리즈 출간 소식이 궁금하다면,
slowmathpark@gmail.com로
이름/연락처를 보내주세요.

연락처를 보내주신 분들은 문자 또는 SNS,
이메일을 통한 소식받기에 동의한 것으로 간주하며,
<박영훈의 느린 수학>의 새로운 소식을 보내드립니다!

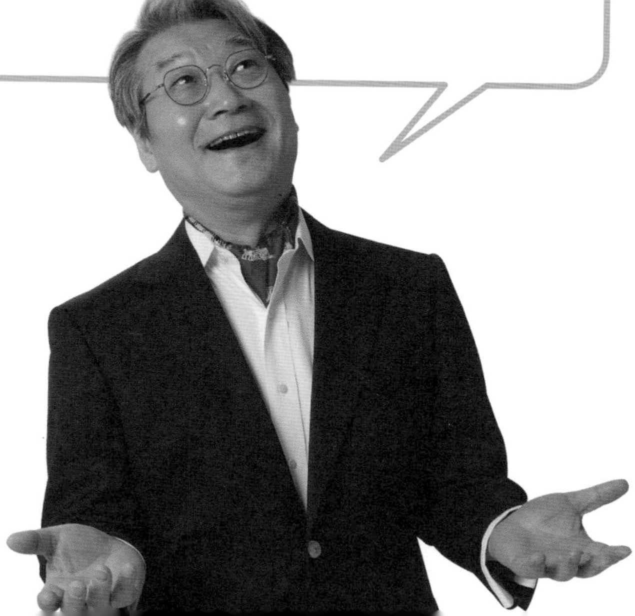